JN296948

● 工学のための数学 ●
EKM-14

工学のための
数値計算

長谷川武光・吉田俊之・細田陽介　共著

数理工学社

編者のことば

　科学技術が進歩するに従って，各分野で用いられる数学は多岐にわたり，全体像をつかむことが難しくなってきている．また，数学そのものを学ぶ際には，それが実社会でどのように使われているかを知る機会が少なく，なかなか学習意欲を最後まで持続させることが困難である．このような状況を克服するために企画されたのが本ライブラリである．

　全体は3部構成になっている．第1部は，線形代数・微分積分・データサイエンスという，あらゆる数学の基礎になっている書目群であり，第2部は，フーリエ解析・グラフ理論・最適化理論のような，少し上級に属する書目群である．そして第3部が，本ライブラリの最大の特色である工学の各分野ごとに必要となる数学をまとめたものである．第1部，第2部がいわゆる従来の縦割りの分類であるのに対して，第3部は，数学の世界を応用分野別に横割りにしたものになっている．

　初学者の方々は，まずこの第3部をみていただき，自分の属している分野でどのような数学が，どのように使われているかを知っていただきたい．しかし，「知ること」と「使えること」の間には大きな差がある．ある分野を知ることだけでなく，その分野で自ら仕事をしようとすれば，道具として使えるところまでもっていかなければいけない．そのためには，第3部を念頭に置きながら，第1部と第2部をきちんと読むことが必要となる．

　ある工学の分野を切り開いて行こうとするとき，まず問題を数学的に定式化することから始める．そこでは，問題を，どのような数学を用いて，どのように数学的に表現するかということが重要になってくる．問題の表面的な様相に惑わされることなく，その問題の本質だけを取り出して議論できる道具を見つけることが大切である．そのようなことができるためには，様々な数学を真に自分のものにし，単に計算の道具としてだけでなく，思考の道具として使いこなせるようになっていなければいけない．そうすることにより，ある数学が何故，

工学のある分野で有効に働いているのかという理由がわかるだけでなく，一見別の分野であると思われていた問題が，数学的には全く同じ問題であることがわかり，それぞれの分野が大きく発展していくのである．本ライブラリが，このような目的のために少しでも役立てば，編者として望外の幸せである．

 2004年2月

編者 小川英光
藤田隆夫

「工学のための数学」書目一覧

第1部		第3部	
1	工学のための 線形代数	A–1	電気・電子工学のための数学
2	工学のための 微分積分	A–2	情報工学のための数学
3	工学のための データサイエンス入門	A–3	機械工学のための数学
4	工学のための 関数論	A–4	化学工学のための数学
5	工学のための 微分方程式	A–5	建築計画・都市計画の数学
6	工学のための 関数解析	A–6	経営工学のための数学
第2部			
7	工学のための ベクトル解析		
8	工学のための フーリエ解析		
9	工学のための ラプラス変換・z 変換		
10	工学のための 代数系と符号理論		
11	工学のための グラフ理論		
12	工学のための 離散数学		
13	工学のための 最適化手法入門		
14	工学のための 数値計算		

(A: Advanced)

まえがき

　本書は,「数値計算」を初めて学ぼうとする工学系の学生諸君を対象とした入門書である.

　学部生向けの教科書として利用できるように，数値計算に関する基本的話題 — 線形計算や方程式の解法，補間，積分，微分方程式など — をカバーしつつ，入門レベルを越える内容を「発展」として各所に取り込んだ形式を取っている．第1章から順に読み進められてもよいが，この分野を初めて勉強される読者諸氏には,「発展」を除く各項目をひと通り勉強した後に，進んだ内容に挑戦する，というスタイルをお勧めしたい．

　本書は，数値解析が専門の長谷川と細田，および画像処理を専門とする吉田の3名が「異色の取り合わせ」として偶然に集い，執筆した共著である．およそ教科書は，専門家の手によると重くなりがち，逆に非専門家が書くと軽くなりがちな中にあって，本書のタッチや内容は，著者の間の「微妙な駆け引き」を通して具体化されたものである．

　数値計算や数値解析に関しては，内外で膨大な数に上る教科書・専門書が刊行されており，実際，工学の中で最も多くの教科書が出版されている分野のひとつではないかと思えるほどである．その中で,「異色の取り合わせ」3名が狙ったものといえば,「専門家の経験に基づく緻密さと非専門家の視点からの平易な解説」である．執筆にあたっては，大学初年度の微分積分や線形代数の基礎知識を前提として，著者一同，扱う内容を吟味した上で，できるだけ多くの図を用いての平易な説明を心がけ，なるべく本書のみで完結するよう配慮したつもりである．さて，その効果がいかほどのものか，読者諸氏にご判断を頂ければ幸いである．

　最後に，南山大学の杉浦洋教授には，本書の執筆から最終校の校閲に至るまで，数々の有益なご助言とご協力を賜わった．また，本書の企画段階から脱稿

まえがき

までには，諸般の事情から実に数年もの年月を要してしまった．その間，数理工学社の田島伸彦氏には多大なご支援を頂いた．ここに心からの謝意を表する次第である．

2008 年 6 月

長谷川武光
吉田俊之
細田陽介

---

* 本書の章末問題の解答例等を含むサポートページは http://www.saiensu.co.jp にあるので適宜参照して下さい．

目　　次

第1章
数値計算とは　　　1
1.1　はじめに ― 簡単な例から……………………………… 2
1.2　数値計算はなぜ必要か……………………………………… 4
1.3　数値計算とアルゴリズム…………………………………… 5
1.4　数値計算とコンピュータ…………………………………… 6
1.5　本書の構成…………………………………………………… 8

第2章
数値計算と誤差　　　11
2.1　2進数と浮動小数…………………………………………… 12
2.2　実際の浮動小数表現 ― IEEE754 標準………………… 13
2.3　桁落ち，情報落ち…………………………………………… 19
2.4　演算順序と精度……………………………………………… 22
2.5　多項式の値を計算する ― 計算量………………………… 23
　　　2 章 の 問 題…………………………………………………… 25

第3章
連立1次方程式の解法(1) ― 直接法　　　27
3.1　連立1次方程式とその行列・ベクトル表記……………… 28
3.2　係数行列が三角行列の場合………………………………… 30
3.3　Ｌ Ｕ 分　解………………………………………………… 34
3.4　発展 ― ピボット選択付 LU 分解………………………… 40
3.5　LU 分解による連立1次方程式の求解に必要な計算量… 45
3.6　コレスキー分解……………………………………………… 46

目 次　　　　　　　　vii

　　3.7　逆行列の計算 ………………………………………… 50
　　3.8　方程式の数値計算における安定性 …………………… 51
　　3 章 の 問 題 …………………………………………………… 54

第 4 章

非線形方程式の数値解法　　　　　　　55
　　4.1　二 分 法 ……………………………………………… 56
　　4.2　反復法とその原理 ……………………………………… 58
　　4.3　ニュートン法 …………………………………………… 62
　　4.4　非線形方程式の数値解法の例 ………………………… 65
　　4.5　非線形連立方程式の数値解法 ………………………… 66
　　4.6　代数方程式に対する数値解法 ………………………… 75
　　4 章 の 問 題 …………………………………………………… 80

第 5 章

連立 1 次方程式の解法 (2) — 反復法　　　81
　　5.1　疎行列と反復法 ………………………………………… 82
　　5.2　縮 小 写 像 ……………………………………………… 84
　　5.3　連立 1 次方程式の反復法 ……………………………… 86
　　5.4　疎行列の格納方法 ……………………………………… 90
　　5.5　反復法の収束の条件 …………………………………… 93
　　5.6　反復法についての補足 ………………………………… 95
　　5 章 の 問 題 …………………………………………………… 96

第 6 章

固有値問題　　　　　　　　　　　　　97
　　6.1　固有値と固有ベクトル ………………………………… 98
　　6.2　べ き 乗 法 ……………………………………………… 102
　　6.3　逆 反 復 法 ……………………………………………… 109
　　6.4　ヤ コ ビ 法 ……………………………………………… 111
　　6.5　固有値問題についての補足 …………………………… 117
　　6 章 の 問 題 …………………………………………………… 118

第7章
補　間　　　　　　　　　　　　　　　　　　　　　　　　119

- 7.1 補間とは ………………………………………………… 120
- 7.2 多項式補間 ……………………………………………… 121
- 7.3 エルミート補間 — 微係数利用 ……………………… 132
- 7.4 区分的3次補間 ………………………………………… 135
- 7章の問題 ………………………………………………… 141

第8章
数　値　積　分　　　　　　　　　　　　　　　　　　　　143

- 8.1 補間と数値積分 ………………………………………… 144
- 8.2 ニュートン・コーツ則 ………………………………… 147
- 8.3 複合型積分則 …………………………………………… 150
- 8.4 数値積分の誤差解析 …………………………………… 152
- 8.5 発展 — さらに進んだ積分則 ………………………… 156
- 8章の問題 ………………………………………………… 166

第9章
常微分方程式の数値解法　　　　　　　　　　　　　　　167

- 9.1 はじめに — 簡単な例を通して ……………………… 168
- 9.2 微分方程式とは ………………………………………… 174
- 9.3 1階の初期値問題に対する数値解法 ………………… 175
- 9.4 高階 (2階以上) の初期値問題への拡張 ……………… 182
- 9.5 境界値問題に対する数値解法 ………………………… 190
- 9.6 数値微分について ……………………………………… 197
- 9章の問題 ………………………………………………… 199

第10章

偏微分方程式の数値解法　　　　　　　　　　　**201**

　10.1　はじめに — 偏微分方程式とは・・・・・・・・・・・・・・・・・・・・・・・・・202
　10.2　偏微分方程式の数値解法の概要・・・・・・・・・・・・・・・・・・・・・・205
　10.3　差分近似法の実際・・・・・・・・・・・・・・・・・・・・・・・・・・・・・・・・・・208
　10.4　他の偏微分方程式では — 補足・・・・・・・・・・・・・・・・・・・・・・215
　　10 章 の 問 題・・・216

付　　録

　A　疑似コード・・219
　B　多変数関数の偏微分と接平面・・・・・・・・・・・・・・・・・・・・・・・・・221
　C　線形計算パッケージ・・・・・・・・・・・・・・・・・・・・・・・・・・・・・・・・・225

参 考 文 献　　　　　　　　　　　　　　　　　**230**

索　　引　　　　　　　　　　　　　　　　　　**232**

第1章

数値計算とは

　数値計算とはどういう学問で，何を目的とするのか —— 本書を手に取る皆さんは漠然としたイメージをお持ちであろうし，恐らくそのイメージはほぼ的を射たものではないかと思う．「これから数値計算の勉強を始めよう」という段階で，数値計算に対する堅苦しい定義を与えたところで，読者諸君はピンと来ないだろう．「数値計算とは何か」という定義染みたものは，本書を読み終えた際に，むしろ読者の皆さん自身に考えていただくとし，本章では数値計算という学問分野に関して，"**なぜ必要なのか**"，そして "**何を学んで欲しいか**" という点に絞って簡単に説明したい．要するに，数値計算に対するイメージを確認しよう，というのが本章の目的である．

(吉田，長谷川)

1.1 はじめに — 簡単な例から

数値計算に関係する次の 3 つの場面を考えよう．最初は**高校物理**の問題．

例題 1.1（高校物理の問題）

速さ 10.0 m/s で鉛直方向に落下する雨粒を，水平に速さ 10.0 m/s で走る電車から見た場合の雨粒の速さ (相対的な速さ) はいくらか？

$10\sqrt{2}$ m/s と答えたくなるかもしれないが，高校の物理のテストでこう答えても恐らく満点は**もらえない**．正しい答えは 14.1 m/s である．

例題 1.2（鶴亀算）

鶴と亀が合わせて 3 匹，足が合わせて 10 本ある．それぞれ何匹いるか？

鶴と亀がそれぞれ x_1 [匹]，x_2 [匹] いるとすると，x_1，x_2 は連立方程式

$$\begin{cases} x_1 + x_2 = 3 \\ 2x_1 + 4x_2 = 10 \end{cases} \tag{1.1}$$

を満たす．3 章で述べるように，行列とベクトル

$$A = \begin{bmatrix} 1 & 1 \\ 2 & 4 \end{bmatrix}, \quad \boldsymbol{x} = \begin{bmatrix} x_1 \\ x_2 \end{bmatrix}, \quad \boldsymbol{b} = \begin{bmatrix} 3 \\ 10 \end{bmatrix}$$

を用いると，式 (1.1) の連立方程式は，

$$A\boldsymbol{x} = \boldsymbol{b} \tag{1.2}$$

と表される．このとき，行列 A には逆行列 A^{-1} が存在し，これを式 (1.2) の左から掛けることにより，式 (1.1) の解は，

$$\boldsymbol{x} = A^{-1}\boldsymbol{b} \tag{1.3}$$

と**形式的に書ける**．確かにこれで解が得られる (存在する) ことはわかるが，このままでは**実際に鶴と亀が何匹いるか**はピンと来ない．

■ 例題 1.3（楕円の周長を求める問題）

長軸の長さが 2，短軸の長さが 1 の楕円の周長はいくらか？

媒介変数 t を用いると，この楕円の方程式は

$$\begin{cases} x = 2\cos t \\ y = \sin t \end{cases} \quad (0 \leq t < 2\pi) \tag{1.4}$$

と書け，また曲線の長さを与える公式

$$l = \int_{t_0}^{t_1} \sqrt{\left(\frac{dx}{dt}\right)^2 + \left(\frac{dy}{dt}\right)^2}\, dt \tag{1.5}$$

はよく知られている．では，求めたい楕円の周長 l は，これらから

$$l = 4\int_0^{\frac{\pi}{2}} \sqrt{4\sin^2 t + \cos^2 t}\, dt \tag{1.6}$$

によって計算できるように思えるが，**そうはいかない**．実は

$$\sqrt{4\sin^2 t + \cos^2 t}$$

の原始関数は**初等関数**[1])の範囲では求められず，式 (1.6) の**積分は簡単には計算できない**のである．

---

[1]) 三角関数，指数関数，対数関数をまとめて初等関数とよぶ．

1.2 数値計算はなぜ必要か

前節の 3 つの例題は，数値計算が必要になる代表的な場面を例示している．例題 1.1 は，まさしく "数値" や "値" が必要となる場面である．$\sqrt{2}$ は "自乗すると 2 になる正の実数" を表す**記号**に過ぎず，ここから実際の数値 (近似値) を得るためには**もう一段階の処理**が必要で，これが数値計算に相当するのである[2]．

例題 1.2 は，また違った側面から数値計算の必要性を示唆している．鶴亀算を表す連立方程式を式 (1.2) のように書き表すと，式 (1.3) のように x_1, x_2 について解くことができる．このように，方程式を指定された変数について解いた結果を**閉じた形の解** (closed form solution)，あるいは**解析的な解** (analytical solution) などとよぶ．例えば，2 次方程式 $ax^2 + bx + c = 0$ に対して，

$$x = \frac{-b \pm \sqrt{b^2 - 4ac}}{2a}$$

は解析的な解 (**解析解**) である．

言うまでもなく，すべての方程式の解が閉じた形で得られるわけでは**ない**．解析解が得られるのは，むしろ非常に限られた範囲の方程式だけである．では，「解析解が得られる場合には数値計算は不要か？」というと，**そうではない**．例題 1.2 における鶴と亀の数のように，方程式の解を数値的に評価した結果，すなわち**数値解** (numerical solution) が必要な場合があり，ここに数値計算が要求されるのである．なお，一般に，式 (1.3) のような解析解が得られている場合には，数値解は解析解に数値を代入すれば得られるが，問題によってはこのようなアプローチは効率が悪く実際には用いられ**ない**場合があるので注意が必要である．連立 1 次方程式はまさにその代表例で，詳しくは 3 章で説明しよう．

一方，**解析的なアプローチ**では解けない問題は，次章以降に紹介する数値計算手法によって**数値的に解く**，あるいは**数値解を得る**以外に解を求める手段はない．数値計算が実際に真価を発揮するのはこのような**数値的なアプローチ**に

---

[2] 「$\sqrt{2}$ は『ひとよひとよにひとみごろ』だから，すぐに計算できるじゃないか」と思われるかもしれないが，それは我々が単に $\sqrt{2}$ の近似値を覚えているからに過ぎない．例えば，雨の落下速度が 11.1 m/s である場合を考えてみれば，数値計算の必要性がわかるだろう．

依らざるを得ない場面で，例題 1.3 はその代表例である．前節で述べたように，式 (1.6) の被積分関数 $\sqrt{4\sin^2 t + \cos^2 t}$ の原始関数は簡単な関数で表すことはできない (解析的に求められない) ため，この場合には 8 章で説明する**数値積分**に頼らざるを得ない[3]のである．

1.3 数値計算とアルゴリズム

アルゴリズムとは，計算や処理の手順 (手続き) を記述したものをいう．方程式の解法や微分積分に代表される数値計算手法はアルゴリズムの形に記述される．本書を通じて学ぶべきことは，各種の数値計算アルゴリズムについて，

(1) どのような (数学的) 原理に基づいて導かれているか
(2) どのような長所・短所があるのか
(3) 具体的な問題に適用するにはどうすればよいか
(4) もっと効率のよい他のアルゴリズムはないか

などが中心となる．さらに，数値計算アルゴリズムを実行する際は，一般に手計算に負えないような膨大な計算が必要となるため，実際にはコンピュータプログラムを作成し，コンピュータに実行させるスキルが必要となる．

---

[3] 数学が得意な読者の中には，完全楕円積分を思い浮かべる向きもあるかもしれないが，実際の数値 (周長) を求める際には数値計算が必要となる．

1.4　数値計算とコンピュータ

コンピュータの日本語訳としては"計算機"が適当であろう．ただし，今日のように日頃からコンピュータをワープロや表計算，インターネットブラウザなどに使っていると，コンピュータを単に"計算機"と位置付けるのには抵抗があるかもしれない．しかしながら，コンピュータにできることは，基本的に2進数で表現された数値データの**四則演算**，**保存**，**入出力**だけである．

四則のような基本演算を行える"計算機"は何もコンピュータに限ったわけではなく，実際，図 1.1 に示すような，いろいろな"計算機"が存在する．今日では計算尺や手回し計算機を使うことはまずないが，時々そろばんを使っている人は見かけるし，電卓に至ってはよく利用している．

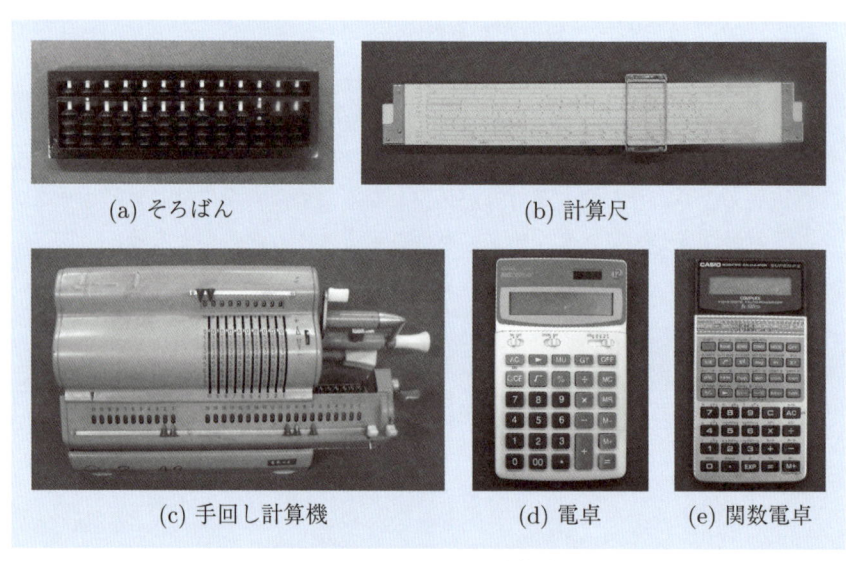

(a) そろばん　　(b) 計算尺

(c) 手回し計算機　　(d) 電卓　　(e) 関数電卓

図 1.1　いろいろな"計算機"

各種の数値計算アルゴリズムは，かつてはそろばんや手回し計算機で実行されていた．やろうと思えば，そろばんで数値積分することもできるし，電卓で微分方程式を数値的に解くこともできる．が，しかし，かなりの時間と忍耐が必要で，今日において試みる人はまずいないだろう．我々はコンピュータという名の計算機が利用でき，コンピュータは**プログラムが可能**という点で図 1.1

1.4 数値計算とコンピュータ

の各計算機とは**決定的に異なる**のである.

　コンピュータプログラミングに関する基礎知識さえあれば，本書で紹介するあらゆる数値計算アルゴリズムをプログラミングし，コンピュータに実行させることは容易である．数値計算アルゴリズムは，こうしてコンピュータ上で実行してはじめて意味を持つといっても過言ではない．もちろん，本書の読者には，各アルゴリズムをプログラムし，実際にコンピュータ上で実行することを**強くお勧めしたい**．しかしながら，自分で作った数値計算プログラムは**使わない方がよい場面もある**．例えば，大規模な連立1次方程式を高速に解かせる場合などが，その代表例である．

　変数の数が数万から数百万におよぶ大規模な連立1次方程式では，係数行列は変数の数の2乗個の要素を持ち，大量のメインメモリを搭載した今日のコンピュータをもってしても，係数行列を記憶させるだけでも工夫を要する．まして，これを効率的に解くプログラムを作成するためには，高度なプログラミング技術が必要となる．3章で述べるように，連立1次方程式の解法に代表される**線形計算**には，**プログラムライブラリ**や**パッケージ**などと呼ばれる，非常に効率的に作成された既存のプログラム群が存在し，無償で使用できるものもある．このような数値計算ライブラリが使用できる場合には，プログラムを自製するよりもライブラリを用いた方がはるかに効率的なのである．

　では，よくできたライブラリが利用できるのであれば，数値計算の原理やアルゴリズムを勉強する必要などないように思えるが，これも**そうではない**．手法の動作原理や特質を理解せずに，ただやみくもにライブラリを使用すると往々にして"祟り"があり，思わぬ間違いをすることが多いのである．そこで本書では，数値計算法を勉強する目的の1つに，"**数値計算ライブラリ／パッケージを安全に効率よく使用するための基礎知識を得る**"点を加えておきたいと思う．

1.5 本書の構成

　本書は，種々の数値計算アルゴリズムを平易に解説することを目的としている．ただし，各アルゴリズムは実際にはコンピュータ上で実行されることを考慮すると，コンピュータ上での数値の扱い方や計算結果に生じる誤差などについて，ある程度の基礎知識が必要である．

　そこで，まず 2 章では「数値計算と誤差」と題し，必要最小限の基礎知識をまとめている．続く 3 章以降では，線形や非線形方程式，補間や数値積分，さらに微分方程式などに関する数値計算法を解説していく．

　なお，前節では "コンピュータが実行可能な演算は四則のみ" と述べたが，実際には，平方根やべき乗，絶対値，三角関数や指数・対数関数などの初等関数の基本的な関数計算も可能である．数値計算本来の目的からすると，コンピュータ上でこれらの関数がどのように計算され実現されているかを知ることも重要であるが，残念ながら紙面に十分なスペースがない(本章末のコラム参照)．そこで本書では，コンピュータとは，**四則演算と共に基本的な関数計算が可能なプログラマブル計算機** と位置付け，以降の議論を進めることとしたい．

　さて，読者諸君の周囲には，Fortran や C 言語などのコンパイラや実行環境が整っているコンピュータがあるだろうか？　もしあれば，本書をひととおり読み終えた後は，そのコンピュータは単なるワープロや表計算マシンとしてではなく，計算機としての本来の役目を果たせるよう変貌しているはずである．

1.5 本書の構成

●計算機の中での初等関数の計算方法●

初等関数の値は計算機の中でどのように求められるのであろうか.簡単な例でその方式を見てみよう.例えば区間 $0 \leq x \leq 1$ で $\log(1+x)$ の値を求めてみよう.計算機内で行える基本演算は四則だけであるから,最初に考えられる方法はテイラー展開

$$\log(1+x) = x - \frac{x^2}{2} + \frac{x^3}{3} - \frac{x^4}{4} + \cdots$$

を最初の n 項で打ち切った部分和 $p_n(x)$

$$p_n(x) = x - \frac{x^2}{2} + \frac{x^3}{3} + \cdots + (-1)^{n+1}\frac{x^n}{n} \qquad (1.7)$$

での近似であろう.図 1.2(a) のグラフはテイラー展開の 4 次までの部分和 $p_4(x)$ で近似するときの誤差 $\log(1+x) - p_4(x)$ を示す.一方,別の 4 次多項式 $q_4(x)$[19, p.176]

$$q_4(x) = 0.9974442x - 0.4712839x^2 + 0.2256685x^3 - 0.0587527x^4 \qquad (1.8)$$

での近似誤差 $\log(1+x) - q_4(x)$ を図 1.2(b) に示す.図 1.2(a) からわかるように,テイラー展開の打ち切りによる誤差は原点近くは小さいが,原点から離れると急速に大きくなる.一方,図 1.2(b) は誤差が振動しその振幅は一定で小さい,すなわち区間 [0, 1] での最大誤差が小さいことを示す.このような誤差が振動しその振幅が一定であるように作られた近似式を**最良近似式**[19]とよぶ.計算機内で利用

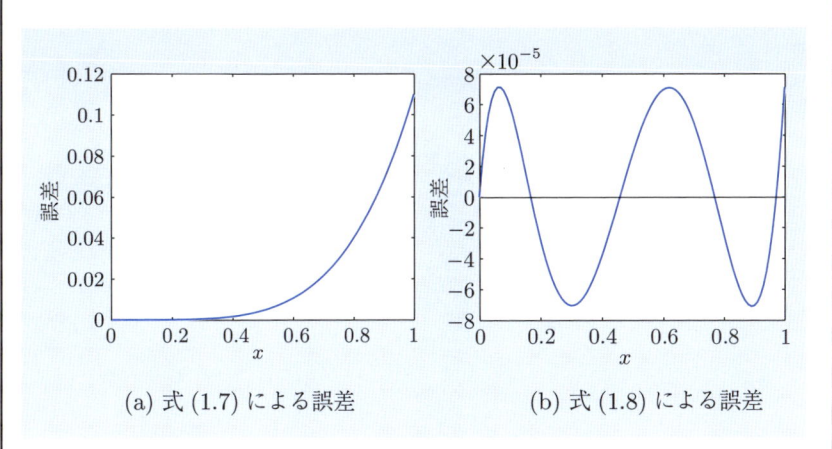

(a) 式 (1.7) による誤差　　　(b) 式 (1.8) による誤差

図 1.2 $\log(1+x)$, $0 \leq x \leq 1$ を 2 種類の 4 次多項式 (1.7), (1.8) で近似したときの誤差.

される各種初等関数は各々に最良近似式を用いて計算されている．近似効率 (計算の手間) の観点から，最良近似式は一般に有理式 $R(x)$

$$R(x) = \frac{a_0 + a_1 x + \cdots + a_n x^n}{b_0 + b_1 x + \cdots + b_m x^m}$$

で表されることが多い (多項式は有理式の分母が 0 次式の場合と考える)．しかし，この最良近似式を求める (係数 a_i, b_i を決定する) には大変複雑な計算が必要である[1]．

初等関数や特殊関数などの頻繁に利用される基本的な関数の計算法の開発とそれに基づく計算ルーチンの作成が，計算機の伸展 (大型汎用計算機からパソコンへ) と内部数表現 (次章で述べる IEEE754 標準) の確定と共になされてきた．これまでに作成された初等関数や特殊関数などの最良有理近似は，計算機が表現できる有効桁数一杯の精度で近似値を与える[1]．

1970 年代から 1980 年代にかけて，米国アルゴンヌ国立研究所の W.J.Cody[20] は初等関数計算ルーチン集 (パッケージ) ELEFUNT と特殊関数パッケージ SPEC-FUN を作成している．Cody は，計算機の内部数表現などを自動的に検出するルーチン MACHAR を作成し，これを用いて計算機の表現できる数の精度で各種関数の近似値を計算するようにしている．上記のパッケージは Web 上[4]からダウンロードできる．国内では名古屋大学を中心に開発された数値計算パッケージ NUMPAC に多くの初等関数や特殊関数の計算ルーチン (Fortran 言語) が含まれている[21]．

第2章

数値計算と誤差

　数値計算とは，計算機を用いて行う計算のことを指す．計算機の上での数表現は，人間に馴染みの深い数表現 (**10進数**) と異なる．計算機特有の数表現 (**2進数**) とその表現限界を知ることは，数値計算を実行する上での基礎である．

　数学はいろいろなタイプの数 (実数，複素数など) を扱うが，計算機の上で扱われる数のタイプは限られている．有限桁，有限個の数だけが対象であり，さらに，行われる演算の種類は四則演算のみである．これらのことが，計算機の上での数値計算とその結果 (近似) が数学で学ぶ計算結果 (厳密な値) と大きく異なる原因である．したがって，数値計算アルゴリズムを構築するだけではなく，得られる近似値 (近似解) と厳密な値 (解) との**誤差**を解析することも重要となる．そこで，本章では，その基礎となる計算機上での数値の扱いについて述べる．

(長谷川)

2.1 2進数と浮動小数

■2.1.1 2 進 数

計算機の上では，数は 0 と 1 の組合せで表され，これを**2進数**とよぶ．a_i $(0 \leq i < n)$ を 0 または 1, $a_n = 1$ とおくと，2 進の整数 $(a_n a_{n-1} \cdots a_0)_2$ は 10 進では

$$a_n \times 2^n + a_{n-1} \times 2^{n-1} + \cdots + a_1 \times 2^1 + a_0$$

を意味する[1]．同様に，b_i $(0 \leq i \leq n)$ を 0 または 1 とすると，2 進の小数 $(b_0 . b_1 \cdots b_{n-1} b_n)_2$ は

$$b_0 \times 2^0 + b_1 \times 2^{-1} + \cdots + b_{n-1} \times 2^{-(n-1)} + b_n \times 2^{-n} \tag{2.1}$$

である．例えば，2 進数 $(11.011)_2$ は 10 進数では $2 + 1 + 2^{-2} + 2^{-3} = 3.375$ である．以下では，2 進数の各桁 (0 または 1) を**ビット**とよぶ．

■2.1.2 浮動小数

上の 2 進数 11.011 の表し方は**固定小数**とよばれる．この表現は，非常に大きい数や非常に小さい数を表すためには多くのビットが必要になり，不便である．これに対して，例えば光速を 10 進数で 2.99792×10^8 m/s，あるいは万有引力定数 $G = 6.67259 \times 10^{-11}$ Nm^2/kg^2 と表す．これらの表現形式 (**浮動小数**とよぶ) は大きい数や小さい数を表すときに便利である．自然科学では，数一般を表すために浮動小数が広く用いられる．2 進数においても浮動小数を導入しよう．

2 進数の浮動小数は，10 進数の場合と同様に定義される．b_i $(1 \leq i \leq n)$ および c_i $(1 \leq i \leq m)$ を 0 または 1 とすると，2 進の浮動小数は

$$\underbrace{\pm}_{\text{符号}} \underbrace{(b_0 . b_1 b_2 \cdots b_n)_2}_{\text{仮数 } S} \times 2^{\overbrace{(c_1 c_2 \cdots c_m)_2}^{\text{指数 } E}} \tag{2.2}$$

と表される．ここで $(b_0 . b_1 b_2 \cdots b_n)_2$ を**仮数** S, $(c_1 c_2 \cdots c_m)_2$ を**指数**[2]とよぶ．

---

[1] 記号 $(\cdots)_2$ は 2 進数を表す．

[2] 実際は，E から一定の値 c を引いて指数 $e = E - c$ として用いる．後述するように，単精度の場合は $c = 127$, 倍精度の場合は $c = 1023$ を用いる．

2.2　実際の浮動小数表現 —— IEEE754 標準

現在，計算機内では **IEEE754 標準**とよばれる浮動小数の表現形式が用いられている[3]．IEEE754 標準には，**単精度**と**倍精度**の 2 種類がある．本節では，その詳細について説明しよう．

■ 2.2.1　単精度と倍精度

単精度浮動小数は，以下に示すように，符号部に 1 ビット，**仮数部** S に 24 ビット，**指数部** E に 8 ビットで構成される．S の先頭ビット b_0 は常に 1 と約束すると $b_0 = 1$ は明示する必要がないので，実際には仮数 S は 23 ビットで表現できる (**けち表現**)．単精度浮動小数は，符号部，指数部 c_i，仮数部 b_i を順に式 (2.3) のように並べ，全体で 32 ビットで構成される．なお，符号部では '+' を 0 で，'−' を 1 で表す．

$$\pm \mid c_1 c_2 \cdots c_8 \mid b_1 b_2 \cdots b_{23} \qquad (2.3)$$

式 (2.3) では，$b_0 = 1$ と仮定したため仮数は $1 \leq S < 2$ となることに注意されたい．また，このままでは負の指数は表されないので区間 $(-1, 1)$ の数は表現できない．そこで，8 ビットの指数部 $E = (c_1 c_2 \cdots c_8)_2$ を次のように約束する．2 進 8 ビットで表される数は 10 進で 0 から 255 $(= 2^8 - 1)$ までの正の整数であるが，$e = E - 127$ を指数とみなすと，e は正負の値をとることができる．すなわち，単精度浮動小数は $\pm (1.b_1 b_2 \cdots b_{23})_2 \times 2^e$ を表すと約束する．これにより指数 e は 10 進で $-127 \leq e \leq 128$ の範囲の数を表現できるようになる．例えば，10 進数で 1.0 を表す場合は，$1.0 = 1.0 \times 2^0$ から $e = 0$ で，$E = e + 127 = (01111111)_2$ となる．したがって，次のように表される．

$$1.0 \Rightarrow \boxed{0 \mid 01111111 \mid 00000000000000000000000}$$

実際には，$e = -127$ ($E = 0 = (00000000)_2$) と $e = 128$ ($E = 255 = (11111111)_2$) は，後述するように別の目的に使用するため，指数 e の範囲を $-126 \leq e \leq 127$ に制限する．これにより，単精度浮動小数で表現可能な最小の正数 m と最大の正数 M は，それぞれ

---

[3] IEEE は米国電気電子学会で，計算機や通信に関する標準方式を定める機関でもある．

最小数 ： | 0 | 00000001 | 00000000000000000000000 |
$$\Rightarrow 1.0 \times 2^{-126} = 1.175\cdots \times 10^{-38} = m$$

最大数 ： | 0 | 11111110 | 11111111111111111111111 |
$$\Rightarrow (2 - 2^{-23}) \times 2^{127} \approx 2^{128} = 3.4028\cdots \times 10^{38} = M$$

となり，$m \leq |x| \leq M$ の範囲の数 x が表現可能な数となる．区間 $[m, M]$ あるいは $[-M, -m]$ 内にあり，単精度浮動小数で表現可能な数を **正規化数** とよぶ．

一方，数値 0 の表現として，指数部 $e = -127\,(E = 0 = (00000000)_2)$ で仮数部の小数部分 $b_1 b_2 \cdots b_{23}$ のすべてが 0 の場合を割り当てる．すなわち，

| ± | 00000000 | 00000000000000000000000 | $\Rightarrow \pm 0.0$

と約束する．このとき，符号を考慮すると数値 0 には ± 0 が存在することになるが，両者はともに 0 を表すと約束する (± 0 は後述する無限大 $\pm \infty$ との関係で利用される)．

なお，$e = -127$ で $b_1 b_2 \cdots b_{23}$ のすべてが 0 とは限らない場合

| ± | 00000000 | ********************* |

は，$\pm (0.b_1 b_2 \cdots b_{23})_2 \times 2^{-126}$ を表すと約束する．これは，(0 を含めると) 区間 $(-m, m)$ 内に幅 2^{-149} で等間隔に並んだ数である．ゼロを除くこれらの数は，**副正規数** とよばれる．副正規数は 0 に近づくほど有効桁数が減少していくが，これも含めれば，単精度で表現可能な最小の正数は

| 0 | 00000000 | 00000000000000000000001 | $\Rightarrow 2^{-149} = 1.401\cdots \times 10^{-45}$

である．

逆に，$e = 128\,(E = 255 = (11111111)_2)$ かつ $b_1 b_2 \cdots b_{23}$ のすべてが 0 によって ∞ を表すと約束する．

| ± | 11111111 | 00000000000000000000000 | $\Rightarrow \pm \infty$

さらに，$e = 128$ で $b_1 b_2 \cdots b_{23}$ のすべてが 0 とは限らない場合

| ± | 11111111 | ********************* |

は **NaN (not-a-number)** とよばれ，計算に不正があった場合などに設定される特殊な記号として用いられる (2.2.3 項参照)．例えば，$\sqrt{-1}$ の結果は NaN である．以上をまとめると次のようになる．

2.2 実際の浮動小数表現 — IEEE754 標準

指数部	仮数部		
-127	$0\cdots0$	$\to$	± 0
	それ以外	$\to$	副正規数
$-126\sim 127$	$*\cdots*$	$\to$	正規化数
128	$0\cdots0$	$\to$	$\pm\infty$
	それ以外	$\to$	NaN

計算機上の浮動小数は連続的ではなくとびとび，すなわち離散的にしか分布しないことに注意しよう．さらにその値が大きくなるほど分布密度はより疎になる．例えば，次のような簡単な浮動小数システム

$$\pm(1.b_1 b_2)_2 \times 2^e, \quad -2 \leq e \leq 3 \tag{2.4}$$

で表現できる数の分布を図 2.1 に示す．この例からわかるように，数の分布は離散的であり，原点から遠いほど疎になる．

次に，単精度浮動小数において，1 の前後で 1 に最も近い浮動小数を考えよう．これらの浮動小数は

$$\boxed{0\,|\,01111111\,|\,00000000000000000000001} \Rightarrow 1 + 2^{-23}$$

$$\boxed{0\,|\,01111110\,|\,11111111111111111111111} \Rightarrow (2 - 2^{-23}) \times 2^{-1}$$
$$= 1 - 2^{-24}$$
$$\tag{2.5}$$

と表され，区間 $(1-2^{-24}, 1)$ と $(1, 1+2^{-23})$ 内の実数は単精度浮動小数では表現できないことになる．ここで，1 と "1 より大きくて 1 に最も近い数" との距離を**マシンイプシロン**とよび，単精度浮動小数の場合は $\varepsilon = 2^{-23} = 1.192\cdots\times 10^{-7}$ となる．実数 $x \in (1, 1+\varepsilon)$ は 1 か $1+\varepsilon$ のどちらかで近似される (一般に近い方で近似される)．この処理を "**丸める**" といい，丸めによる近似方式を**丸め**

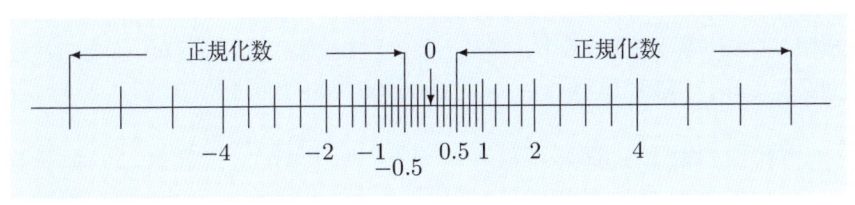

図 2.1 $\pm 1.b_1 b_2 \times 2^e$ で表される数の並び．数列は原点から遠いほど疎に並ぶ

方式とよぶ．また，$u = \varepsilon/2 = 2^{-24} = 5.96\cdots \times 10^{-8}$ を**丸めの単位**とよび，$x \in (1, 1+u)$ なら x は 1 に，$x \in [1+u, 1+\varepsilon)$ なら $1+\varepsilon$ で近似される．

浮動小数における有効桁数は仮数部のビット数で決まる．単精度では仮数部 24 ビットであり，丸めの単位が $u = 2^{-24} = 5.960\cdots \times 10^{-8}$ だから，正規数が表現可能な有効桁数は 10 進で約 7 桁である[4]．

単精度浮動小数 (32 ビット) よりも多くの有効桁を必要とする場合は，64 ビット**倍精度**浮動小数が利用できる．倍精度の場合は，符号 1 ビット，仮数部 53 ビット，指数部 11 ビットで構成される．単精度の場合と同様に，仮数部 S の先頭ビットを明示しないので，以下に示すように全体で 64 ビットである．

$$\pm \mid c_1 c_2 \cdots c_{11} \mid b_1 b_2 \cdots b_{52} \mid \Rightarrow \pm (1.b_1 b_2 \cdots b_{52})_2 \times 2^e$$

倍精度の正規化数は，指数 e が $-1022 \leq e \leq 1023$ の範囲にある数 (12 ページ脚注 2) 参照) となる．表 2.1 に単精度と倍精度の正規化数の比較を示す．

表 2.1　単精度と倍精度の浮動小数

	単精度	倍精度
指数部	8 ビット	11 ビット
仮数部	24 ビット	53 ビット
マシンイプシロン ε	$2^{-23} \approx 1.192 \times 10^{-7}$	$2^{-52} \approx 2.220 \times 10^{-16}$
丸めの単位 u	$2^{-24} \approx 5.960 \times 10^{-8}$	$2^{-53} \approx 1.110 \times 10^{-16}$
有効桁数	7 桁強	16 桁弱
最小数 m	$2^{-126} \approx 1.175 \times 10^{-38}$	$2^{-1022} \approx 2.225 \times 10^{-308}$
最大数 M	$< 2^{128} \approx 3.403 \times 10^{38}$	$< 2^{1024} \approx 1.798 \times 10^{308}$

■ 2.2.2　計算機上での四則演算と丸め誤差

計算機上では，0.1 のような単純な 10 進数であっても，2 進数に変換すると無限のビット数が必要となり，浮動小数として正確に表現でき**ない**ことに注意が必要である (実際，10 進の 0.1 は $1.1001100110011001101)_2 \times 2^{-4}$ で近

---

[4] なお，副正規数は $\pm(0.b_1 b_2 \cdots b_{23})_2 \times 2^{-126}$ と表されるので，正規化数に比べ有効桁数は少なくなる．実際，$b_i = 0 \; (i \leq n < 23)$，$b_{n+1} = 1$ の場合は，n ビット分の有効ビットが失われ，0 に近いほど有効桁が少ない．

2.2 実際の浮動小数表現 — IEEE754 標準

似される). いま, 実数 x を計算機上で浮動小数 (正規化数) として表した値を $\mathrm{fl}(x)$ と書くとしよう. このとき, $\mathrm{fl}(x)$ は x に最も近い正規化数で,

$$\mathrm{fl}(x) = x(1+\delta) \tag{2.6}$$

と表される. ここで $\delta = \frac{\mathrm{fl}(x)-x}{x}$ で, これを $\mathrm{fl}(x)$ の**相対誤差**, あるいは**丸め誤差**とよぶ.

丸め誤差は, 四則演算を行った結果に対しても生じる. すなわち, 四則演算の結果は最寄りの浮動小数に丸められ, このときに丸め誤差が生じる. 例えば, 2 つの実数 x と y を計算機上で加算した場合, 和 $x+y$ は丸められ, 先の記号に従うと $\mathrm{fl}(x+y)$ となる. このとき,

$$\mathrm{fl}(x+y) = (x+y)(1+\delta') \tag{2.7}$$

と表される.

IEEE754 標準では, 式 (2.6), (2.7) における丸め誤差 δ, δ' が常に

$$|\delta| < u, \qquad |\delta'| < u \qquad (u \text{ は丸めの単位})$$

を満たすように設計されている[23]. 減算, 乗除算についても同様である.

■2.2.3 例外演算

ゼロ割りや, 結果が正規化数で表されない演算を**例外演算**とよぶ. ここでは, IEEE754 標準で定義されている例外演算の中の主な 4 通りを述べる.

ゼロ割り

数学ではゼロ割りは定義されないが, 計算機上では非ゼロの数値 a を ± 0 で割った結果は

$$\frac{a}{+0} = \begin{cases} +\infty & (a > 0) \\ -\infty & (a < 0) \end{cases}, \qquad \frac{a}{-0} = \begin{cases} +\infty & (a < 0) \\ -\infty & (a > 0) \end{cases}$$

と定義されている[5].

---

[5] 14 ページに述べたように, 計算機上では $a = +0, b = -0$ なら $a = b$ であるが, $1/a = +\infty, 1/b = -\infty$ であるから $1/a = 1/b$ は成り立たない.

第 2 章　数値計算と誤差

不正演算

不正演算を行った結果には NaN が割り当てられる．例えば，ゼロと無限大を含む演算 $0 \times \infty$, $0/0$, ∞/∞, $\infty/0$ および $\infty - \infty$ の結果は NaN である．また，$a < 0$ なら $\sqrt{a}$ は NaN である．NaN を含むデータを扱う演算の結果も NaN である．

オーバーフロー

演算結果が正規化数の最大数 M を越えるとオーバーフローとよばれ，$+\infty$ となる．同様に $-M$ 以下なら $-\infty$ となる．

アンダーフロー

演算結果が $(-m, m)$ (m は正規化数の最小数) 内の数ならアンダーフローとよばれ，丸められて ± 0，あるいは適切な副正規数が割り当てられる．

●　**整数のオーバーフローによるロケット爆発**　●

1996 年 6 月 4 日南米仏領ギアナの Kourou 宇宙基地から欧州宇宙局が無人ロケット Ariane 5 の初飛行を試みた．発射されて 37 秒後突然予定飛行コースをはずれ，その 3 秒後に高度 3700m で無惨にも爆発した．仏瑞独伊英各国の専門家による委員会が調査した結果，64 ビット浮動小数から符号付き 16 ビット整数への変換の際のオーバーフローが爆発の原因と判明した[24]．

実際，発射 36.7 秒 (上昇開始 30 秒) 後に慣性参照システム (SRI) 内のコンピュータが機能停止し，2 基のブースターの噴射口が，その後主エンジンの噴射口も回転し始めたため，ブースターと本体の結合が破断し，これが引き金でロケットは自壊した．ロケットの姿勢と運動を SRI が測定し，SRI 内のコンピュータが角度と速度を計算した．主計算機が，SRI から受け取ったデータを使い飛行用プログラムを実行し，各エンジンの噴射口を制御する．測定された速度の水平成分が予想された規定値を越えるとき SRI 内コンピュータのソフトウェア例外が発生した．実際，64 ビット浮動小数が符号付き 16 ビット整数 $(-32,768 \sim 32,767)$ に変換される際に最大整数を越えてしまい，オペランドエラーが生じた．この SRI は以前のロケット Ariane 4 では正常に作動した．加速性能が向上した Ariane 5 では，速度の水平成分が Ariane 4 の 5 倍を越えたため異常が生じてしまった．

2.3 桁落ち，情報落ち

互いに非常に近い2つの数 x, y に対して減算 $x - y$ を行うと，結果の有効桁数が大きく減少することがある．これを**桁落ち**とよぶ．例えば，2つの引き算

$$
\begin{array}{r} 1.234 \\ -)\ 1.233 \\ \hline 0.001 \end{array} \qquad \begin{array}{r} 2.345 \\ -)\ 1.233 \\ \hline 1.112 \end{array}
$$

において結果を比較すると，右側は有効桁が4桁であるのに対し，左側は1桁しかなく，3桁分の桁落ちが生じている．桁落ちを回避するいくつかのテクニックが知られている．

例1 桁落ち

$x = 1.0 \times 10^{-3}$ として，$y = (1 - \cos(x))/x^2$ を単精度で次のように計算した．x は単精度では $x = 1.000000047 \times 10^{-3}$ と表され，

$$
\begin{aligned}
x &= 1.000000047 \times 10^{-3} \\
\cos(x) &= 9.999995232 \times 10^{-1} \\
1 - \cos(x) &= 4.768371582 \times 10^{-7} \\
y = (1 - \cos(x))/x^2 &= 4.768370986 \times 10^{-1}
\end{aligned}
$$

このとき，

$$
\cos(x) = 0.9999995232 \approx 1
$$

であるので $1 - \cos(x) = 0.000000476 \cdots$ の計算において6桁分の桁落ちが生じている．実際，y の真値は $4.999999583333 \cdots \times 10^{-1}$ となり，上記の手順による精度は有効1桁に過ぎない．

このような桁落ちを防ぐには，引き算を回避すればよい．この場合は，

$$
\frac{1 - \cos(x)}{x^2} = \frac{1}{2} \left\{ \frac{\sin(x/2)}{x/2} \right\}^2 = 4.99999940395 \cdots \times 10^{-1}
$$

と式変形して計算すると，単精度でも有効7桁まで正確な値が得られる．この変形が桁落ちを回避する手法の代表例である． □

桁落ちと同様に計算精度を悪化させる現象に**情報落ち**がある．例えば，

$$12345 + 12.543 - 12357 = 0.543 \tag{2.8}$$

を 10 進有効 5 桁で実行 (演算結果の 6 桁目を四捨五入) すると

```
    1 2 3 4 5
+)      1 2.5 4 3
              8
    1 2 3 5 7.5 4 3
-)  1 2 3 5 7
              1
```

となり，演算結果には 1 桁の精度もない．このように大きさの異なる 2 つの数を加減算する場合は，小さい数の下何桁かの情報が失われることがある．このような現象を「情報落ち」とよぶ．

例 2 **情報落ちと桁落ち**

次の 2 次方程式

$$x^2 - bx + c = 0$$

の解を公式

$$x_1 = \frac{b - \sqrt{b^2 - 4c}}{2}, \qquad x_2 = \frac{b + \sqrt{b^2 - 4c}}{2} \tag{2.9}$$

により計算してみよう．$b = 1.2356, c = 0.0012193$ とすると，$x_1 = 0.00098760$, $x_2 = 1.2346$ となる．まず，x_1 を有効 5 桁で順に計算すると

$$b^2 = 1.5267, \quad 4c = 4.8772 \times 10^{-3}, \quad b^2 - 4c = 1.5218$$
$$\sqrt{b^2 - 4c} = 1.2336, \quad b - \sqrt{b^2 - 4c} = 2.0 \times 10^{-3}$$
$$x_1 = (b - \sqrt{b^2 - 4c})/2 = 1.0 \times 10^{-3}$$

となる．x_1 の相対誤差は

$$\left| \frac{0.98760 \times 10^{-3} - 1.0 \times 10^{-3}}{0.98760 \times 10^{-3}} \right| = 1.26\cdots \times 10^{-2}$$

となり，有効 1 桁強の精度しかない．この原因を探ろう．$b^2 - 4c$ の計算で

```
    1.5 2 6 7
-)  0.0 0 4 8.7 7 2
    1.5 2 1 8.2 2 8
```

であるから，ここでまず情報落ちが起きている．また，$b-\sqrt{b^2-4c}$ の計算では

$$1.2356 - 1.2336 = 0.0020$$

となり，3桁分の桁落ちが発生したことになる．

一方，x_2 の計算では，$b(>0)$ と $\sqrt{b^2-4c}$ を加算するため桁落ちは起きず，

$$b+\sqrt{b^2-4c} = 2.4692, \quad x_2 = (b+\sqrt{b^2-4c})/2 = 1.2346 \qquad (2.10)$$

となり，有効5桁の精度で x_2 の値が得られる．

x_1 を求める際は解の公式ではなく，解と係数の関係 $x_1 x_2 = c$ と x_2 の値 (2.10) を利用するとよい．このとき，$x_1 = c/x_2 = 9.8761 \times 10^{-4}$ となり，有効4桁の精度が得られ，桁落ちが回避できる． □

● **計時誤差累積によるミサイルの失敗** ●

1991年2月25日 (湾岸戦争時) サウディアラビアのDhahranに配備された米国の地対空ミサイルPatriotがイラクの戦術弾道ミサイルScudの迎撃に失敗した．原因はPatriot防衛システムの計算機内で数値の丸め誤差が累積したことによる[25]．Patriotは時間を0.1秒単位で計測していた．計時には24ビット固定小数のレジスターを用いる．小数0.1は2進では有限桁で表されないから，**切り捨て方式では**

$$(0.1)_{10} \Rightarrow (0.00011001100110011001100)_2$$

と表される．このときの誤差は $(1.10011\cdots)_2 \times 2^{-24} = 9.5\cdots \times 10^{-8}$ である．

当時，Patriotシステムが100時間連続稼働していた．累積した時間誤差

$$9.5\cdots \times 10^{-8} \times 100 \times 60 \times 60 \times 10 = 0.34\cdots 秒$$

の間にScud (Mach 5, 6034km/h = 秒速1676m) は約570mの距離を飛行したため，Patriotが距離の予測を誤り，標的のScudを外した．実際，事故の2週間前にPatriotシステムを8時間稼働すると精度が悪化することが判明し，ソフトウェアが修正された．しかし，この改良版が前線のDhahranに届いたのは事故の翌日であった．その後，Patriotシステムは64ビットのレジスターを使用している．

2.4 演算順序と精度

数学で学ぶ結合則や交換則 $(a+b)+c = (b+c)+a = b+(a+c)$ が数値計算では成り立たないことがある．すなわち，計算の順序の違いが結果の精度に影響することがある．次の実例を見てみよう．

例 3 **計算順序を変えると精度が改善される例**

2.3 節では，式 (2.8) を有効 5 桁で，左から順に計算した結果

$$(12345 + 12.543) - 12357 = 12358 - 12357 = 1$$

となった．一方，順序を変更し，

$$12.543 + (12345 - 12357) = 12.543 - 12 = 0.543$$

と計算すると，精度のよい結果が得られる． □

例 4 **級数和**

級数和を求めるときは，情報落ちを防ぐために**絶対値の小さな項から順に加える**のがよい[10]．例として，級数和

$$S_n = \frac{1}{2} + \frac{1}{6} + \frac{1}{12} + \cdots + \frac{1}{n(n+1)}$$

を単精度で計算する際の精度を比較してみよう．左 (大きい値) から右 (小さい値) に計算をする (LS, Large から Small へ) 場合と，右から左に計算する (SL, Small から Large へ) 場合の結果を表 2.2 に示す．表 2.2 から，SL の方が精度がよく，LS は総和の項数 n が大きくなるほど結果の精度が悪化していることがわかる． □

表 2.2 計算順序による級数和の精度の違い

n	LS (大 → 小)	誤差	SL (小 → 大)	誤差
500	0.748005688	2.9×10^{-7}	0.748005986	6.1×10^{-9}
1500	0.749334157	1.6×10^{-7}	0.749333978	2.2×10^{-8}
2500	0.749600410	1.7×10^{-7}	0.749600232	8.2×10^{-9}
3500	0.749715567	1.2×10^{-6}	0.749714434	2.6×10^{-8}
4500	0.749775171	2.7×10^{-6}	0.749777853	1.7×10^{-9}

2.5 多項式の値を計算する ── 計算量

ここまでは主に誤差についての議論を行ってきたが，最後に，計算手順の効率化の例を示そう．実際，数値計算の分野での大きな目標の1つは，高精度かつ高能率な計算方式を開発することである．

例として，与えられた多項式

$$p_n(x) = a_0 + a_1 x + a_2 x^2 + \cdots + a_n x^n$$

の $x = c$ での値 $p_n(c)$ を求める**手間**(**計算量**)を考える．$p_n(c)$ の値の最も単純な求め方は，

$$p_n(c) = a_0 + \underbrace{a_1 \times c}_{1} + \underbrace{a_2 \times c \times c}_{2} + \cdots + \underbrace{a_n \times c \times c \times \cdots \times c}_{n}$$

で，この場合の乗算回数[6]は $1 + 2 + 3 + \cdots + n = n(n+1)/2$ 回である．これを

$$\begin{aligned}
p_n(x) &= a_n x^n + a_{n-1} x^{n-1} + a_{n-2} x^{n-2} + \cdots + a_1 x + a_0 \\
&= (a_n x + a_{n-1}) x^{n-1} + a_{n-2} x^{n-2} + \cdots + a_1 x + a_0 \\
&= \{(a_n x + a_{n-1}) x + a_{n-2}\} x^{n-2} + \cdots + a_1 x + a_0 \\
&\quad \vdots \\
&= ((\cdots((\underline{a_n \times x} + a_{n-1})\underline{\times x} + a_{n-2})\underline{\times x} \cdots)\underline{\times x} + a_1)\underline{\times x} + a_0
\end{aligned}$$

のように変形し，$p_n(x)$ に $x = c$ を代入して計算すると乗算回数は下線部のように n 回まで減らすことができる．この方法を**ホーナー (Horner) 法**という．ホーナー法のアルゴリズムは次のように書ける．

――― **ホーナー法のアルゴリズム** ―――

(1) 多項式

$$p_n(x) = a_0 + a_1 x + a_2 x^2 + \cdots + a_n x^n$$

に対し，$b_n = a_n$ とおく．

---

[6] 本来，計算量は加減乗除の回数で計る必要があるが，古い計算機では加減算より乗除算の方が計算の手間が大きかったので，慣習的に乗除算の回数で計算量を計測している．本書においても，この慣習に合わせ，計算量は乗除算回数で計ることとする．

(2) 求めるべき $x = c$ に対して，順次

$$b_{n-1} = b_n c + a_{n-1}$$
$$b_{n-2} = b_{n-1} c + a_{n-2}$$
$$\vdots$$
$$b_1 = b_2 c + a_1$$
$$b_0 = b_1 c + a_0$$

を計算する．

(3) b_0 が求めるべき $p_n(c)$ である．

なお，$p_n(x)$ は

$$p_n(x) = (x - c)(b_n x^{n-1} + b_{n-1} x^{n-2} + \cdots + b_2 x + b_1) + b_0$$

と表されるため，$b_n x^{n-1} + b_{n-1} x^{n-2} + \cdots + b_2 x + b_1$ は $p_n(x)$ を $x - c$ で割った商で，b_0 は余りである．したがって，ホーナー法は**組み立て除法**と同じ計算方法である．

例 5 多項式 $p_5(x) = 2x^5 + 9x^4 + 4x^3 - 16x^2 + 3x + 22$ を $x + 3$ で割ったときの商 $q_4(x) = b_5 x^4 + b_4 x^3 + b_3 x^2 + b_2 x + b_1$ と余り $p_5(-3) = b_0$ をホーナー法により求めると，

$$b_5 = a_5 = 2$$
$$b_4 = (-3) b_5 + a_4 = (-3) \times 2 + 9 = 3$$
$$b_3 = (-3) b_4 + a_3 = (-3) \times 3 + 4 = -5$$
$$b_2 = (-3) b_3 + a_2 = (-3) \times (-5) - 16 = -1$$
$$b_1 = (-3) b_2 + a_1 = (-3) \times (-1) + 3 = 6$$
$$b_0 = (-3) b_1 + a_0 = (-3) \times 6 + 22 = 4$$
$$q_4(x) = 2x^4 + 3x^3 - 5x^2 - x + 6, \quad p_5(-3) = b_0 = 4$$

と計算される． □

2 章 の 問 題

☐ **1** 10進数の0.1は2進数では有限桁で表されない．**丸め方式** (p.16参照) による単精度2進浮動小数表示ではどのように表されるか．

☐ **2** 正規化数 x に対して，$\mathrm{fl}(x+\delta)=x$ となる十分小さい $\delta\ (\geq 0)$ を考える．ここでは，単精度で計算すると仮定しよう．$x=1$ の場合，これを満足する最大の δ の値を示せ．同様に，$x=1$ に対し $\mathrm{fl}(x-\delta)=x$ を満足する最大の $\delta\ (>0)$ の値も示せ．$x=2,3,4$ の場合は，各々どうなるか．**【ヒント】**式 (2.5) を参照．

☐ **3** M を倍精度での最大数とする．$\sqrt{M}<x<M$ の x に対して

$$\frac{x^2}{x+1}$$

は倍精度では計算できない．その理由を答えよ．この式をうまく変形すると倍精度でも計算できるようになる．どう変形すればよいかを考えよ．

☐ **4** $x>0$ として，$f(x)=\sqrt{x+\delta}-\sqrt{x}$ を計算しよう．$|\delta|$ が x の値に比べて十分小さいと，$\sqrt{x+\delta}$ と $\sqrt{x}$ が大変近い値となるので，この減算の結果として桁落ちが発生する．この桁落ちを回避するにはどのように式を変形すればよいか．
　【ヒント】 例3 を参照．

☐ **5** 2通りの x の値 $x=5$ と $x=-5$ に対して，指数関数 e^x の値をテイラー展開の有限項の和

$$e^x \approx 1+x+\frac{x^2}{2!}+\frac{x^3}{3!}+\cdots+\frac{x^n}{n!}$$

で近似しよう．ここで次数 n は両者に対して同じとする．それぞれの近似の有効桁数にどのような違いが見られるか．有効桁が少ない場合の原因を考察せよ．さらに，これを改善する計算方式を示せ．**注意**：テイラー展開の各項は，次の漸化式で計算すること．

$$\frac{x^k}{k!}=\left\{\frac{x^{k-1}}{(k-1)!}\right\}\times\frac{x}{k},\quad k=2,3,\ldots,n$$

【ヒント】各項の符号に注意して，どちらの場合に桁落ちが発生するかに着目せよ．

第3章

連立1次方程式の解法（1）
── 直接法

　本章では連立1次方程式の数値計算法を紹介する．「1次方程式」の代わりに「線形方程式」ということもある．最も単純な1次の方程式は，$ax = b$ である．この方程式は「実数 a と b が与えられ，$a \times x$ が b と等しくなるような実数 x を求めよ」と言い換えることができ，この場合は「$a \neq 0$ ならば，どのような b に対しても b/a がただ1つの解」となることは明らかである．しかし，連立1次方程式の場合は a が行列，x, b はベクトルとなり，解を求めるプロセスはもっと複雑になる．

　連立1次方程式の数値計算法は大きく分けて2通りの方法がある．行列の要素に直接手を加えて行列を2つ以上の行列の積に分解する**直接法**と，行列の要素には直接手を加えずに近似解の列を生成して解に収束させる**反復法**である．一般的に，直接法は行列の要素にゼロが少ない**密行列**に，反復法は行列の要素にゼロが多い**疎行列**に有利である．本章では前者の直接法についての解説を行う．

(細田)

3.1 連立1次方程式とその行列・ベクトル表記

例えば，

$$\begin{cases} x_1 + 2x_2 + 3x_3 = 1 \\ 2x_1 + 2x_2 + 3x_3 = 1 \\ 3x_1 + 3x_2 + 3x_3 = 1 \end{cases} \tag{3.1}$$

のような方程式を考えよう．この方程式は，3つの「等号」がすべて成り立つように，3つの未知な変数 x_1, x_2, x_3 の値を求める問題である．このような問題を**連立 1 次方程式**という．

一般に連立1次方程式は

$$\begin{cases} a_{11}x_1 + a_{12}x_2 + \cdots + a_{1n}x_n = b_1 \\ a_{21}x_1 + a_{22}x_2 + \cdots + a_{2n}x_n = b_2 \\ \quad\quad\quad\quad\quad \vdots \\ a_{n1}x_1 + a_{n2}x_2 + \cdots + a_{nn}x_n = b_n \end{cases} \tag{3.2}$$

と書くことができる．ここで，

$$a_{ij} \quad (i = 1, 2, \ldots, n, \ j = 1, 2, \ldots, n), \quad b_i \quad (i = 1, 2, \ldots, n)$$

は既知の与えられた定数であり，$x_j \quad (j = 1, 2, \ldots, n)$ は未知の変数である．また，a_{ij} の添字である ij はそれぞれ，方程式の番号と未知変数の番号に対応している．

連立1次方程式 (3.2) は行列とベクトルを用いて表現すると便利である．すなわち，行列 A とベクトル $\boldsymbol{x}, \boldsymbol{b}$ をそれぞれ

$$A = \begin{bmatrix} a_{11} & a_{12} & \cdots & a_{1n} \\ a_{21} & a_{22} & \cdots & a_{2n} \\ \vdots & \vdots & \ddots & \vdots \\ a_{n1} & a_{n2} & \cdots & a_{nn} \end{bmatrix}, \quad \boldsymbol{x} = \begin{bmatrix} x_1 \\ x_2 \\ \vdots \\ x_n \end{bmatrix}, \quad \boldsymbol{b} = \begin{bmatrix} b_1 \\ b_2 \\ \vdots \\ b_n \end{bmatrix}$$

とおけば，方程式 (3.2) は

$$A\boldsymbol{x} = \boldsymbol{b} \tag{3.3}$$

と表すことができる．通常，A を**係数行列**，$\boldsymbol{x}$ を**解ベクトル**，$\boldsymbol{b}$ を**データベクトル**もしくは**右辺ベクトル**という[1]．また，このとき a_{ij} や b_i を，行列 A や

---

[1] 行列は大文字イタリック (斜) 体，ベクトルは小文字のボールド・イタリック体で表す．

3.1 連立1次方程式とその行列・ベクトル表記

ベクトル b の**要素**もしくは**成分**という．

この行列・ベクトル表記を最初に挙げた方程式 (3.1) に適用すると，係数行列，解ベクトル，右辺ベクトルはそれぞれ

$$A = \begin{bmatrix} 1 & 2 & 3 \\ 2 & 2 & 3 \\ 3 & 3 & 3 \end{bmatrix}, \quad x = \begin{bmatrix} x_1 \\ x_2 \\ x_3 \end{bmatrix}, \quad b = \begin{bmatrix} 1 \\ 1 \\ 1 \end{bmatrix}$$

と書くことができる．すなわち，連立1次方程式とは，係数行列 A と右辺ベクトル b が与えられ，式 (3.3) の等号が成り立つような解ベクトル x を見つける問題であるといえる．

連立1次方程式 (3.2) もしくは (3.3) に，解があるかどうかは一般にはわからない．また，もし解があったとしても，それがただ1つであるかどうかも不明である．詳しい説明は標準的な線形代数の教科書に譲るが，方程式 (3.3) がただ1つの解を持つための必要十分条件は，

$$A^{-1}A = AA^{-1} = I \tag{3.4}$$

を満たす A の**逆行列** A^{-1} が存在することである．なお，I は単位行列を表す．また，A の**行列式**を $\det A$ で表すとすると，条件 (3.4) は $\det A \neq 0$ という条件と等しい．本章で説明するアルゴリズムを適用すると，方程式を解く過程で $\det A = 0$ となる場合は警告されるため，ここでは $\det A \neq 0$ **で方程式はただ1つの解を持つものと仮定する**．また，以下では A, x, b の要素はすべて実数とする．

本章では連立1次方程式を計算機を使って数値的に解く方法について解説する．そのためには係数行列や右辺ベクトル，解ベクトルを計算機のメモリ上に格納しなければならない．2次元的な広がりを持つ行列は2次元配列に格納するのが標準的であり，そうすると各要素へのアクセスも容易である．同様にベクトルは1次元配列に格納する．以下では，係数行列 A を格納する2次元配列を A で表し，同じく，右辺ベクトル b は1次元配列 b に格納するものとする[2]．

---

[2] A のような大文字のタイプライタ体は計算機上での2次元配列，小文字のタイプライタ体 b などは1次元配列を表す．

3.2 係数行列が三角行列の場合

連立1次方程式が,「ある形」をしているときは"簡単に"解くことができる.まず,そのような方程式について見ていくことにしよう.なお,本章ではアルゴリズムの記述に行列やベクトルの一部分を取り出し,それらに対して足し算や掛け算を行う疑似コードを用いるが,詳細は付録 A を参照されたい.

最も単純な方程式の形は,A の対角以外の要素がすべてゼロとなる場合である.すなわち,A が

$$A = \begin{bmatrix} a_{11} & & 0 \\ & \ddots & \\ 0 & & a_{nn} \end{bmatrix}$$

と書けるときであり,これを**対角行列**という.このとき,方程式は

$$\begin{cases} a_{11}x_1 & = b_1 \\ & \ddots & \vdots \\ & a_{nn}x_n = b_n \end{cases}$$

となり,解は

$$x_i = \frac{b_i}{a_{ii}} \quad (i = 1, 2, \ldots, n)$$

と単に割り算を n 回行うだけで簡単に求めることができる.

次に単純な方程式の形は,A の対角よりも上の要素がすべてゼロ,もしくは対角よりも下の要素がすべてゼロとなるときである.このような行列を**三角行列**といい,特に前者を**下三角行列**,後者を**上三角行列**という.まず,A が下三角行列の場合を示そう.このとき方程式は

$$\begin{cases} a_{11}x_1 & = b_1 \\ a_{21}x_1 + a_{22}x_2 & = b_2 \\ & \ddots & \vdots \\ a_{n1}x_1 + a_{n2}x_2 + \cdots + a_{nn}x_n = b_n \end{cases} \quad (3.5)$$

となり,これは,

$$x_1 = \frac{b_1}{a_{11}}, \quad x_2 = \frac{b_2 - a_{21}\overbrace{x_1}^{b_1/a_{11}}}{a_{22}}, \ldots$$

3.2 係数行列が三角行列の場合

のように,最初の方程式から順に $x_1, x_2, \ldots$ と求めていくことができる.すなわち,i 番目の方程式を解く時点では,すでに $x_1, \ldots, x_{i-1}$ はすべて求まっているので,x_i は

$$x_1 = \frac{b_1}{a_{11}}, \qquad x_i = \frac{b_i - \sum_{j=1}^{i-1} a_{ij} x_j}{a_{ii}} \quad (i = 2, \ldots, n) \tag{3.6}$$

と求めることができる.この方法を**前進代入**という.また,式 (3.5) のような形の方程式を**下三角方程式**という.

簡単な例を挙げよう.方程式

$$\begin{cases} 2x_1 & = -2 \\ x_1 + 3x_2 & = 5 \\ 4x_1 - 3x_2 + x_3 & = -7 \end{cases}$$

を式 (3.6) を用いて解けば,以下のようになる.

$$x_1 = \frac{-2}{2} = -1$$
$$x_2 = \frac{5 - \{1 \times x_1\}}{3} = \frac{5 - \{1 \times (-1)\}}{3} = 2$$
$$x_3 = \frac{-7 - \{4 \times x_1 + (-3) \times x_2\}}{1} = \frac{-7 - \{4 \times (-1) + (-3) \times 2\}}{1} = 3$$

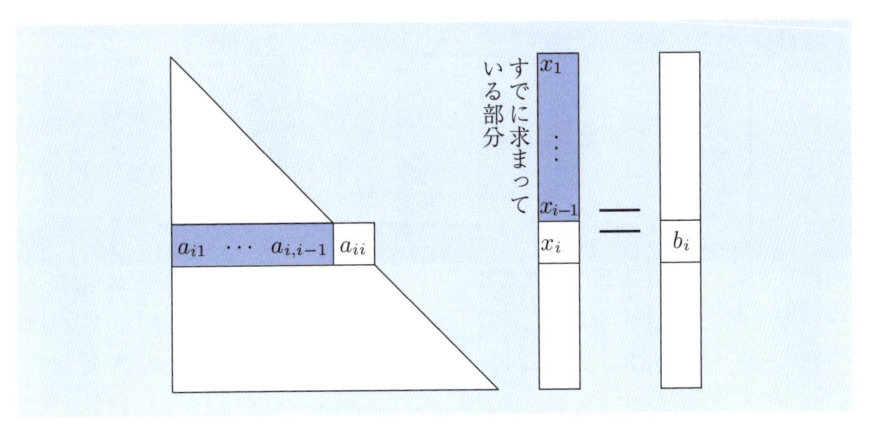

図 3.1 下三角方程式

前進代入過程を計算機上で配列を用いて実現してみよう．式 (3.6) における前進代入の第 i 段階の計算において，必要となる要素を図示すると図 3.1 のようになる．ここで，解ベクトルの $x_1, \ldots, x_{i-1}$ は第 $i-1$ 段階までにすでに求まっていて，第 i 段階では $\boldsymbol{b}$ の中の b_i しか必要とせず，$b_1, \ldots, b_{i-1}$ は第 i 段階以降も用いない．したがって，右辺ベクトル $\boldsymbol{b}$ が求解以降は不要であれば，$\boldsymbol{b}$ を格納した 1 次元配列に，解ベクトル $\boldsymbol{x}$ を上書きすることができる．そうすると必要なメモリ量が削減される．

これに基づく前進代入のアルゴリズムを示そう．いま，行列 A を 2 次元配列 A に，ベクトル $\boldsymbol{b}$ を 1 次元配列 b に格納しており，図 3.1 における $a_{i1}, \ldots, a_{i,i-1}$ 部を $\mathtt{A}(i, 1:i-1)$，$b_1, \ldots, b_{i-1}$ を $\mathtt{b}(1:i-1)$ と表記する．このとき，

前進代入のアルゴリズム

$\mathtt{b}(1) \leftarrow \mathtt{b}(1)/\mathtt{A}(1,1)$
For $i = 2 : n$
    $\mathtt{b}(i) \leftarrow \{\mathtt{b}(i) - \mathtt{A}(i, 1:i-1)\mathtt{b}(1:i-1)\}/\mathtt{A}(i,i)$
end

$\mathtt{A}(i, 1:i-1)$ および $\mathtt{b}(1:i-1)$ はそれぞれサイズが $1 \times (i-1)$，$(i-1) \times 1$ の配列であり，この 2 つの掛け算は式 (3.6) の右辺分子の $\sum a_{ij} x_j$ の演算 (積和計算) に等しいことに注意しよう．

次は A が上三角行列の場合を示そう．このとき方程式は

$$\begin{cases} a_{11}x_1 + \cdots + a_{1,n-1}x_{n-1} + a_{1n}x_n = b_1 \\ \quad\quad \ddots \quad\quad\quad\quad\quad\quad\quad\quad \vdots \\ \quad\quad\quad\quad a_{n-1,n-1}x_{n-1} + a_{n-1,n}x_n = b_{n-1} \\ \quad\quad\quad\quad\quad\quad\quad\quad\quad a_{nn}x_n = b_n \end{cases} \quad (3.7)$$

の形になり，これを**上三角方程式**という．この場合は下三角の場合とは逆に，最後の方程式から逆順に $x_n, x_{n-1}, \ldots$ と求めていけばよい．すなわち，i 番目の方程式を解く時点では，すでに $x_{i+1}, \ldots, x_n$ はすべて求まっているので，x_i は

3.2 係数行列が三角行列の場合

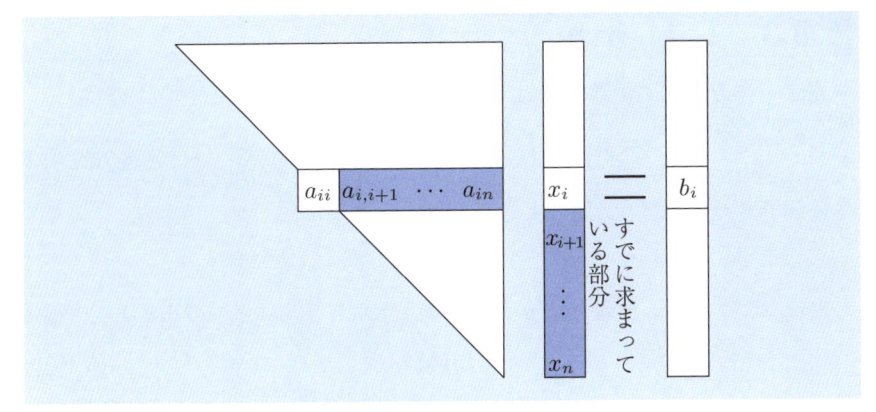

図3.2 上三角方程式

$$x_n = \frac{b_n}{a_{nn}}, \qquad x_i = \frac{b_i - \sum_{j=i+1}^{n} a_{ij}x_j}{a_{ii}} \quad (i = n-1, n-2, \ldots, 1) \quad (3.8)$$

と求めることができる．この方法を**後退代入**という．

式 (3.8) のイメージを図 3.2 に示す．後退代入においても前進代入の場合と同様，b を格納する 1 次元配列に解ベクトルを格納可能である．

後退代入のアルゴリズム

$\mathtt{b}(n) \leftarrow \mathtt{b}(n)/\mathtt{A}(n,n)$
For $i = n-1 : 1 : -1$
$\quad \mathtt{b}(i) \leftarrow \{\mathtt{b}(i) - \mathtt{A}(i, i+1:n)\mathtt{b}(i+1:n)\}/\mathtt{A}(i,i)$
end

以上のように，係数行列が対角行列，下三角行列，上三角行列の場合，方程式は簡単に解けることがわかる．数値計算において，このような方程式は「すでに解けている」状態にあるといっても過言ではない．

連立 1 次方程式の直接法とは，元の方程式 (3.2) あるいは (3.3) を，同じ解を持つ下三角方程式や上三角方程式，もしくはその組合せに変形することをいう．以下で，その数値計算法を説明しよう．

3.3 LU 分解

連立 1 次方程式の係数行列 A が，下三角行列 L と上三角行列 U の積，

$$A = LU \tag{3.9}$$

と分解できたとしよう．このとき，方程式 $Ax = b$ は

$$LUx = b$$

と書け，ここで Ux を新たに y とおけば，元の方程式は 2 つの連立 1 次方程式

$$Ly = b \tag{3.10}$$
$$Ux = y \tag{3.11}$$

として書き直すことができる．これらの方程式はそれぞれ下三角方程式，上三角方程式であるから，前節で述べた方法で解くことができる．すなわち，式 (3.10) を y について前進代入で解き，さらに式 (3.11) を x について後退代入で解けば方程式 $Ax = b$ の解ベクトル x が求まる．したがって，A の分解 (3.9) が得られれば，方程式はすでに解けたことになる．分解 (3.9) を **LU 分解**という．本節では A の LU 分解の求め方を説明する．

■3.3.1 準備 — 行列の分割

まず，準備として，**行列の分割**について説明する．例えば，5×5 行列 G を

$$G = \left[\begin{array}{ccc|ccc} g_{11} & g_{12} & g_{13} & g_{14} & g_{15} \\ g_{21} & g_{22} & g_{23} & g_{24} & g_{25} \\ \hline g_{31} & g_{32} & g_{33} & g_{34} & g_{35} \\ g_{41} & g_{42} & g_{43} & g_{44} & g_{45} \\ g_{51} & g_{52} & g_{53} & g_{54} & g_{55} \end{array}\right] \tag{3.12}$$

と分割し，それぞれのブロック (これを**小行列**とよぶ) を

$$G_{11} = \begin{bmatrix} g_{11} & g_{12} \\ g_{21} & g_{22} \end{bmatrix}, \quad G_{12} = \begin{bmatrix} g_{13} & g_{14} & g_{15} \\ g_{23} & g_{24} & g_{25} \end{bmatrix}$$

$$G_{21} = \begin{bmatrix} g_{31} & g_{32} \\ g_{41} & g_{42} \\ g_{51} & g_{52} \end{bmatrix}, \quad G_{22} = \begin{bmatrix} g_{33} & g_{34} & g_{35} \\ g_{43} & g_{44} & g_{45} \\ g_{53} & g_{54} & g_{55} \end{bmatrix}$$

とおいたとしよう．このとき，式 (3.12) を

$$G = \begin{array}{c} 2 \\ 3 \end{array} \begin{bmatrix} \overset{2}{G_{11}} & \overset{3}{G_{12}} \\ G_{21} & G_{22} \end{bmatrix} \quad (3.13)$$

と表現することにする．ただし，式 (3.13) 中の 2 と 3 は分割した行ならびに列の数を表す[3]．また，同様にして G とは別の 5×5 行列 H を

$$H = \begin{array}{c} 2 \\ 3 \end{array} \begin{bmatrix} \overset{2}{H_{11}} & \overset{3}{H_{12}} \\ H_{21} & H_{22} \end{bmatrix}$$

と分割すれば，その積 GH は

$$GH = \begin{bmatrix} G_{11} & G_{12} \\ G_{21} & G_{22} \end{bmatrix} \begin{bmatrix} H_{11} & H_{12} \\ H_{21} & H_{22} \end{bmatrix}$$

$$= \begin{array}{c} 2 \\ 3 \end{array} \begin{bmatrix} \overset{2}{G_{11}H_{11} + G_{12}H_{21}} & \overset{3}{G_{11}H_{12} + G_{12}H_{22}} \\ G_{21}H_{11} + G_{22}H_{21} & G_{21}H_{12} + G_{22}H_{22} \end{bmatrix}$$

と計算することができる．すなわち，**元の行列の積 GH は，分割した小行列を "行列の要素" とみなして掛け算すれば求められる**．このとき，各小行列の乗算と加算はすべて矛盾なく計算できるサイズでなければならない．

■3.3.2 LU 分解の計算方法

A の要素数は n^2 個であるが，式 (3.9) で求めるべき L と U の要素数は各々 $\frac{n(n+1)}{2}$ で，合わせて $n^2 + n$ 個あるため，n 個の要素を任意に与えることができる．本節では，**下三角行列 L の対角要素はすべて 1** と約束する．これにより，求めるべき L, U と A の要素数が一致し，LU 分解が一意に定まる．

さて，行列 L, U をそれぞれ

$$L = \begin{array}{c} 1 \\ n-1 \end{array} \begin{bmatrix} \overset{1}{1} & \overset{n-1}{O} \\ L_{21} & L_{22} \end{bmatrix} \quad U = \begin{array}{c} 1 \\ n-1 \end{array} \begin{bmatrix} \overset{1}{u_{11}} & \overset{n-1}{U_{12}} \\ O & U_{22} \end{bmatrix} \quad (3.14)$$

---

[3] 以下，行列の分割サイズが明らかな場合はサイズの表示は省略する．

と分割したとする．ただし，O は要素がすべてゼロである小行列を表し，L_{22}, U_{22} はそれぞれサイズが $(n-1) \times (n-1)$ の下，上三角行列である．同様に，式 (3.9) の係数行列 A も

$$A = \begin{array}{c} \\ 1 \\ n-1 \end{array} \begin{array}{c} \overset{1}{} \quad \overset{n-1}{} \\ \begin{bmatrix} a_{11} & A_{12} \\ A_{21} & A_{22} \end{bmatrix} \end{array} \tag{3.15}$$

と分割すれば，$A = LU$ より

$$\begin{aligned} \begin{bmatrix} a_{11} & A_{12} \\ A_{21} & A_{22} \end{bmatrix} &= \begin{bmatrix} 1 & O \\ L_{21} & L_{22} \end{bmatrix} \begin{bmatrix} u_{11} & U_{12} \\ O & U_{22} \end{bmatrix} \\ &= \begin{bmatrix} u_{11} & U_{12} \\ L_{21}u_{11} & L_{21}U_{12} + L_{22}U_{22} \end{bmatrix} \end{aligned} \tag{3.16}$$

の関係が得られる．これより，式 (3.16) の両辺のブロック同士を比較すれば

$$u_{11} = a_{11}, \quad U_{12} = A_{12} \tag{3.17}$$

が直ちに得られ，さらに a_{11} は非ゼロであると仮定すると，$A_{21} = L_{21}u_{11}$ から

$$L_{21} = A_{21}/a_{11} \tag{3.18}$$

と L_{21} が定まる．これにより，L の第 1 列ならびに U の第 1 行を求めることができる．そして式 (3.16) における 2 行 2 列の小行列の関係から

$$A_{22} - L_{21}U_{12} = L_{22}U_{22} \tag{3.19}$$

を得る．L_{21} と U_{12} はすでに求められているので，$A_{22} - L_{21}U_{12}$ を計算して新たに $\hat{A}_{22}$ とおけば，式 (3.19) は

$$\hat{A}_{22} = L_{22}U_{22} \tag{3.20}$$

となり，これは $n-1$ 次正方行列 $\hat{A}_{22}$ の LU 分解に他ならない．つまり，次はこの $\hat{A}_{22}$ に対して同様の操作を行えば L の第 2 列と U の第 2 行を求めることができる．さらに順次この操作を繰り返せば L と U のすべての要素が求まり，A の LU 分解が得られる．ただし，すべての段階において $\hat{A}_{22}$ の左上要素である $\hat{a}_{11}$ が非ゼロであるという仮定が必要であることに注意しよう[4]．

---

[4] $\hat{a}_{11} = 0$ となる場合は，3.4 節で説明するピボット選択を用いる．

3.3 LU 分解

次に，LU 分解のアルゴリズムを示す．LU 分解 (3.9) では，下三角行列 L と上三角行列 U の 2 つを記憶しておかなければならない．幸い，本節冒頭で約束したように L の対角成分は 1 であるため格納しておく必要はなく，L, U は，1 つの 2 次元配列上の，対角を含まない下三角部分に L，対角を含む上三角部分に U，というように格納することができる．この 2 次元配列としては，係数行列 A を格納していたものを再利用することが可能であり，そうすることがメモリ節約の観点からも効率的である．以下，L と U は A を格納した 2 次元配列に上書きしていくものとする．

このことを踏まえた上で，付録 A に示す疑似コードを使用し，LU 分解のアルゴリズムを表すと以下のようになる．2 次元配列 A は係数行列 A を格納し，これを入力とする．そして，計算終了後は同じ配列の下三角部分に L が，上三角部分に U が格納され出力される．

LU 分解のアルゴリズム

For $k = 1 : n - 1$
    $\mathtt{A}(k+1:n, k) \leftarrow \mathtt{A}(k+1:n, k) / \mathtt{A}(k, k)$
    $\mathtt{A}(k+1:n, k+1:n) \leftarrow$
        $\mathtt{A}(k+1:n, k+1:n) - \mathtt{A}(k+1:n, k)\mathtt{A}(k, k+1:n)$
end

このアルゴリズムのイメージを図に表すと，図 3.3 のようになる．図中の $\mathtt{A}(k, k)$ と $\mathtt{A}(k, k+1:n)$ の部分は，式 (3.16) の u_{11} と U_{12} に相当する．これらは，式 (3.17) を見ればわかるように，第 k 段階では変更されない．アルゴリズム中，For ループ内の最初の行は，式 (3.18) での割り算を意味している．そして，2, 3 行目の $\mathtt{A}(k+1:n, k+1:n)$ 部分に対する計算が式 (3.19) の左辺に相当する．これより式 (3.20) の $\hat{A}_{22}$ が求められ，$\mathtt{A}(k+1:n, k+1:n)$ 部分に上書きされる．ただし，この計算で現れる

$$\mathtt{A}(k+1:n, k)\mathtt{A}(k, k+1:n)$$

は $(n-k) \times (n-k)$ 行列になるが，実際のプログラムでは格納のために新たな配列が必要となるため行列として計算せず，要素ごとに計算を行う（あるいは，C.1 節で述べる BLAS など専用のルーチンを用いる）．

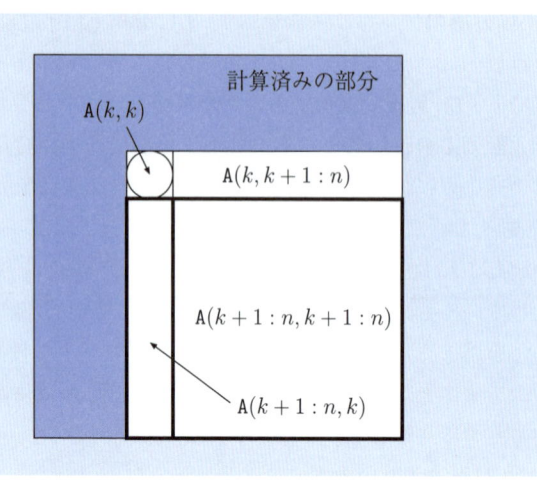

38 第 3 章 連立 1 次方程式の解法 (1) — 直接法

図 3.3 LU 分解での配列の様子

例 1 次の行列 A を LU 分解しよう．

$$A = \begin{bmatrix} 4 & 3 & 2 & 1 \\ 8 & 9 & 6 & 3 \\ 12 & 15 & 12 & 6 \\ 16 & 21 & 18 & 10 \end{bmatrix}$$

4	3	2	1
8	9	6	3
12	15	12	6
16	21	18	10

$\mathtt{A}(2:4,1) \leftarrow \mathtt{A}(2:4,1)/\mathtt{A}(1,1)$
$\mathtt{A}(2:4,2:4) \leftarrow \mathtt{A}(2:4,2:4) - \mathtt{A}(2:4,1)\mathtt{A}(1,2:4)$

4	3	2	1
2	3	2	1
3	6	6	3
4	9	10	6

$\mathtt{A}(3:4,2) \leftarrow \mathtt{A}(3:4,2)/\mathtt{A}(2,2)$
$\mathtt{A}(3:4,3:4) \leftarrow \mathtt{A}(3:4,3:4) - \mathtt{A}(3:4,2)\mathtt{A}(2,3:4)$

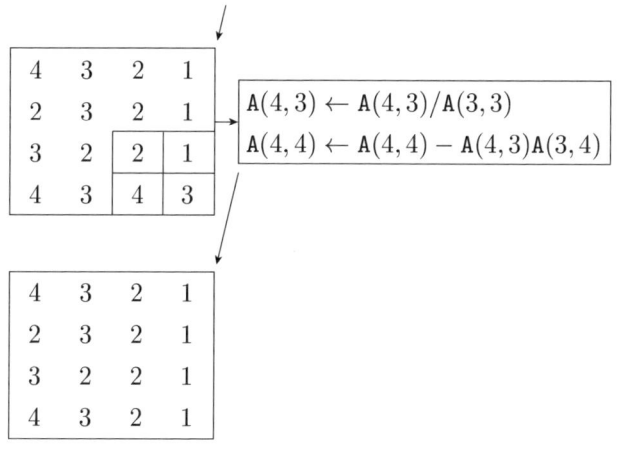

3.3 LU分解

$$\begin{array}{|cccc|}\hline 4 & 3 & 2 & 1 \\ 2 & 3 & 2 & 1 \\ 3 & 2 & \boxed{2} & 1 \\ 4 & 3 & \boxed{4} & 3 \\ \hline\end{array}$$

$$\boxed{\begin{array}{l}\texttt{A(4,3)} \leftarrow \texttt{A(4,3)}/\texttt{A(3,3)} \\ \texttt{A(4,4)} \leftarrow \texttt{A(4,4)} - \texttt{A(4,3)}\texttt{A(3,4)}\end{array}}$$

$$\begin{array}{|cccc|}\hline 4 & 3 & 2 & 1 \\ 2 & 3 & 2 & 1 \\ 3 & 2 & 2 & 1 \\ 4 & 3 & 2 & 1 \\ \hline\end{array}$$

となり，最終的に

$$L = \begin{bmatrix} 1 & 0 & 0 & 0 \\ 2 & 1 & 0 & 0 \\ 3 & 2 & 1 & 0 \\ 4 & 3 & 2 & 1 \end{bmatrix},$$

$$U = \begin{bmatrix} 4 & 3 & 2 & 1 \\ 0 & 3 & 2 & 1 \\ 0 & 0 & 2 & 1 \\ 0 & 0 & 0 & 1 \end{bmatrix}$$

を得る． □

3.4　発展 — ピボット選択付 LU 分解

前節の LU 分解では，各段階において A(k,k) が非ゼロであると仮定した．もし A(k,k) がゼロとなれば，A($k+1:n,k$) の中で非ゼロの要素を探し，その要素を含む行と第 k 行を入れ換えればよい．このとき，A($k:n,k$) がすべてゼロになれば，det$A = 0$ を意味し，元の方程式 $Ax = b$ はただ 1 つの解を持つという仮定に反する．したがって，少なくとも 1 つは非ゼロの要素が存在する．

一般に，計算機上での数値演算では誤差が含まれることは 2 章で述べた．特に，割り算では除数 (分母) の絶対値が小さいとその誤差は増大する傾向にある．したがって，誤差を押えるためにはなるべく絶対値の大きな数で割る方がよい．そのために，たとえ A(k,k) が非ゼロであっても，常に A($k:n,k$) の要素の中から絶対値が最大となる要素を探し，その要素を含む行と第 k 行の入れ換えを行うと誤差が低減できる．この入れ換え操作を**ピボット選択**といい，ピボット選択を併用した LU 分解を**ピボット選択付 LU 分解**という．

なお，ピボット選択法にはさまざまな種類がある．上に挙げた方法は**行交換による部分ピボット選択**，もしくはただ単に**部分ピボット選択**とよばれている．これ以外にも，絶対値最大となる要素を A($k,k:n$) の中から探し，その要素を含む列と第 k 列を入れ換える方法，あるいは絶対値最大となる要素を A($k:n,k:n$) の中から探し，その要素を含む行ならびに列を，それぞれ第 k 行，第 k 列と入れ換える方法がある．前者を**列交換による部分ピボット選択**，後者を**完全ピボット選択**という．これらの方法の概略を図 3.4 に示す．

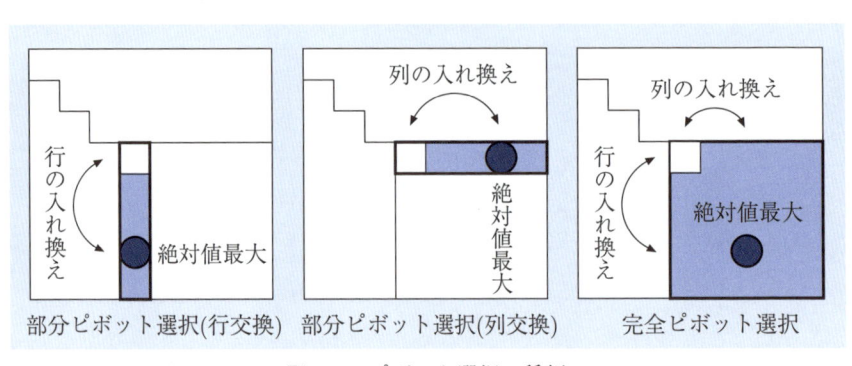

図 3.4　ピボット選択の種類

3.4 発展 — ピボット選択付 LU 分解

誤差の低減という観点からは完全ピボット選択が望ましいが，実用上は部分ピボット選択で十分で，行交換によるピボット選択が広く用いられている[5]．本節では行交換による部分ピボット選択について説明する．

まず，以下のような行列 $P_{k,j}$ を考えよう．

$$P_{k,j} = \begin{bmatrix} 1 & & & & \overset{k}{\downarrow} & & \overset{j}{\downarrow} & & \\ & \ddots & & & & & & & \\ & & 1 & & & & & & \\ & & & & 0 & & 1 & & \\ & & & & & \ddots & & & \\ & & & & 1 & & 0 & & \\ & & & & & & & 1 & \\ & & & & & & & & \ddots \\ & & & & & & & & & 1 \end{bmatrix}$$

この行列は単位行列 I_n の第 k 列と第 j 列を入れ換えた行列である．この $P_{k,j}$ を A の**左から掛ける**と A の第 k 行と第 j 行が入れ換わる．逆に，**右側から掛ける**と第 k 列と第 j 列を入れ換えることができる．また，入れ換えを 2 回行うと元に戻るため $P_{k,j}P_{k,j} = I_n$ となり，

$$P_{k,j}^{-1} = P_{k,j} \tag{3.21}$$

であることがわかる．このような行列 $P_{k,j}$ を**置換行列**という．次にこれを用いてピボット選択付 LU 分解を説明する．

前節で述べた LU 分解のアルゴリズムを第 $k-1$ 段階まで行うと A は

$$A = \tag{3.22}$$

$$\begin{array}{c} \\ k-1 \\ n-k+1 \end{array} \begin{array}{cc} k-1 & n-k+1 \\ \begin{bmatrix} L_{11}^{(k-1)} & O \\ L_{21}^{(k-1)} & I_{n-k+1} \end{bmatrix} \end{array} \begin{array}{cc} k-1 & n-k+1 \\ \begin{bmatrix} U_{11}^{(k-1)} & U_{12}^{(k-1)} \\ O & A^{(k-1)} \end{bmatrix} \end{array}$$

---

[5] 列交換によるピボット選択を用いると求解後に解ベクトルの要素を相応に入れ換える必要があることに注意．

のように書ける．ここで，$L_{11}^{(k-1)}, L_{21}^{(k-1)}$ や $U_{11}^{(k-1)}, U_{12}^{(k-1)}$ は，L, U のすでに計算済みの部分を表し，$A^{(k-1)}$ が未計算部で，さらに LU 分解を行う部分である．

簡単のため，$k-1$ 段階まではピボット選択による行交換は行われず，第 k 段階ではじめてピボット選択を行うものとしよう．まず，$A^{(k-1)}$ の第 1 列の要素の中で絶対値が最大となるものを探す．その要素が $A^{(k-1)}$ の第 j 行目にあったとする．このとき，$A^{(k-1)}$ の第 1 行と第 j 行を入れ換えるために，

$$\begin{array}{c} \; k-1 \quad n-k+1 \\ \begin{array}{c} k-1 \\ n-k+1 \end{array} \left[\begin{array}{cc} I_{k-1} & O \\ O & P_{1,j} \end{array}\right] \end{array} \begin{array}{c} k-1 \quad n-k+1 \\ \left[\begin{array}{cc} U_{11}^{(k-1)} & U_{12}^{(k-1)} \\ O & A^{(k-1)} \end{array}\right] = \\ \left[\begin{array}{cc} U_{11}^{(k-1)} & U_{12}^{(k-1)} \\ O & P_{1,j} A^{(k-1)} \end{array}\right] \end{array} \quad (3.23)$$

を行う．次に，式 (3.23) の右辺を，式 (3.22) の右辺に作り込むため，置換行列の性質 (3.21) を用いて

$$\begin{aligned} A &= \left[\begin{array}{cc} L_{11}^{(k-1)} & O \\ L_{21}^{(k-1)} & I_{n-k+1} \end{array}\right] \left[\begin{array}{cc} U_{11}^{(k-1)} & U_{12}^{(k-1)} \\ O & A^{(k-1)} \end{array}\right] \\ &= \left[\begin{array}{cc} L_{11}^{(k-1)} & O \\ L_{21}^{(k-1)} & I_{n-k+1} \end{array}\right] \underbrace{\left[\begin{array}{cc} I_{k-1} & O \\ O & P_{1,j} \end{array}\right] \left[\begin{array}{cc} I_{k-1} & O \\ O & P_{1,j} \end{array}\right]}_{I_n} \left[\begin{array}{cc} U_{11}^{(k-1)} & U_{12}^{(k-1)} \\ O & A^{(k-1)} \end{array}\right] \\ &= \left[\begin{array}{cc} L_{11}^{(k-1)} & O \\ L_{21}^{(k-1)} & P_{1,j} \end{array}\right] \left[\begin{array}{cc} U_{11}^{(k-1)} & U_{12}^{(k-1)} \\ O & P_{1,j} A^{(k-1)} \end{array}\right] \end{aligned}$$

とする．さらに，上式の両辺に再度同じ置換行列を掛けると

$$\begin{aligned} &\left[\begin{array}{cc} I_{k-1} & O \\ O & P_{1,j} \end{array}\right] A \\ &= \left[\begin{array}{cc} L_{11}^{(k-1)} & O \\ P_{1,j} L_{21}^{(k-1)} & I_{n-k+1} \end{array}\right] \left[\begin{array}{cc} U_{11}^{(k-1)} & U_{12}^{(k-1)} \\ O & P_{1,j} A^{(k-1)} \end{array}\right] \end{aligned} \quad (3.24)$$

となる．式 (3.24) から，LU 分解の過程で $A^{(k-1)}$ にピボット選択を適用して行交換すると，すでに計算済みである $L_{21}^{(k-1)}$ にも同様の行交換を行う必要があることがわかる．同様に，式 (3.24) の左辺において A の該当する行同士も

3.4 発展 — ピボット選択付 LU 分解

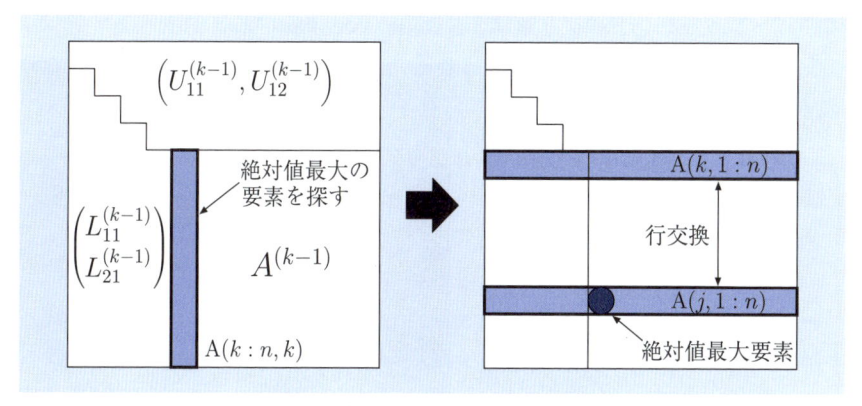

図 3.5 ピボット選択での配列の状態

入れ換えなければならない．

このときのプログラム上での配列のイメージを図 3.5 に示す．ただし，式 (3.24) では $A^{(k-1)}$ の 1 行目と j 行目を入れ換えたが，図では 2 次元配列 A の第 k 行と第 j 行を入れ換えている．これにより，式 (3.24) の $P_{1,j}L_{21}^{(k-1)}$ と $P_{1,j}A^{(k-1)}$ が実現できたことになる．

実際には，すべての段階でピボット選択の行交換を行うので，第 k 段階での行交換置換行列を $P^{(k)}$ で表すことにすると，式 (3.24) より，得られる分解は

$$P^{(n-1)} \cdots P^{(2)} P^{(1)} A = LU$$

となり，各段階での行交換をまとめて $P = P^{(n-1)} \cdots P^{(2)} P^{(1)}$ とおけば

$$PA = LU \tag{3.25}$$

となる．すなわち，A が LU 分解されるのではなく，**A の行を適当に入れ換えた PA が LU 分解される**．この置換行列 P は連立 1 次方程式を解く際に必要となるが，詳細は後述する．

ピボット選択付 LU 分解のアルゴリズムを示す．ピボット選択において交換する行の情報は，整数型 1 次元配列 p を用意し，そこに記録していく．簡単のために，絶対値最大の要素がある場所を返す関数 loc_max() と，配列の行を入れ換える関数 row_swap() を用いることにする．例えば，

$$\text{y} = (3\ 1\ 8\ 6\ 5)$$

ならば，`loc_max(y)` の戻り値は 3 であり，`row_swap(A,1,2)` を実行すれば `A` の第 1 行目と第 2 行目が入れ換えられる．また，$\varepsilon > 0$ はゼロ判定を行うための十分小さな定数とする．

ピボット選択付 LU 分解のアルゴリズム

For $k = 1 : n - 1$
　　$\mathrm{p}(k) \leftarrow \mathtt{loc\_max}(\mathtt{A}(k:n, k))$
　　If　$|\mathtt{A}(\mathrm{p}(k), k)| < \varepsilon$　　then "$\det A = 0$" /* 警告 */
　　$\mathtt{row\_swap}(\mathtt{A}, k, \mathrm{p}(k))$
　　$\mathtt{A}(k+1:n, k) \leftarrow \mathtt{A}(k+1:n, k)/\mathtt{A}(k, k)$
　　$\mathtt{A}(k+1:n, k+1:n) \leftarrow$
　　　　$\mathtt{A}(k+1:n, k+1:n) - \mathtt{A}(k+1:n, k)\mathtt{A}(k, k+1:n)$
end
If　$|\mathtt{A}(n, n)| < \varepsilon$　　then "$\det A = 0$" /* 警告 */

次に，この分解を利用して与えられた連立 1 次方程式 $A\boldsymbol{x} = \boldsymbol{b}$ を解く方法を示そう．このとき，ピボット選択により A の行が入れ換わっているので，右辺ベクトル $\boldsymbol{b}$ も相応に入れ換えなければならないことに注意しよう．すなわち，式 (3.25) と置換行列の性質 (3.21) を利用すれば，元の方程式 $A\boldsymbol{x} = \boldsymbol{b}$ は

$$LU\boldsymbol{x} = P\boldsymbol{b}$$

と書け，対応する下三角・上三角方程式

$$L\boldsymbol{y} = P\boldsymbol{b} \qquad (3.26)$$
$$U\boldsymbol{x} = \boldsymbol{y}$$

が得られる．したがって，ピボット選択で A に行った行交換と同様の入れ換えを $\boldsymbol{b}$ に対して行った後に，前進代入で $\boldsymbol{y}$ を求め，さらに後退代入で $\boldsymbol{x}$ を求めれば，方程式の解が求まる．

3.5 LU 分解による連立 1 次方程式の求解に必要な計算量

LU 分解に必要な演算回数を示そう (乗除算の回数を用いて評価する). LU 分解の第 k 段階での乗除算は

$$(n-k) + (n-k)^2 \ [\text{回}]$$

と計算され，全体として

$$\sum_{k=1}^{n-1} \{(n-k) + (n-k)^2\} = \frac{1}{3}n^3 - \frac{1}{3}n \ [\text{回}]$$

が必要となる．また，前進代入では，L の対角要素がすべて 1 であることを考慮すると

$$\sum_{i=2}^{n} (i-1) = \frac{1}{2}n^2 - \frac{1}{2}n \ [\text{回}]$$

後退代入では前進代入より n 回多い

$$\frac{1}{2}n^2 + \frac{1}{2}n \ [\text{回}]$$

の乗除算を要する．すなわち，n がある程度大きい場合には，行列の分解にほぼ $n^3/3$ 回，その後の求解に n^2 回の演算が必要となることを目安にすればよい．

3.6 コレスキー分解

係数行列 A が次の性質を持っているならば，行列の分解に必要な演算回数を LU 分解の約半分に減らすことができる．その性質とは，A が

$$A = A^T \tag{3.27}$$

であり，かつ，任意のベクトル x に対して，

$$x^T A x > 0 \tag{3.28}$$

を満たすことである．ただし，A^T は A の**転置**を表し，性質 (3.27) を持つ行列を**対称行列**という．特に，性質 (3.28) を合わせ持つ行列を**正定値対称行列**[6]という．A が正定値対称行列のとき，A は

$$A = LL^T \tag{3.29}$$

と分解することができる．この分解を**コレスキー (Cholesky) 分解**という．ただし，L は下三角行列で，L^T は上三角行列になる．

さて，LU 分解の場合と同様の方法でコレスキー分解の計算法を導出しよう．まず，A と L を

$$A = \begin{matrix} 1 \\ n-1 \end{matrix} \begin{bmatrix} \overset{1}{a_{11}} & \overset{n-1}{A_{21}^T} \\ A_{21} & A_{22} \end{bmatrix}, \quad L = \begin{matrix} 1 \\ n-1 \end{matrix} \begin{bmatrix} \overset{1}{l_{11}} & \overset{n-1}{O} \\ L_{21} & L_{22} \end{bmatrix}$$

と分割すると，

$$\begin{bmatrix} a_{11} & A_{21}^T \\ A_{21} & A_{22} \end{bmatrix} = \begin{bmatrix} l_{11} & O \\ L_{21} & L_{22} \end{bmatrix} \begin{bmatrix} l_{11} & L_{21}^T \\ O & L_{22}^T \end{bmatrix}$$

$$= \begin{bmatrix} l_{11}^2 & l_{11} L_{21}^T \\ L_{21} l_{11} & L_{21} L_{21}^T + L_{22} L_{22}^T \end{bmatrix}$$

の関係から，直ちに

$$l_{11} = \sqrt{a_{11}}, \quad L_{21} = A_{21}/l_{11} = A_{21}/\sqrt{a_{11}}$$

---

[6] 式 (3.28) を **2 次形式**という (p.106 のべき乗法の例参照)．一般の 2 次形式の値は負になることもあるが正定値行列に対する 2 次形式は必ず正になる．

が得られる．そして，LU 分解のときと同様に

$$\hat{A}_{22} = A_{22} - L_{21}L_{21}^T = L_{22}L_{22}^T \tag{3.30}$$

に対して同じ操作を行い，順次これを繰り返すと A のコレスキー分解 (3.29) が得られる．

この計算手順では，各段階で平方根の計算が必要になるが，A が正定値であればこの平方根の中身が必ず正になることを次に示そう．まず，A が正定値ならば a_{11} は必ず正である．なぜなら，もし $a_{11} \leq 0$ ならば，$\boldsymbol{x} = (1, 0, \ldots, 0)^T$ とおけば

$$\boldsymbol{x}^T A \boldsymbol{x} = a_{11} \leq 0$$

となり，A の正定値性 (3.28) に反するからである．次に，A が正定値ならば，式 (3.30) で定めた $\hat{A}_{22}$ もまた正定値になることを示す．これは，任意の $n-1$ 次元ベクトル $\hat{\boldsymbol{x}}$ に対して

$$\begin{aligned}
\hat{\boldsymbol{x}}^T \hat{A}_{22} \hat{\boldsymbol{x}} &= \hat{\boldsymbol{x}}^T \left(A_{22} - L_{21}L_{21}^T\right) \hat{\boldsymbol{x}} \\
&= \hat{\boldsymbol{x}}^T A_{22} \hat{\boldsymbol{x}} - (\hat{\boldsymbol{x}}^T L_{21})(L_{21}^T \hat{\boldsymbol{x}}) \quad (L_{21} = A_{21}/\sqrt{a_{11}} \text{より}) \\
&= \hat{\boldsymbol{x}}^T A_{22} \hat{\boldsymbol{x}} - \left(A_{21}^T \hat{\boldsymbol{x}}\right)^2 / a_{11} > 0
\end{aligned} \tag{3.31}$$

を示せばよい．ただし，$L_{21}^T \hat{\boldsymbol{x}}$ や $A_{21}^T \hat{\boldsymbol{x}}$ はスカラになることに注意する．いま，任意の n 次元ベクトル $\boldsymbol{x}$ を $\boldsymbol{x} = [x_1 \ \hat{\boldsymbol{x}}^T]^T$ と分割すれば，A の正定値性から

$$\begin{aligned}
\boldsymbol{x}^T A \boldsymbol{x} &= \begin{bmatrix} x_1 & \hat{\boldsymbol{x}}^T \end{bmatrix} \begin{bmatrix} a_{11} & A_{21}^T \\ A_{21} & A_{22} \end{bmatrix} \begin{bmatrix} x_1 \\ \hat{\boldsymbol{x}} \end{bmatrix} \\
&= a_{11} x_1^2 + 2 \left(A_{21}^T \hat{\boldsymbol{x}}\right) x_1 + \hat{\boldsymbol{x}}^T A_{22} \hat{\boldsymbol{x}}
\end{aligned}$$

は正にならなければならない．この式を x_1 の 2 次式と見れば，$a_{11} > 0$ であるから下に凸で，x_1 に依らず正となるためには，その判別式は

$$\left(A_{21}^T \hat{\boldsymbol{x}}\right)^2 - a_{11} \hat{\boldsymbol{x}}^T A_{22} \hat{\boldsymbol{x}} < 0$$

を満たす必要がある．式 (3.31) より，これは $\hat{A}_{22}$ が正定値であることを意味している．

48　第 3 章　連立 1 次方程式の解法 (1) — 直接法

コレスキー分解のアルゴリズム

For $k = 1 : n-1$
　　$\mathtt{A}(k,k) \leftarrow \sqrt{\mathtt{A}(k,k)}$
　　$\mathtt{A}(k+1:n, k) \leftarrow \mathtt{A}(k+1:n, k)/\mathtt{A}(k,k)$
　　$\mathtt{A}(k+1:n, k+1:n) \leftarrow$
　　　　$\mathtt{A}(k+1:n, k+1:n) - \mathtt{A}(k+1:n, k)\mathtt{A}(k+1:n, k)^T$
end
$\mathtt{A}(n,n) \leftarrow \sqrt{\mathtt{A}(n,n)}$

ただし，アルゴリズム中の $\mathtt{A}(k+1:n, k+1:n)$ への操作は行列の対称性から，対角を含む下三角部分のみに行えばよい．そのため，n 回の平方根の計算が必要であるが，全体の演算量は LU 分解の約半分となる．

例 2　次の行列 A をコレスキー分解しよう．

$$A = \begin{bmatrix} 16 & 12 & 8 & 4 \\ 12 & 18 & 12 & 6 \\ 8 & 12 & 12 & 6 \\ 4 & 6 & 6 & 4 \end{bmatrix}$$

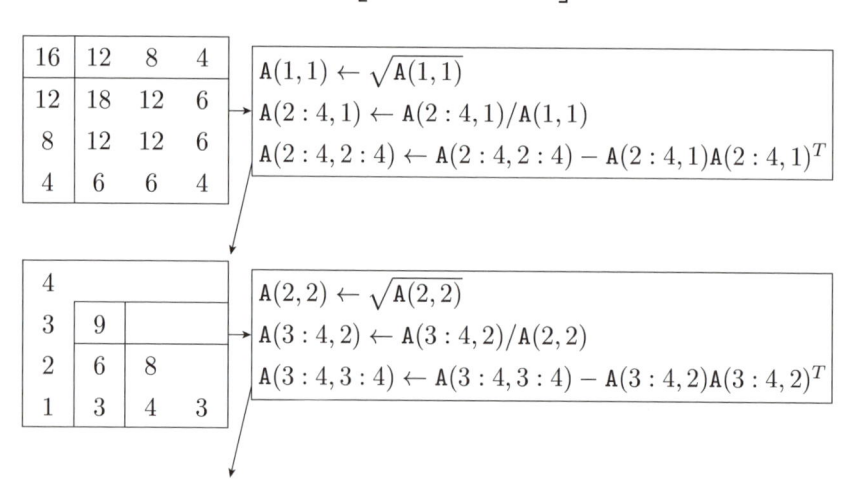

16	12	8	4
12	18	12	6
8	12	12	6
4	6	6	4

$\to$
$\mathtt{A}(1,1) \leftarrow \sqrt{\mathtt{A}(1,1)}$
$\mathtt{A}(2:4, 1) \leftarrow \mathtt{A}(2:4, 1)/\mathtt{A}(1,1)$
$\mathtt{A}(2:4, 2:4) \leftarrow \mathtt{A}(2:4, 2:4) - \mathtt{A}(2:4, 1)\mathtt{A}(2:4, 1)^T$

4		
3	9	
2	6	8
1	3	4	3

$\to$
$\mathtt{A}(2,2) \leftarrow \sqrt{\mathtt{A}(2,2)}$
$\mathtt{A}(3:4, 2) \leftarrow \mathtt{A}(3:4, 2)/\mathtt{A}(2,2)$
$\mathtt{A}(3:4, 3:4) \leftarrow \mathtt{A}(3:4, 3:4) - \mathtt{A}(3:4, 2)\mathtt{A}(3:4, 2)^T$

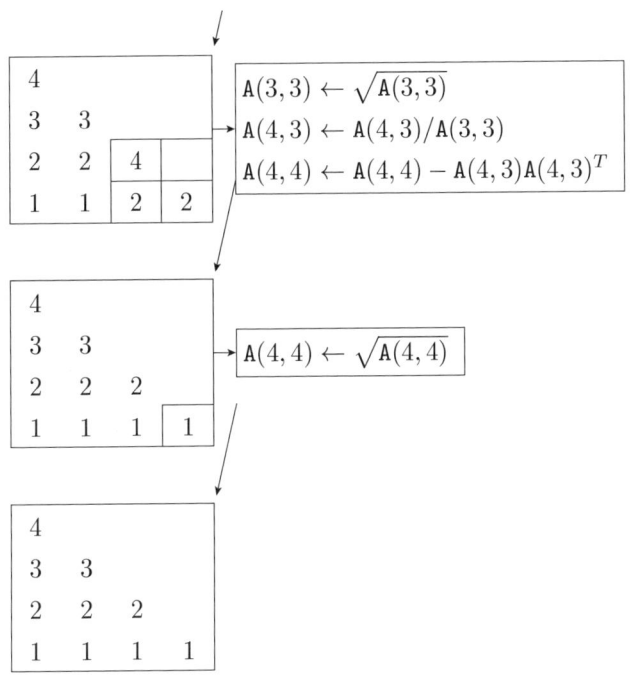

3.6 コレスキー分解

```
4
3 3
2 2 4
1 1 2 2
```
→ $\mathtt{A}(3,3) \leftarrow \sqrt{\mathtt{A}(3,3)}$
$\mathtt{A}(4,3) \leftarrow \mathtt{A}(4,3)/\mathtt{A}(3,3)$
$\mathtt{A}(4,4) \leftarrow \mathtt{A}(4,4) - \mathtt{A}(4,3)\mathtt{A}(4,3)^T$

```
4
3 3
2 2 2
1 1 1 1
```
→ $\mathtt{A}(4,4) \leftarrow \sqrt{\mathtt{A}(4,4)}$

```
4
3 3
2 2 2
1 1 1 1
```

となり，最終的に

$$L = \begin{bmatrix} 4 & 0 & 0 & 0 \\ 3 & 3 & 0 & 0 \\ 2 & 2 & 2 & 0 \\ 1 & 1 & 1 & 1 \end{bmatrix}$$

を得る．ただし，上の計算では行列の下三角部分のみを表している． □

3.7 逆行列の計算

3.1 節で述べたように，行列 A に対し，
$$A^{-1}A = AA^{-1} = I \tag{3.32}$$
を満たす行列 A^{-1} を，A の逆行列という．この A^{-1} は A の LU 分解もしくはコレスキー分解を利用して求めることができる．そして，逆行列を用いれば，方程式 $A\boldsymbol{x} = \boldsymbol{b}$ の解は
$$\boldsymbol{x} = A^{-1}\boldsymbol{b}$$
と得られる．すなわち，もし A^{-1} が求まっていれば，$\boldsymbol{x}$ はすぐに求めることができるように思える．

しかし，これは**まったく意味がない**．なぜなら，$A^{-1}\boldsymbol{b}$ の計算には n^2 回の演算が必要であるが，これは LU 分解を利用して前進代入・後退代入で $\boldsymbol{x}$ を求める演算回数と等しい．つまり，同じ解が得られるにも拘わらず，L と U から A^{-1} を求める手間だけ余分にかかってしまうことになる．この余分な計算量は約 $2n^3/3$ であり，これは LU 分解の約 2 倍にものぼる．これより，方程式の解を求めるためだけならば，逆行列の計算を行うべきではないことがわかる．**逆行列の計算は，逆行列自体の要素が必要である場合のみ行うべきである．**

逆行列が必要な場合は次の計算方法によって求めることができる．逆行列 A^{-1} を X とおき，さらにその列ベクトルを $\boldsymbol{x}_1, \ldots, \boldsymbol{x}_n$，すなわち，
$$A^{-1} = X = [\boldsymbol{x}_1 \cdots \boldsymbol{x}_n]$$
とおけば，式 (3.32) の関係から
$$AX = A[\boldsymbol{x}_1 \cdots \boldsymbol{x}_n] = I = [\boldsymbol{e}_1 \cdots \boldsymbol{e}_n]$$
が得られる．ここで，$\boldsymbol{e}_i$ は i 番目の要素のみが 1 で，それ以外はゼロとなるベクトルを表す．これを列ごとに比較すると n 個の連立 1 次方程式
$$A\boldsymbol{x}_j = \boldsymbol{e}_j \quad (j = 1, \ldots, n)$$
が得られ，これを解けば逆行列が求まる[7]．

---

[7] A の LU 分解が得られていれば，3.5 節で述べたように 1 つの方程式の解を求める演算回数が n^2 だから，全部で n^3 回の演算が必要なように見える．しかし，$\boldsymbol{e}_j$ の成分はほとんどゼロであることを利用すれば実際には $2n^3/3$ 回で求めることができる．

3.8 方程式の数値計算における安定性

連立 1 次方程式を数値的に解くときには，計算過程でさまざまな誤差が混入するほか，係数行列 A や右辺ベクトル $\boldsymbol{b}$ にも誤差が含まれていると考えなければならない．$\boldsymbol{b}$ に含まれる誤差が解に与える影響を調べるための代表的な方法として**条件数**が知られている．これは，右辺ベクトル $\boldsymbol{b}$ が少し変ったときに解ベクトル $\boldsymbol{x}$ がどれほど変わるかを示す指標である．いま，$\boldsymbol{b}$ を少し変えたベクトルを $\tilde{\boldsymbol{b}}$ とし，その $\tilde{\boldsymbol{b}}$ に対する方程式の解を

$$A\tilde{\boldsymbol{x}} = \tilde{\boldsymbol{b}}$$

とする．このとき，$\boldsymbol{b} - \tilde{\boldsymbol{b}}$ の大きさに比べ，$\boldsymbol{x} - \tilde{\boldsymbol{x}}$ の大きさがどのようになるかを考える．この関係を解析するために，まず，行列やベクトルの大きさを測る「物差し」— **ノルム** — を導入しよう．

■3.8.1 行列とベクトルのノルム

一般に，次の性質を満たすものを**ベクトルノルム**という．

$$\|\boldsymbol{x}\| \geq 0, \quad \|\boldsymbol{x}\| = 0 \text{ となるのは } \boldsymbol{x} = \boldsymbol{0} \text{ のときに限る} \tag{3.33}$$

$$\text{任意の実数 } \alpha \text{ に対して } \|\alpha\boldsymbol{x}\| = |\alpha| \cdot \|\boldsymbol{x}\| \tag{3.34}$$

$$\|\boldsymbol{x} + \boldsymbol{y}\| \leq \|\boldsymbol{x}\| + \|\boldsymbol{y}\| \tag{3.35}$$

すなわち，$\|\boldsymbol{x}\|$ は非負の実数であり，これがベクトルの長さを表し，通常の数に対する「絶対値」のベクトル版に相当する．代表的なベクトルノルムとしては，

$$\|\boldsymbol{x}\|_\infty = \max_{1 \leq i \leq n} |x_i| \tag{3.36}$$

により定義される**最大値ノルム**と，読者諸君に馴染み深い**ユークリッドノルム**

$$\|\boldsymbol{x}\|_2 = \sqrt{x_1^2 + x_2^2 + \cdots + x_n^2} = \sqrt{\sum_{j=1}^{n} x_j^2} \tag{3.37}$$

がある．

次に，行列の大きさを測る**行列ノルム**を導入しよう．行列ノルムは，ベクトルノルムを使って (数学用語では "付随して" という)

$$\|A\| = \max_{\boldsymbol{x}} \frac{\|A\boldsymbol{x}\|}{\|\boldsymbol{x}\|} \tag{3.38}$$

と定義される．これは任意の n 次元ベクトル $\boldsymbol{x}$ に対して $\frac{\|A\boldsymbol{x}\|}{\|\boldsymbol{x}\|}$ を計算し，その最大値をもって A のノルムとすることを表している．式 (3.38) の右辺はベクトルのノルムであり，例えばベクトルノルムとして最大値ノルムを採用すれば，行列の最大値ノルムが与えられる．なお，最大値ノルムは A の ij 要素を a_{ij} で表すと

$$\|A\|_\infty = \max_{1 \leq i \leq n} \sum_{j=1}^n |a_{ij}| \tag{3.39}$$

と書ける．これは，各行ごとに A の要素の絶対値和を求め，その最大値を表す．「行和の最大」と覚えればよい．

一般に，行列ノルムは

$$\|A\| \geq 0, \quad \|A\| = 0 \text{ となるのは } A = O \text{ のときに限る} \tag{3.40}$$

$$\text{任意の実数 } \alpha \text{ に対して } \|\alpha A\| = |\alpha| \cdot \|A\| \tag{3.41}$$

$$\|A + B\| \leq \|A\| + \|B\| \tag{3.42}$$

$$\|AB\| \leq \|A\|\|B\| \tag{3.43}$$

の性質を持つ．そして，行列とベクトルのノルムは，式 (3.38) から

$$\|A\boldsymbol{x}\| \leq \|A\|\|\boldsymbol{x}\| \tag{3.44}$$

の関係がある．

■ 3.8.2 行列の条件数

さて，いま $\boldsymbol{x}$ と $\tilde{\boldsymbol{x}}$ をそれぞれ方程式

$$A\boldsymbol{x} = \boldsymbol{b}, \qquad A\tilde{\boldsymbol{x}} = \tilde{\boldsymbol{b}}$$

の解としよう．このとき，

$$\boldsymbol{x} - \tilde{\boldsymbol{x}} = A^{-1}\left(\boldsymbol{b} - \tilde{\boldsymbol{b}}\right)$$

の関係が成り立つので，この式の両辺のノルムをとり，行列とベクトルのノルムの関係 (3.44) を用いると

$$\|\boldsymbol{x} - \tilde{\boldsymbol{x}}\| \leq \|A^{-1}\|\|\boldsymbol{b} - \tilde{\boldsymbol{b}}\|$$

となる．さらに両辺を $\|\boldsymbol{x}\|$ で割り，その右辺の分子と分母に $\|A\|$ を掛ければ

3.8 方程式の数値計算における安定性

$$\frac{\|x-\tilde{x}\|}{\|x\|} \leq \|A\|\|A^{-1}\|\frac{\|b-\tilde{b}\|}{\|A\|\|x\|}$$

が得られる．そして，上式の右辺の分母に

$$\|b\| = \|Ax\| \leq \|A\|\|x\|$$

の関係式を適用すれば最終的に

$$\frac{\|x-\tilde{x}\|}{\|x\|} \leq \|A\|\|A^{-1}\|\frac{\|b-\tilde{b}\|}{\|b\|} \tag{3.45}$$

の関係を得る．

この不等式は次のことを意味している．もし $\|A\|\|A^{-1}\|$ が小さければ，右辺ベクトルの変化と解ベクトルの変化は大きくは変わらない．逆に，$\|A\|\|A^{-1}\|$ の値が大きければ，右辺ベクトルの相対誤差である $\|b-\tilde{b}\|/\|b\|$ が小さくても，解ベクトルの相対誤差 $\|x-\tilde{x}\|/\|x\|$ が大きくなってしまう可能性がある．すなわち，$\|A\|\|A^{-1}\|$ は解の誤差を見積もる目安となる．これを行列 A の条件数といい

$$\mathrm{cond}(A) \equiv \|A\|\|A^{-1}\| \tag{3.46}$$

と書く．条件数の大きな係数行列を持つ方程式を**悪条件方程式**という．

具体的に条件数がいくら以上であれば悪条件となるかは一般にはいえない．なぜなら，それは解に期待する要求精度に依存するからである．また，条件数の計算には定義 (3.46) からわかるように A の逆行列 A^{-1} が必要である．これは条件数を数値的に求めるには方程式を解くよりも計算量がかかることを意味している．このことを念頭においた上で，解の精度が満足のいくものではなかったら，行列の条件数を調べてみるべきであろう．

3 章 の 問 題

☐ **1** 3.2 節を参考にして，次の連立 1 次方程式の解を求めよ．

(1) $\begin{bmatrix} 3 & 0 & 0 \\ 2 & -5 & 0 \\ -1 & 1 & 4 \end{bmatrix} \begin{bmatrix} x_1 \\ x_2 \\ x_3 \end{bmatrix} = \begin{bmatrix} 6 \\ 9 \\ 9 \end{bmatrix}$

(2) $\begin{bmatrix} -2 & 1 & 8 \\ 0 & 3 & -4 \\ 0 & 0 & 6 \end{bmatrix} \begin{bmatrix} x_1 \\ x_2 \\ x_3 \end{bmatrix} = \begin{bmatrix} 19 \\ -15 \\ 18 \end{bmatrix}$

☐ **2** 3.3 節で述べた「ピボット選択なし」の LU 分解のアルゴリズムを以下の行列 A に適用し，下三角行列 L と上三角行列 U を求めよ．

$$A = \begin{bmatrix} 3 & 2 & 1 \\ -6 & -2 & -5 \\ 6 & -2 & 13 \end{bmatrix}$$

☐ **3** 行列

$$A = \begin{bmatrix} 4 & -2 \\ -2 & 2 \end{bmatrix}$$

が正定値対称行列であることを示せ．そして，A の LU 分解ならびにコレスキー分解を求めよ．

☐ **4** 3.3 節の LU 分解では，「下三角行列 L の対角成分はすべて 1」という条件を付けた．この条件を「上三角行列 U の対角成分はすべて 1」という条件に置き換えれば，3.3.2 項の「LU 分解のアルゴリズム」はどのように書き直されるか．「疑似コード」を用いて答えよ．

☐ **5** (発展問題) 問題 2 の行列 A に対して，3.4 で述べた「ピボット選択付」LU 分解を適用し，下三角行列 L と上三角行列 U，ならびに置換行列 P を求めよ．ただし，アルゴリズム中で絶対値最大要素が複数個ある場合は，行番号が小さい要素を「絶対値最大要素」として採用することにする．

第4章

非線形方程式の数値解法

"関数 $f(x)$ に対して $f(x)=0$ を満たす解を数値計算で求めよう"というのが本章の主題である．3章では線形方程式 (連立1次方程式) の解法を扱ったが，本章では**非線形方程式**を対象とする．非線形方程式とは，読んで字の如く"線形に非らざる方程式"で，線形でない方程式の総称である．

非線形方程式 $f(x)=0$ のうち，$f(x)$ が x の多項式となる場合を**代数方程式**，一般の関数の場合を**超越方程式**という．

$$\text{方程式}\begin{cases}\text{線形} & \text{(例)}\ ax-b=0 \\ \text{非線形}\begin{cases}\text{代数方程式} & \text{(例)}\ ax^2+bx+c=0 \\ \text{超越方程式} & \text{(例)}\ k\cos x+x=0\end{cases}\end{cases}$$

例えば，2次方程式の2つの解は"解の公式"を用いれば求められる．では，3次以上の方程式ではどうか？ 3次および4次方程式に対する解の公式は知られてはいるが，非常に複雑で筆者自身これまで一度も使ったことがない．また，5次以上の方程式に対する"解の公式"は存在しないことが証明されており，特殊な場合を除いて解を解析的に求める手段はない．まして，超越方程式を解く一般的なアプローチは存在しない．このような場合には，**計算機の力を借りて数値的に解を探る**ほかに手段はないのである．

本章では，二分法および反復法とよばれる手法を中心に非線形方程式の数値解法を説明しよう．両者は，初期値を適切に設定しさえすれば，どのような非線形方程式にも適用できるメリットがある．途中，非線形の連立方程式を解く方法についても言及する．最後に，N 次の代数方程式を対象として，N 個の解すべてが同時に求められる手法を紹介しよう． (吉田)

4.1 二 分 法

本章を通じて，$f(x)$ は連続な関数としよう．方程式 $f(x) = 0$ に対して $f(a)f(b) < 0$，すなわち "$f(a)$ と $f(b)$ が異符号" となる 2 つの実数 a, b が存在すれば，$f(x) = 0$ は $a \sim b$ 間に **少なくとも 1 つ の解を持つ** (図 4.1)．解が存在する区間を**解区間**とよび，$[a, b]$ と表そう ($a < b$ とする)．

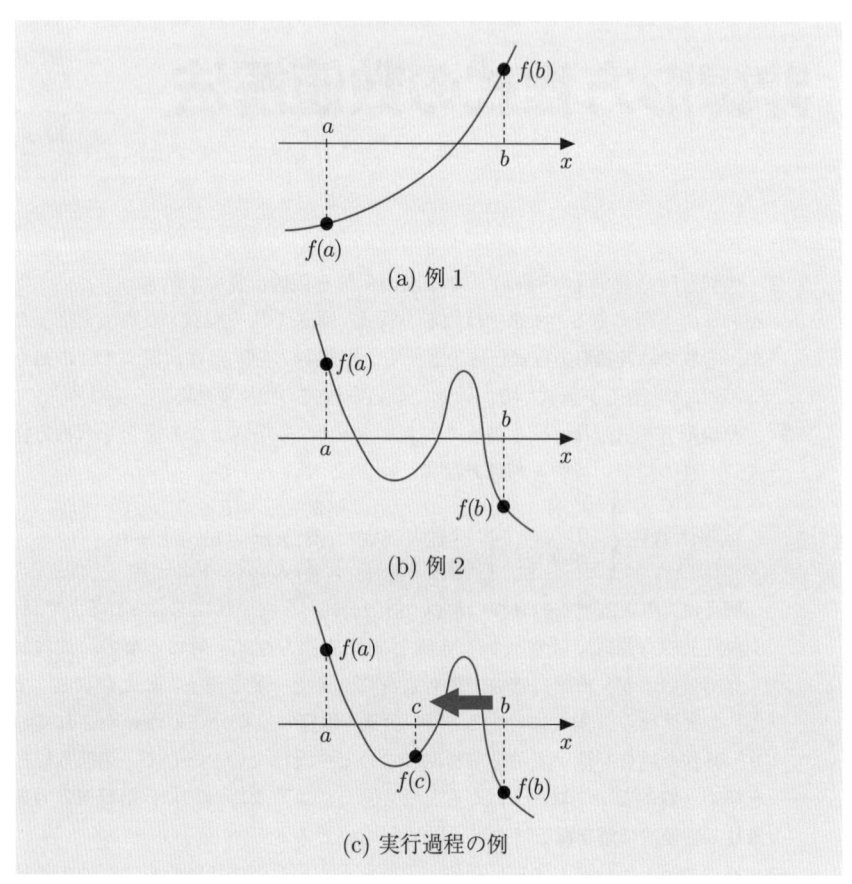

(a) 例 1

(b) 例 2

(c) 実行過程の例

図 4.1 $f(a)f(b) < 0$ であれば $a \sim b$ 間に必ず解を持つ

二分法は，条件 $f(a)f(b) < 0$ を満足しながら，解区間 $[a, b]$ を半分，また半分 ⋯ と縮小していく手法である．まず，具体的なアルゴリズムを示そう．

二分法のアルゴリズム

(1) 関数 $f(x)$ に対し，初期値として $f(a)f(b) < 0$ となる 2 つの実数 a, b $(a < b)$ を見つける．ε を適当な (小さな) 正数とする．

(2) a と b の中点を c とする $\left(c = \dfrac{a+b}{2}\right)$．

(3) $f(c), f(a), f(b)$ の符号を調べ，

$$f(c) \text{ の符号が} \begin{cases} f(a) \text{ の符号に同じとき} & : \ a \leftarrow c \\ f(b) \text{ の符号に同じとき} & : \ b \leftarrow c \end{cases}$$

とする．$f(c) = 0$ のときは $x = c$ が解．

(4) $b - a < \varepsilon$ なら終了．そうでなければ (2) へ

図 4.1(b) に対する手順 (2)–(4) の実行過程を同 (c) に示す．手順 (3) では，常に $f(a)f(b) < 0$ となることを保証しながら解区間を縮小している点に注意されたい．アルゴリズムが終了した時点では，"$x = c$ が解"か，"解区間幅は ϵ 未満"が成り立ち，後者の場合は解の近似値として a, b，または解区間内の任意の 1 点をとればよい．なお，図 4.1(c) のように初期区間に複数の解が存在する場合は，最終的にそのうちの どれか 1 つ が求まる．

二分法は，アルゴリズムこそ単純であるが，数値的に安定に動作し，非常に強力な求解手法である．実際には，アルゴリズムの実行よりも解区間の初期値 a, b を求める方が難しい場合がある．

4.2 反復法とその原理

前節の二分法も反復計算に基づいているが，一般に「反復法」とよばれる手法は本節の原理に基づくものを指す．ここでは，その基本原理を説明しよう．

■ 4.2.1 簡単な例から

突然ながら，関数 $g(x) = \frac{x}{2} + \frac{1}{x}$ を用いて，反復式

$$x^{(n+1)} \leftarrow g(x^{(n)}) = \frac{x^{(n)}}{2} + \frac{1}{x^{(n)}} \quad (n = 0, 1, 2, \ldots) \tag{4.1}$$

を作り，適当な初期値 $x^{(0)}$ を与えて $x^{(1)}, x^{(2)}, \ldots$ を計算してみる[1]．$x^{(0)} = 2$ および 3 として計算すると表 4.1 の結果となり，おや？ $\sqrt{2}$ に収束している．

式 (4.1) は，実は方程式 $f(x) = x^2 - 2 = 0$ に対する**反復法**の 1 つで，$x^{(n)}$ の収束先が $f(x) = 0$ の解を与える．反復法のポイントは，この例のように，与えられた $f(x)$ から式 (4.1) のような $g(x)$ を作り，その反復を収束するまで繰り返す点にある．$f(x)$ から $g(x)$ を作る手順などを順に説明しよう．

■ 4.2.2 反復法の原理

図 4.2(a) に示すように，与えられた方程式 $f(x) = 0$ の解の 1 つを $x = \alpha$ とし，"中に含む解は $x = \alpha$ ただ 1 つ" となる適当な閉区間 I を考えよう．

反復法では，次の 2 つの条件を満足する連続な関数 $g(x)$ を用いる．

表 4.1 反復 (4.1) の実行結果

	$x^{(0)} = 2$ のとき	$x^{(0)} = 3$ のとき
$x^{(1)}$	1.500000000	1.833333333
$x^{(2)}$	1.416666667	1.462121212
$x^{(3)}$	1.414215686	1.414998430
$x^{(4)}$	1.414213562	1.414213780
$x^{(5)}$	1.414213562	1.414213562

---

[1] $x^{(n)}$ の $\cdot^{(n)}$ は，ここでは「n 番目」を表し，n 階微分ではないので注意されたい．

4.2 反復法とその原理

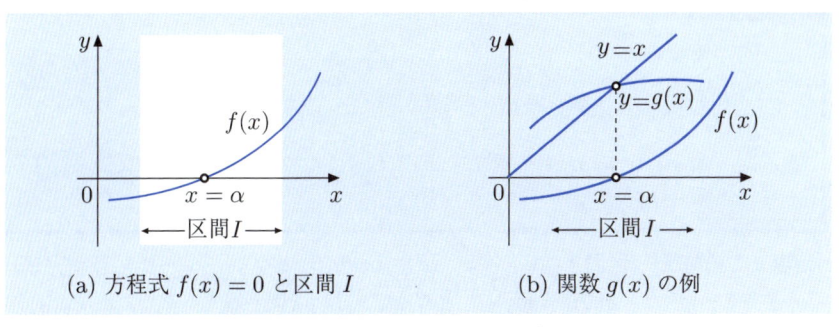

(a) 方程式 $f(x) = 0$ と区間 I

(b) 関数 $g(x)$ の例

図 4.2 方程式 $f(x) = 0$ と関数 $g(x)$

> (i) $x \in I$ ならば，$g(x) \in I$.
> (ii) 区間 I で，
> $$x = g(x) \tag{4.2}$$
> を満たす x は，$f(x) = 0$ の解である $x = \alpha$ に限る．

条件 (i), (ii) を満たす $g(x)$ は図 4.2(b) のような関数で，例えば区間 I でゼロにならない適当な関数 $\phi(x)$ を用いて

$$g(x) = x - \phi(x)f(x) \tag{4.3}$$

とすれば構成できる．

(i), (ii) を満たす $g(x)$ に対して，I 内のある初期値 $x^{(0)}$ からスタートし，

$$x^{(n+1)} = g(x^{(n)}) \quad (n = 0, 1, 2, \ldots) \tag{4.4}$$

を計算する．得られる数列 $\{x^{(n)}\}$ は $n \to \infty$ で収束するかもしれないし発散するかもしれないが，$x^{(n)}$ がある値 x_c に収束する場合は $x_c = g(x_c)$ が成り立ち，したがって条件 (i), (ii) から x_c は $f(x) = 0$ の解 $x = \alpha$ に等しい．すなわち，**反復 (4.4) が収束すれば，$f(x) = 0$ の解が得られる**のである．

■4.2.3 反復法の収束性

ここでは，反復 (4.4) の収束性に関する定理を示そう．

定理 4.1

I 内の任意の 2 点 x, x' に対して，$g(x)$, $g(x') \in I$ を満たし，また

$$|g(x) - g(x')| \leq L|x - x'| \quad (L \text{ は } 0 \leq L < 1 \text{ の定数}) \tag{4.5}$$

を満足すれば，$x = g(x)$ を満たす x は I 内にただ 1 つ存在し，反復 (4.4) の極限として得られる．

[定理 4.1 の略証] 区間 I 内に，$\alpha = g(\alpha)$, $\beta = g(\beta)$ となる α, β ($\alpha \neq \beta$) が存在したとすると，$|g(\alpha) - g(\beta)| = |\alpha - \beta|$ となって式 (4.5) に矛盾するため，$x = g(x)$ を満たす x は I 内に存在すれば，ただ 1 つである．また，式 (4.3), (4.4) を繰り返し用いると，

$$\begin{aligned}|x^{(n+1)} - x^{(n)}| &= |g(x^{(n)}) - g(x^{(n-1)})| \leq L|x^{(n)} - x^{(n-1)}| \\ &= L|g(x^{(n-1)}) - g(x^{(n-2)})| \leq L^2|x^{(n-1)} - x^{(n-2)}| \\ &\leq \cdots \leq L^n|x^{(1)} - x^{(0)}|\end{aligned}$$

$0 \leq L < 1$ であるため $n \to \infty$ では $L^n \to 0$ で，$|x^{(n+1)} - x^{(n)}| \to 0$ となる．したがって，反復 (4.3) は区間 I 内の 1 点 $x = \alpha$ に収束し，$\alpha = g(\alpha)$ を満足する．■

条件 (4.5) を **リプシッツ (Lipschitz) 条件** といい，リプシッツ条件を満たす関数 $g(x)$ を **縮小写像** とよぶ．結局のところ，縮小写像とは，

> I 内の **任意の** 2 点 x, x' に関し，$g(x)$ で変換 (写像) した後の距離 $|g(x) - g(x')|$ は，元の 2 点間の距離 $|x - x'|$ よりも **必ず小さくなる**

ような関数 $g(x)$ である (図 4.3(a) 参照)．一方，反復計算 (4.4) は，$x = x^{(0)}$ からスタートし，2 つの関数 $y = g(x)$ と $y = x$ との間で，

$$\begin{array}{ccccc} y & \leftarrow & g(x^{(n)}) & \leftarrow & x^{(0)} \\ \downarrow & & \uparrow & & \\ y & \to & x^{(n+1)} & & \end{array}$$

を繰り返すことに等しい．これを図で表すと図 4.3(b), (c) となり，$x^{(n)}$ は，区間 I 内での初期点 $x^{(0)}$ の選び方に依らず，

- $g(x)$ が縮小写像 $\Rightarrow$ $x = g(x)$ を満たす点 $x = \alpha$ へ収束する (図 4.3(b))．
- $g(x)$ が非縮小写像 $\Rightarrow$ 収束しない (図 4.3(c))．

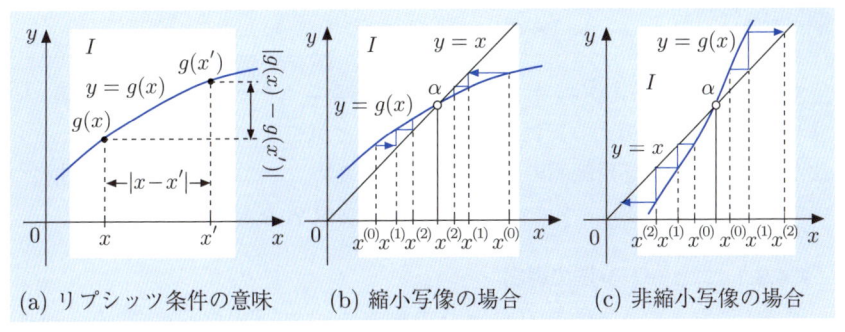

(a) リプシッツ条件の意味　(b) 縮小写像の場合　(c) 非縮小写像の場合

図 4.3　縮小写像と反復 (4.3)

これが定理 4.1 が述べている内容である[2]．

図 4.3(b), (c) からわかるように，"$g(x)$ が縮小写像かどうかは，$g(x)$ の**傾きの絶対値**が 1 未満かどうか" に依存する．実際，条件 (4.5) を

$$\frac{|g(x) - g(x')|}{|x - x'|} \leq L$$

と変形すると，左辺は x–x' 間の "平均の傾き" を表す．$g(x)$ が連続な 1 階導関数を持てば，**平均値の定理**から $x \leq \xi \leq x'$ を満たす適当な $x = \xi$ を用いて，

$$\frac{|g(x) - g(x')|}{|x - x'|} = |g'(\xi)|$$

と書ける．これと定理 4.1 から次の定理が得られる．

定理 4.2

$g(x)$ が閉区間 I で連続な 1 階導関数を持つとする．このとき，

$$\max_{x \in I} |g'(x)| \leq L \quad (L は 0 \leq L < 1 の定数)$$

を満足すれば，$g(x)$ はリプシッツ条件 (4.5) を満たし，縮小写像となる．

定理 4.1, 4.2 から，$g(x)$ が縮小写像となるように式 (4.3) の $\phi(x)$ を選べば，反復 (4.4) は収束して $f(x) = 0$ の解となることが保証される．

なお，定理 4.1 は**不動点定理**ともよばれ，工学の多くの分野で現れる**反復アルゴリズム**の基礎を与える非常に重要な概念である．次章で述べる連立 1 次方程式の反復法も，定理 4.1 を多次元に拡張した不動点定理に基礎をおいている．

---
[2] 縮小写像の場合には，区間 I 内に "ブラックホール" が 1 つあり，その点に吸い込まれていくイメージである．

4.3 ニュートン法

式 (4.3) において，$\phi(x) = \frac{1}{f'(x)}$ と選ぶ場合を**ニュートン (Newton) 法**という[3]．$\phi(x)$ の選び方としては，他に割線法などが知られているが，ニュートン法が最も基本的で応用範囲の広い手法であるため，ここではニュートン法について詳しく説明しよう．他の手法については文献[2] などを参照されたい．

■ 4.3.1 ニュートン法の導出

図 4.4 において，方程式 $f(x) = 0$ の解を $x = \alpha$ (図中の ○ 点) とし，いま，反復 (4.4) において近似解 $x = x^{(n)}$ が得られていると仮定しよう．ここでの目標は，$x^{(n)}$ よりもさらに解 α に近い，次の近似解 $x^{(n+1)}$ を求めることである．

図 4.4 において，AB 間の距離は $f(x^{(n)})$，点 B で $f(x)$ に接線 PQ を引くと PQ の傾きは $f'(x^{(n)})$ で与えられるため，AR 間の距離 Δx は $\Delta x = \frac{f(x^{(n)})}{f'(x^{(n)})}$ と計算される．そこで，次の近似解として $x^{(n+1)} = x^{(n)} - \Delta x$，すなわち

$$x^{(n+1)} = x^{(n)} - \frac{f(x^{(n)})}{f'(x^{(n)})} \tag{4.6}$$

とおくと，図 4.4 より $x^{(n+1)}$ は $x^{(n)}$ よりもさらに解 α に近くなる．このため，

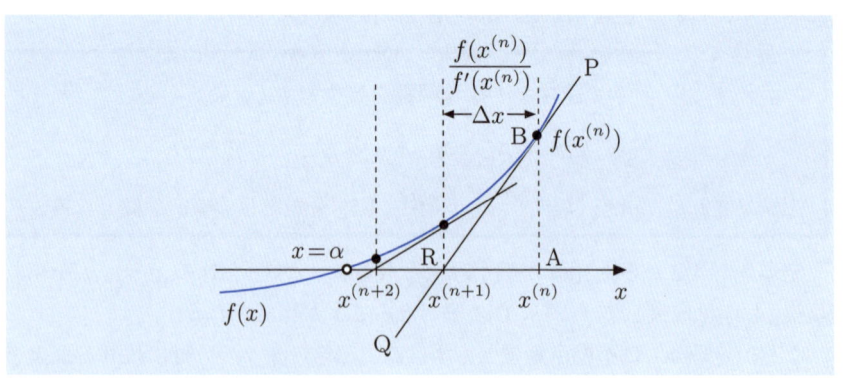

図 4.4 ニュートン法の原理

---

[3] 関数 $f(x)$ は対象となる閉区間で連続な 1 階導関数を持つとする．

4.3 ニュートン法

式 (4.6) を $x^{(n+2)}$, $x^{(n+3)}$ … と繰り返せば，図 4.4 から $x^{(n)}$ は真の解 $x = \alpha$ に単調に収束[4]していくことがわかる．

なお，反復計算 (4.6) を計算機上で実行する際は，収束を判定し反復を停止する条件が必要である．これには，十分小さな正数 ε を用いて，

$$\begin{cases} |x^{(n+1)} - x^{(n)}| < \varepsilon & (\text{前回との}\underline{差}\text{が}\ \varepsilon\ \text{未満なら終了}) \\ \left|\dfrac{x^{(n+1)} - x^{(n)}}{x^{(n)}}\right| < \varepsilon & (\text{前回との変化の}\underline{割合}\text{が}\ \varepsilon\ \text{未満なら終了}) \\ |f(x^{(n+1)})| < \varepsilon & (\text{関数値が}\ \varepsilon\ \text{未満なら終了 (本来の目的)}) \end{cases} \quad (4.7)$$

など適当なものを用いればよい．以上は，次のようにまとめられる．

ニュートン法のアルゴリズム

(1) 適当な初期値 $x^{(0)}$ を選び，$n = 0$ とする．ε を十分小さな正数とし，停止条件 (4.7) を設定する．
(2) 式 (4.6) により $x^{(n+1)}$ を求める．
(3) 停止条件を満足すれば終了．しなければ $n \leftarrow n+1$ として (2) へ．

■ **4.3.2 ニュートン法の収束性について**

ニュートン法 (4.6) は，式 (4.3) において $\phi(x) = \dfrac{1}{f'(x)}$，すなわち

$$g(x) = x - \frac{1}{f'(x)} f(x) \tag{4.8}$$

とした**反復法** (4.4) に相当するため，その収束性は定理 4.1, 4.2 から，

$$g'(x) = 1 - \frac{(f'(x))^2 - f(x)f''(x)}{(f'(x))^2} = \frac{f(x)f''(x)}{(f'(x))^2} \tag{4.9}$$

によって評価できる．すなわち，閉区間 I を，解 $x = \alpha$ の近傍で

$$|g'(x)| < 1 \tag{4.10}$$

を満足するように定めれば，定理 4.2, 4.1 より式 (4.6) によって生成される数列 $\{x^{(n)}\}$ は $f(x) = 0$ の解に収束する[5]．

---
[4] "真の解 α との誤差が単調に減少する" という意味．
[5] 厳密には，式 (4.10) から p.59 の条件 (i), (ii) が満足され，定理 4.1 から収束性がいえる．また，ここでは，$f(x)$ は 2 階までの連続な導関数を持つと仮定する．

さて，$f(x+\Delta)$ を x のまわりで**テイラー展開**することにより，

$$f(x+\Delta) = f(x) + \frac{\Delta}{1!}f'(x) + \frac{\Delta^2}{2!}f''(\xi)$$

と書け (ξ は $x \leq \xi \leq x+\Delta$ を満たすある定数)，さらに $x = x^{(n)}$，$\Delta = \alpha - x^{(n)}$ と置き換えると，

$$f(\alpha) = 0 = f(x^{(n)}) + \frac{\alpha - x^{(n)}}{1!}f'(x^{(n)}) + \frac{(\alpha - x^{(n)})^2}{2!}f''(\xi) \quad (4.11)$$

が得られる．一方，式 (4.6) を用いると，近似解 $x^{(n+1)}$ に対する誤差は，

$$|x^{(n+1)} - \alpha| = \left|x^{(n)} - \frac{f(x^{(n)})}{f'(x^{(n)})} - \alpha\right| = \frac{|f(x^{(n)}) + (\alpha - x^{(n)})f'(x^{(n)})|}{|f'(x^{(n)})|}$$

と変形される．最右辺の分子に式 (4.11) を適用すると，

$$|f(x^{(n)}) + (\alpha - x^{(n)})f'(x^{(n)})| = \frac{|x^{(n)} - \alpha|^2}{2!}|f''(\xi)|$$

と書けることを利用してさらに変形すると，

$$|x^{(n+1)} - \alpha| \leq \underbrace{\frac{|f''(\xi)|}{2!\,|f'(x^{(n)})|}}_{I \text{ 内での最大値を } M \text{ とする}} \cdot |x^{(n)} - \alpha|^2 \leq M \cdot |x^{(n)} - \alpha|^2$$

となる．これより，真の解との近似誤差を $e^{(n)} = |x^{(n)} - \alpha|$ と定義すると

$$e^{(n+1)} \leq M \times \left(e^{(n)}\right)^2 \quad (4.12)$$

と書ける．式 (4.12) は，ニュートン法の近似誤差を評価する重要な式で，例えば n 回目の反復で $e^{(n)}$ が 10^{-2} 程度であった場合，もう一度反復すると $e^{(n+1)}$ は $(10^{-2})^2 = 10^{-4}$ 程度まで減少することを述べている．すなわち，**ニュートン法は解の近傍で急速に収束する**[6]のである．

---

[6] 誤差が式 (4.12) に従って減少するような収束を **2 次収束**という．

4.4 非線形方程式の数値解法の例

例1 方程式

$$f(x) = \cos x - x^4 = 0 \tag{4.13}$$

における $x > 0$ の解を二分法とニュートン法によって求めてみよう．関数 $f(x)$ の概形を図 4.5(a) に示す．二分法およびニュートン法の初期値を，各々

$$\text{二分法}: a = 0.4, b = 1.4$$
$$\text{ニュートン法}: x^{(0)} = 1.4$$

とし，n 回目の反復で得られる近似解 (二分法の場合は解区間) を表 4.2 に示す．また，二分法で縮小される区間の推移を図 4.5(a) に，ニュートン法における $g(x)$ および解への収束過程を同 (b) に示す．

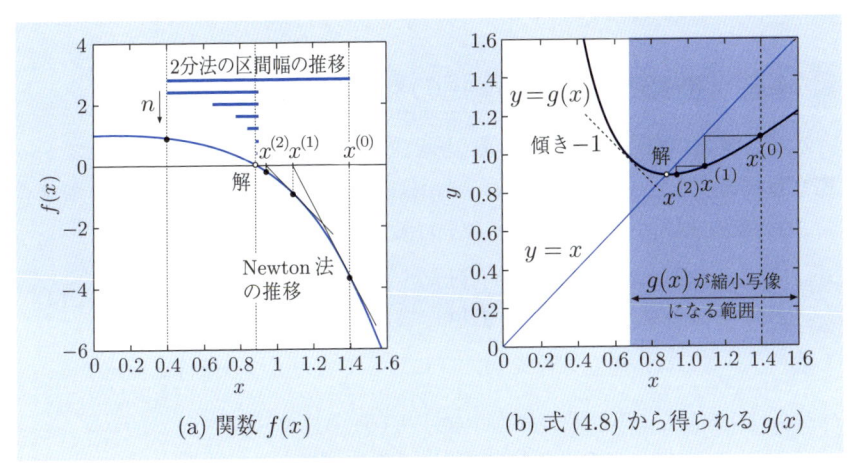

(a) 関数 $f(x)$

(b) 式 (4.8) から得られる $g(x)$

図 4.5 式 (4.13) のグラフ

表 4.2 では，両方法とも停止条件として $\varepsilon = 10^{-6}$ を用いている (ニュートン法では式 (4.7) の第 1 式を利用)．停止までに要する反復回数は二分法 20 回，ニュートン法 6 回で，ニュートン法は非常に高速である点に注意されたい．□

表 4.2　例1 に対する二分法，ニュートン法の反復回数 n と近似解

n	二分法による区間	ニュートン法による $x^{(n)}$
0	0.400000～1.400000	1.400000
1	0.400000～0.900000	1.093044
2	0.650000～0.900000	0.934719
3	0.775000～0.900000	0.893131
4	0.837500～0.900000	0.890562
5	0.868750～0.900000	0.890553
6	0.884375～0.900000	0.890553
⋮	⋮	—
18	0.890551～0.890555	—
19	0.890551～0.890553	—
20	0.890553～0.890553	—

4.5　非線形連立方程式の数値解法

次に，複数の変数の間の関係式 (方程式) が変数の数だけ与えられた場合 —— **連立方程式** の場合 —— を考えよう．当面は簡単のため，変数は x_1 と x_2 の2つで，2本の方程式が与えられた場合を対象とし，これを

$$\begin{cases} f_1(x_1, x_2) = 0 \\ f_2(x_1, x_2) = 0 \end{cases} \quad (4.14)$$

と表す[7]．さらに，連立方程式 (4.14) に対して次の2つの条件を仮定する．

条件1：少なくとも一組の解 $(x_1, x_2) = (\alpha_1, \alpha_2)$ を持つ
条件2：初期値として解の1つに近い近似値が得られている

■4.5.1　線形連立方程式 (連立1次方程式) と非線形連立方程式

例として，次の2つの連立方程式を考えよう．

$$\begin{cases} f_1(x_1, x_2) = 8x_1 + 4x_2 - 15 = 0 \\ f_2(x_1, x_2) = 1.5x_1 - 2x_2 + 2 = 0 \end{cases} \quad (4.15)$$

---

[7] 本節末に，3変数以上の場合に拡張する方法を簡単に示そう．

4.5 非線形連立方程式の数値解法

$$\begin{cases} f_1(x_1, x_2) = 2x_1{}^2 + x_2{}^2 - 3 = 0 \\ f_2(x_1, x_2) = 3\sqrt{2x_1} - 2x_2 - 1 = 0 \end{cases} \quad (4.16)$$

式 (4.15) は x_1 と x_2 に関して 1 次式で，3 章で扱った**線形連立方程式** (連立 1 次方程式) に相当する．**非線形連立方程式**とは線形連立方程式に属さないものの総称であるため，式 (4.16) は非線形連立方程式の例である．

連立方程式の左辺を $y = f_1(x_1, x_2), y = f_2(x_1, x_2)$ とおくと，図 4.6 に示すように，各々は 3 次元座標 x_1–x_2–y 上で "面" S_1, S_2 を構成する．この "面" は，**線形の場合は平面，非線形の場合は曲面**になることは言うまでもない．ただし，線形，非線形に限らず，連立方程式 (4.14) は

$$\begin{cases} S_0 & : \ y = 0 \\ S_1 & : \ y = f_1(x_1, x_2) \\ S_2 & : \ y = f_2(x_1, x_2) \end{cases}$$

とも表せ，これは平面 $y = 0$ 上で面 S_1, S_2 の交点 (図 4.6 における点 P) を求める操作に相当する．

■ 4.5.2 連立方程式に対するニュートン法 ── 多変数のニュートン法
4.5.2.1 1 変数のニュートン法に対する "別の解釈"

1 変数の単独方程式 $f(x) = 0$ に対するニュートン法は，図 4.4 に示すように，各反復段階において曲線 $y = f(x)$ をその**接線** (接線の方程式を $y = ax + b$ と

(a) 線形連立方程式 (4.15) (b) 非線形連立方程式 (4.16)

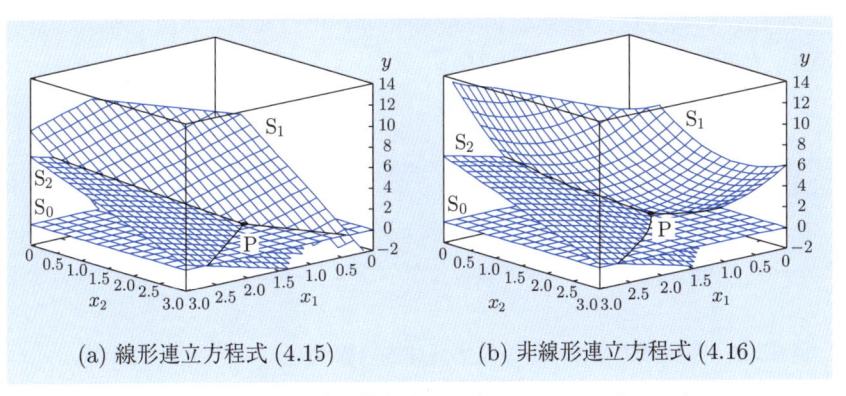

図 4.6 連立方程式が構成する "面" $S_1 : y = f_1(x_1, x_2)$ および $S_2 : y = f_2(x_1, x_2)$ の例

する) で**代用**し, $f(x) = 0$ を解く代わりに $ax + b = 0$ を解くことで問題を簡単化していると考えてもよい (その代わり反復計算が必要になるが). 実際, 図4.4において, 点 B を通り曲線 $y = f(x)$ に接する接線 PQ は,

$$y - f(x^{(n)}) = f'(x^{(n)})(x - x^{(n)}) \tag{4.17}$$

と表される. 接線 PQ と x 軸の交点 $x = x^{(n+1)}$ は, 式 (4.17) に $y = 0$ を代入すれば求められ, 式 (4.6) はこのように考えても導かれる.

4.5.2.2 多変数のニュートン法の概要

線形連立方程式, すなわち各 "面" が平面となる場合 (図 4.6(a)) は, 3 章の手法などを用いて容易に解ける. そこで, 非線形連立方程式に対しては, "<u>各曲面をそれに**接する平面 (接平面)** で代用</u>して問題を簡単化しよう", というのが本項で説明する多変数のニュートン法の概要である.

連立方程式 (4.16) を例に具体的に説明しよう. 解 (α_1, α_2) の探索過程で, いま第 n 近似解 $(x_1^{(n)}, x_2^{(n)})$ が得られているとする. 図 4.7(a), (b) に示すように, $(x_1^{(n)}, x_2^{(n)})$ で曲面 S_1, S_2 に接する**接平面** P_1, P_2 を考える. 接点 $(x_1^{(n)}, x_2^{(n)})$ の近傍では, 接平面 P_i は曲面 S_i に近いとして, 曲面 S_i を接平面 P_i で**代用**するのである $(i = 1, 2)$. そうすれば, 平面 $y = 0$ 上での P_1 と P_2 の交点は, 連立 1 次方程式の解として容易に計算できる. この交点を第 $(n+1)$ 近似解 $(x_1^{(n+1)}, x_2^{(n+1)})$ としよう, というわけである.

図 4.7(d) は, 以上の操作を x_1-x_2 平面 $(y = 0)$ 上で表した図である. "接平面 P_i と平面 $y = 0$ の交線" を L_i $(i = 1, 2)$ とすると, 連立の場合のニュートン法では, L_1 と L_2 の交点 C を第 $(n+1)$ 近似解 $(x_1^{(n+1)}, x_2^{(n+1)})$ とする. このとき, 第 $(n+1)$ 近似解は第 n 近似解よりも解 (α_1, α_2)(○ 点) に近づいていることに注意されたい. 事実, リプシッツ条件 (4.5) を多変数に拡張した条件[8]が成り立つ場合には, このような反復を繰り返すと, 近似解の列 $(x_1^{(n)}, x_2^{(n)})$ は $n \to \infty$ で解 (α_1, α_2) に収束することが示されている[2].

4.5.2.3 多変数のニュートン法の具体的計算法

4.5.2.2 項で述べたように, 連立方程式 (4.14) に対するニュートン法は, 手順

---

[8] 5.2 節参照.

4.5 非線形連立方程式の数値解法

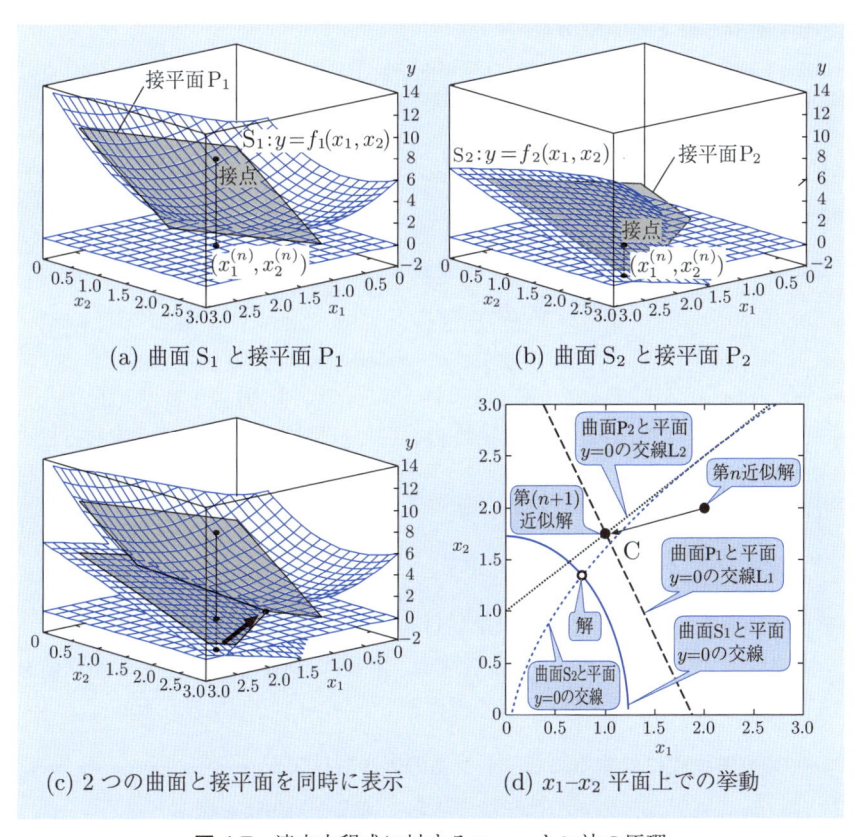

(a) 曲面 S_1 と接平面 P_1

(b) 曲面 S_2 と接平面 P_2

(c) 2 つの曲面と接平面を同時に表示

(d) x_1-x_2 平面上での挙動

図 4.7 連立方程式に対するニュートン法の原理

(1) 第 n 近似解で曲面 S_1, S_2 に接する接平面,各々 P_1, P_2 を求める.
(2) 第 $(n+1)$ 近似解を,$y=0$ 上での P_1, P_2 の交点として求める.

を繰り返せばよい.(1) の "接平面を求める処理" が**ポイント**となる.

付録 B の B.2 節によると,点 (ξ_1, ξ_2) で曲面 $y = f(x_1, x_2)$ に接する接平面の方程式は

$$y - f(\xi_1, \xi_2) = k_1(x_1 - \xi_1) + k_2(x_2 - \xi_2) \tag{4.18}$$

で与えられる.ここで,定数 k_1, k_2 は,各々,"$f(x_1, x_2)$ を x_1, x_2 で偏微分し,(ξ_1, ξ_2) を代入した値",すなわち

$$k_1 = \left.\frac{\partial f(x_1, x_2)}{\partial x_1}\right|_{(x_1, x_2) = (\xi_1, \xi_2)}, \quad k_2 = \left.\frac{\partial f(x_1, x_2)}{\partial x_2}\right|_{(x_1, x_2) = (\xi_1, \xi_2)}$$

として計算される定数である．

式 (4.18) を利用し，手順 (1) の接平面 P_1, P_2 を求めよう．P_1, P_2 の接点は第 n 近似解 $(x_1^{(n)}, x_2^{(n)})$ であるから，

$$\begin{cases} P_1 \ : \ y - f_1(x_1^{(n)}, x_2^{(n)}) = k_{11}(x_1 - x_1^{(n)}) + k_{12}(x_2 - x_2^{(n)}) \\ P_2 \ : \ y - f_2(x_1^{(n)}, x_2^{(n)}) = k_{21}(x_1 - x_1^{(n)}) + k_{22}(x_2 - x_2^{(n)}) \end{cases} \quad (4.19)$$

となる．ただし，k_{ij} は，関数 f_i と変数 x_j $(i, j = 1, 2)$ について，

$$k_{ij} = \left. \frac{\partial f_i(x_1, x_2)}{\partial x_j} \right|_{(x_1, x_2) = (x_1^{(n)}, x_2^{(n)})} \quad (4.20)$$

で与えられる定数である．手順 (2) では，まず，式 (4.19) に $y = 0$, $(x_1, x_2) = (x_1^{(n+1)}, x_2^{(n+1)})$ を代入し，未知変数 $(x_1^{(n+1)}, x_2^{(n+1)})$ に関する連立 1 次方程式

$$\begin{cases} k_{11} x_1^{(n+1)} + k_{12} x_2^{(n+1)} = k_{11} x_1^{(n)} + k_{12} x_2^{(n)} - f_1(x_1^{(n)}, x_2^{(n)}) \\ k_{21} x_1^{(n+1)} + k_{22} x_2^{(n+1)} = k_{21} x_1^{(n)} + k_{22} x_2^{(n)} - f_2(x_1^{(n)}, x_2^{(n)}) \end{cases} \quad (4.21)$$

を求めた後に，これを解いて第 $(n+1)$ 近似解を得る[9]．

連立方程式に対するニュートン法では，p.66 の条件 2 に仮定する初期値を $(x_1^{(0)}, x_2^{(0)})$ とし，式 (4.21) を解く操作を $n \leftarrow n+1$ として繰り返せばよい．

連立方程式に対するニュートン法のアルゴリズム

(1) $n = 0$ とし，停止条件を設定する．適当な初期値を選ぶ．

(2) 第 n 近似解を用いて連立方程式 (4.21) を導き，これを解いて第 $(n+1)$ 近似解を求める．

(3) 停止条件を満足すれば終了．しなければ $n \leftarrow n+1$ として (2) へ．

なお，停止条件としては，式 (4.7) を多変数の場合に拡張すればよく，例えば

$$|x_1^{(n+1)} - x_1^{(n)}| + |x_2^{(n+1)} - x_2^{(n)}| < \varepsilon \quad (4.22)$$

$$\max\left(\,|x_1^{(n+1)} - x_1^{(n)}|,\ |x_2^{(n+1)} - x_2^{(n)}|\,\right) < \varepsilon \quad (4.23)$$

などを用いればよい．

---

[9] 連立 1 次方程式 (4.21) の係数 k_{ij} は，反復ごとに式 (4.20) によって再計算しなければならない点に注意されたい．

4.5.3 非線形連立方程式に対する解法の例

例2 式 (4.16) の非線形連立方程式

ここでは，式 (4.16) に示す非線形連立方程式

$$\begin{cases} f_1(x_1, x_2) = 2x_1{}^2 + x_2{}^2 - 3 = 0 \\ f_2(x_1, x_2) = 3\sqrt{2x_1} - 2x_2 - 1 = 0 \end{cases}$$

を例として，実際にニュートン法によって解く過程を示そう．初期値として $(x_1^{(0)}, x_2^{(0)}) = (2, 2)$ を与え，停止条件には式 (4.22) を用いる ($\varepsilon = 10^{-6}$)．

第 1 近似解 $(x_1^{(1)}, x_2^{(1)})$ の満たす連立 1 次方程式は，式 (4.20), (4.21)，および $(x_1^{(0)}, x_2^{(0)}) = (2, 2)$ から

$$\begin{cases} 8\,x_1^{(1)} + 4\,x_2^{(1)} = 15 \\ 1.5\,x_1^{(1)} - 2x_2^{(1)} = -2 \end{cases} \quad (4.24)$$

となる (章末問題 5)．これは，実は式 (4.15) の連立 1 次方程式で，したがって図 4.6(a) の 2 つの平面は，$(x_1^{(0)}, x_2^{(0)}) = (2, 2)$ において同 (b) に示す曲面 S_1, S_2 に対する接平面になっている．また，図 4.7 は $(x_1^{(0)}, x_2^{(0)}) = (2, 2)$ から式 (4.24) によって第 1 近似解を求める過程を示している．式 (4.24) を解くと $(x_1^{(1)}, x_2^{(1)}) = (1.00, 1.75)$ が得られる．同様の操作を $n = 1, 2, \ldots$ について反復すると表 4.3 が得られ，5 回の反復で停止する． □

表 4.3　例2 に対する結果

反復回数 n	近似解 $(x_1^{(n)}, x_2^{(n)})$
0	(0.000000, 0.000000)
1	(1.000000, 1.750000)
2	(0.790968, 1.399608)
3	(0.764235, 1.354744)
4	(0.763810, 1.353954)
5	(0.763810, 1.353954)

例3 トランジスタを含む電子回路の解析

トランジスタ (図 4.8(a)) は，電子回路を構成する素子の 1 つで，**ベース** (B)，**コレクタ** (C)，**エミッタ** (E) とよばれる 3 つの端子を持つ．図 4.8(b) のような，

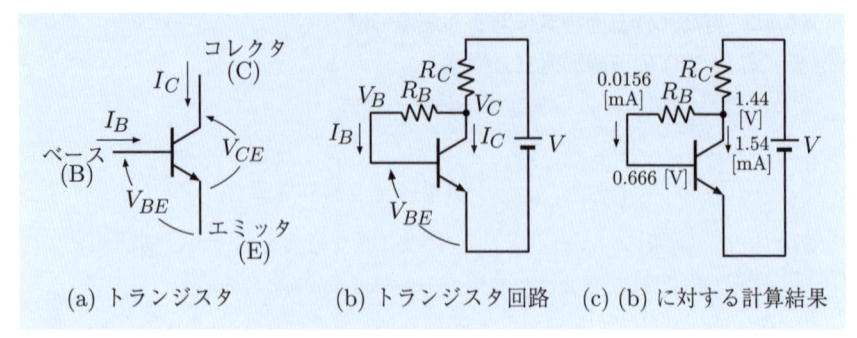

(a) トランジスタ　　(b) トランジスタ回路　(c) (b) に対する計算結果

図 4.8　トランジスタを含む回路

直流電源を含む回路に配置すると，理想状態で次のように動作する．

- ベース，コレクタの各端子からトランジスタに流入する電流を，各々ベース電流 I_B [A]，コレクタ電流 I_C [A] とよぶ．
- ベース電流 I_B [A] はベース–エミッタ間の電圧 V_{BE} [V] によって，

$$I_B = I_s(e^{\lambda V_{BE}} - 1) \qquad (4.25)$$

と定まる (I_s [A], λ は定数で，$\lambda = 38.7$ [V^{-1}])．
- コレクタ電流 I_C [A] は，ベース電流 I_B [A] によって，

$$I_C = \beta I_B \qquad (4.26)$$

と定まる (β は電流増幅率を表す定数)．I_C は V_{CE} に依存しない．

図 4.8(b) の回路で，$V = 3.00$ [V], $R_C = 1.00 \times 10^3$ [Ω], $R_B = 50.0 \times 10^3$ [Ω], $I_s = 1.00 \times 10^{-16}$ [A], $\beta = 99.0$ とし，各部の電流，電圧を求めよう．

まず，エミッタ → ベース → R_B → R_C と巡るパスに沿っての電圧の和が V に等しいことから，関係式

$$V_{BE} + R_B I_B + R_C(I_B + I_C) = V$$

が得られ，これに式 (4.26) を代入して整理すると，

$$V_{BE} + (R_B + R_C(1+\beta))I_B = V \qquad (4.27)$$

となる．式 (4.25), (4.27) を連立させて解くことにより V_{BE} と I_B が求められ

4.5 非線形連立方程式の数値解法

表 4.4 例 3 に対する結果

反復回数 n	近似解 $(x_1^{(n)}, x_2^{(n)})$
0	$(27.100000, 15.000000)$
1	$(26.362891, 15.458079)$
2	$(25.915044, 15.535236)$
3	$(25.780421, 15.558429)$
4	$(25.770611, 15.560120)$
5	$(25.770563, 15.560128)$
6	$(25.770563, 15.560128)$

る．I_C は式 (4.26) から，また図 4.8(b) の回路において $V_B = V_{BE}$ で，V_C は関係式 $V_C = V - R_C(I_C + I_B)$ から求められる．

この例のように，各変数が**物理量**に対応する場合や，各変数間のオーダーが大きく異なる場合は，**無次元化**と**スケーリング**を施すとよい．ここでは，

$$x_1 = \lambda V_{BE}, \quad x_2 = I_B/I_s \times 10^{-10} \tag{4.28}$$

のような無次元化と 10^{-10} によるスケーリングを適用し，変数 V_{BE}, I_B をそれぞれ次元を持たない新たな変数 x_1 と x_2 に変換する．連立方程式 (4.27), (4.25) を x_1 と x_2 で表し，数値を代入すると，

$$\begin{cases} 10^{-10}\left(e^{x_1} - 1\right) - x_2 = 0 \\ x_1 + 5.80\,x_2 - 116.1 = 0 \end{cases} \tag{4.29}$$

となる (章末問題 6)．初期値として $I_B = 1.50 \times 10^{-5}$ [A], $V_{BE} = 0.700$ [V] を与え，式 (4.28) で無次元化，スケーリングすると，$(x_1^{(0)}, x_2^{(0)}) = (27.1, 15.0)$ となる．この初期値からスタートし，連立方程式 (4.29) をニュートン法で解くと，表 4.4 の結果が得られる (停止条件は式 (4.22), $\varepsilon = 10^{-6}$)．

式 (4.28) を用いて最終近似解 $(x_1, x_2) = (25.770563, 15.560128)$ を元の変数に戻すと，$V_{BE} = 0.666$ [V], $I_B = 0.0156 \times 10^{-3}$ [A] が得られる．これより各部の電流，電圧を求めて図示すると，図 4.8(c) となる．　　□

■ 4.5.4　3 変数以上の場合には

4.5.2 項で述べた手法は，一般の N 変数の連立方程式に対して拡張できる．まず，対象となる連立方程式を

$$\begin{cases} f_1(x_1, x_2, \ldots, x_N) = 0 \\ f_2(x_1, x_2, \ldots, x_N) = 0 \\ \quad\vdots \\ f_N(x_1, x_2, \ldots, x_N) = 0 \end{cases} \tag{4.30}$$

と表そう．左辺を $y = f_i(x_1, x_2, \ldots, x_N)$ $(i = 1, 2, \ldots, N)$ とおくと，各々は x_1-x_2-$\cdots$-x_N-y 座標軸上で曲面 (正確には**超曲面**) を構成するため，これを第 n 近似解で接する接平面 (正確には**接超平面**) で近似する．関数 f_i に対する接超平面 P_i は，式 (4.19) を N 次元に拡張することにより求められ，

$$\mathrm{P}_i : y - f_i(x_1^{(n)}, x_2^{(n)}, \ldots, x_N^{(n)}) = \sum_{j=1}^{N} k_{ij}(x_j - x_j^{(n)}) \tag{4.31}$$

と表される．ただし，定数 k_{ij} は，式 (4.20) と同様にして

$$k_{ij} = \left. \frac{\partial f_i(x_1, x_2, \ldots, x_N)}{\partial x_j} \right|_{(x_1, x_2, \ldots, x_N) = (x_1^{(n)}, x_2^{(n)}, \ldots, x_N^{(n)})}$$

で与えられる．以上より，第 $(n+1)$ 近似解が満たす連立 1 次方程式は，式 (4.31) において，$y = 0, x_j = x_j^{(n+1)}$ $(j = 1, 2, \ldots, N)$ とすれば求まり，整理して実際に書き下すと，

$$\begin{cases} \displaystyle\sum_{j=1}^{N} k_{1j}\, x_j^{(n+1)} = \sum_{j=1}^{N} k_{1j}\, x_j^{(n)} - f_1(x_1^{(n)}, x_2^{(n)}, \ldots, x_N^{(n)}) \\ \displaystyle\sum_{j=1}^{N} k_{2j}\, x_j^{(n+1)} = \sum_{j=1}^{N} k_{2j}\, x_j^{(n)} - f_2(x_1^{(n)}, x_2^{(n)}, \ldots, x_N^{(n)}) \\ \qquad\qquad\vdots \\ \displaystyle\sum_{j=1}^{N} k_{Nj}\, x_j^{(n+1)} = \sum_{j=1}^{N} k_{Nj}\, x_j^{(n)} - f_N(x_1^{(n)}, x_2^{(n)}, \ldots, x_N^{(n)}) \end{cases} \tag{4.32}$$

となる (左辺に未知変数 $x_j^{(n+1)}$ を含み，右辺はすべて既知である点に注意)．

結局，N 変数の場合のニュートン法は，与えられた方程式 (4.30) に対して適当な初期値 $(x_1^{(0)}, x_2^{(0)}, \cdots, x_N^{(0)})$ からスタートし，連立 1 次方程式 (4.32) を $x_j^{(n+1)}$ $(j = 1, 2, \cdots, N)$ について解く反復を収束するまで繰り返せばよい．実際の計算方法は 79 ページのコラムを参照されたい．

4.6 代数方程式に対する数値解法

代数方程式とは，"N 次多項式 $= 0$" の形の方程式で，一般に N **次方程式**ともよばれる．N 次方程式は，"複素数の範囲内で重解を含めて全部で N 個の解を持つ" ことは，**代数学の基本定理**として広く知られている．

代数方程式は，二分法やニュートン法のような非線形方程式に対する一般解法を適用しても解くことができるが，このままでは最大で N 個ある解のうち，初期値近傍の 1 つしか求めることができない．そこで本節では，N 次方程式の N 個の解**すべてを同時に求める**方法を紹介しよう．

なお，本節では，N 次多項式 $p(x)$ に関し，次の約束をおく．
- 係数は実数とする．
- 最高次 x^N の係数は 1 に規格化されている (そうでなければ，最高次の係数で多項式全体を割っておく).
- x^k の係数を a_{n-k} で表す，すなわち N 次多項式 $p(x)$ を次のように表す．

$$p(x) = x^N + a_1 x^{N-1} + a_2 x^{N-2} + \cdots + a_{N-1} x + a_N \tag{4.33}$$

■4.6.1 Durand-Kerner(DK) 法の概要

高等学校の数学で，

$$\begin{cases} x_1 + x_2 = 3 \\ x_1 x_2 = 2 \end{cases} \tag{4.34}$$

のような連立方程式の問題を解いたことはないだろうか？ これは，

---
2 次方程式の解と係数の関係

2 次方程式 $x^2 + a_1 x + a_2 = 0$ の 2 つの解を α, β とおくと，

$$\alpha + \beta = -a_1, \quad \alpha\beta = a_2 \tag{4.35}$$

を利用するとエレガントに解ける．式 (4.35) から連立方程式 (4.34) の 2 つの解は，2 次方程式

$$x^2 - 3x + 2 = 0$$

の解に等しいことが導かれる．逆に，2 次方程式が与えられた場合には，これを式 (4.34) のような非線形連立方程式に等価的に変換することができる．

解と係数の関係は，N 次方程式 (解を $x_1, x_2, \ldots, x_N$ とする) の場合に拡張でき，実際

$$x^N + a_1 x^{N-1} + \cdots + a_N = (x - x_1)(x - x_2) \cdots (x - x_N)$$

の右辺を展開し係数比較することで得られる．例えば4次方程式の場合は，

$$\begin{cases} x_1 + x_2 + x_3 + x_4 = -a_1 \\ x_1 x_2 + x_1 x_3 + x_1 x_4 + x_2 x_3 + x_2 x_4 + x_3 x_4 = a_2 \\ x_1 x_2 x_3 + x_1 x_2 x_4 + x_1 x_3 x_4 + x_2 x_3 x_4 = -a_3 \\ x_1 x_2 x_3 x_4 = a_4 \end{cases} \quad (4.36)$$

となる．N 次方程式を，わざわざ式 (4.34) や (4.36) のような非線形連立方程式として表すのは，"もしこの連立方程式が**解けた**とすれば，元の N 次方程式の N 個の解**すべてが同時に得られる**" ためである．

本節で紹介する Durand-Kerner 法 (**DK 法**) は，

(1) 与えられた代数方程式 (N 次方程式) を，解と係数の関係を用いて N 変数の非線形連立方程式に等価変換し，

(2) 適当な初期値の下に，多変数のニュートン法を用いて解く．

ことで，すべての解を同時に求める手法である．

■4.6.2　DK 法のアルゴリズム

与えられた N 次方程式

$$p(x) = x^N + a_1 x^{N-1} + a_2 x^{N-2} + \cdots + a_{N-1} x + a_N = 0 \quad (4.37)$$

を，解と係数の関係によって N 変数の非線形連立方程式に変換し，

$$\begin{cases} f_1(x_1, x_2, \ldots, x_N) = \sum_{i_1} x_{i_1} + a_1 = 0 \\ f_2(x_1, x_2, \ldots, x_N) = \sum_{i_1 < i_2} x_{i_1} x_{i_2} - a_2 = 0 \\ \qquad\qquad\qquad \vdots \\ f_N(x_1, x_2, \ldots, x_N) = \sum_{i_1 < i_2 < \cdots < i_N} x_{i_1} x_{i_2} \cdots x_{i_N} - (-1)^N a_N = 0 \end{cases} \quad (4.38)$$

と表す．前述のとおり DK 法は式 (4.38) を多変数のニュートン法によって解く手法で，実際には第 n 近似解 $(x_1^{(n)}, x_2^{(n)}, \ldots, x_N^{(n)})$ に対して連立 1 次方程式 (4.32) を導き，その解を第 $(n+1)$ 近似解 $(x_1^{(n+1)}, x_2^{(n+1)}, \ldots, x_N^{(n+1)})$ とすれ

4.6 代数方程式に対する数値解法

ばよい．ここで，対象は式 (4.38) に示すような特殊な形をしているため，$x_i^{(n+1)}$ $(i = 1, 2, \ldots, N)$ は次のように**閉じた形**に書ける[2]．

$$x_i^{(n+1)} = x_i^{(n)} - \frac{p(x_i^{(n)})}{\prod_{j=1, j \neq i}^{N} (x_i^{(n)} - x_j^{(n)})} \quad (i = 1, 2, \ldots, N) \quad (4.39)$$

したがって，適当な初期値 $(x_1^{(0)}, x_2^{(0)}, \ldots, x_N^{(0)})$ からスタートして式 (4.39) の反復を繰り返せば，式 (4.37) のすべての解が求められる．ただし，複素解を求めるため，式 (4.39) は複素数として計算しなければならない点に注意しよう．

さて，以上のアルゴリズムを実行するには適当な初期値が必要で，以下では簡単で比較的収束が速い**小澤の初期値**[3] として知られる手法を用いる[10]．

与えられた N 次方程式 (4.37) の解を α_i $(i = 1, 2, \ldots, N)$，N 個の解の重心を c，すなわち $c = \frac{\alpha_1 + \alpha_2 + \cdots + \alpha_N}{N}$ とおく．また，重心から各解 α_i までの距離を r_i とすると，小澤の初期値は，

- r_i $(i = 1, 2, \ldots, N)$ の相乗平均 $\sqrt[N]{r_1 r_2 \cdots r_N}$ を求め，r とおく[11]
- 重心 c を中心とし半径 r の円周上に等間隔に初期値を配置する

という手順で与えられる．

実際に，小澤の初期値を計算しよう．まず，$p(x) = (x - \alpha_1)(x - \alpha_2) \cdots (x - \alpha_N)$ と書けるため，$x = c$ を代入すると $p(c) = (c - \alpha_1)(c - \alpha_2) \cdots (c - \alpha_N)$ となる．半径 r は，$r^N = |\alpha_1 - c| \cdot |\alpha_2 - c| \cdots |\alpha_N - c|$ と書け，したがって $r = \sqrt[N]{|p(c)|}$ で与えられる．さらに，解と係数の関係から $c = -\frac{a_1}{N}$ となるため，最終的に r は

$$r = \sqrt[N]{\left| p\left(-\frac{a_1}{N}\right) \right|} \quad (4.40)$$

---

10) 本書の参考文献のような，数値計算に関する多くの教科書では，DK 法の初期値の選び方として，**アバース (Aberth) の初期値**と呼ばれる手法が紹介されている．また，"DK 法 + Aberth の初期値" を DKA 法とよんでいる成書も多い．本書では，南山大学杉浦洋教授の指摘により，アバースの初期値ではなく，小澤の初期値を紹介する．

11) 非常に稀に，$x = c$ が解となり $r = 0$ となることがある．このときは，$p(x)$ を $(x - c)$ で割った商を改めて $p(x)$ と考えればよい．

によって計算できる．次に，重心 $c = -\frac{a_1}{N}$ を中心として半径 r の円周上に，初期値 $x_k^{(0)}$ $(k = 1, 2, \ldots, N)$ を

$$x_k^{(0)} = -\frac{a_1}{N} + r \exp\left[\imath\left(\frac{2(k-1)\pi}{N} + \frac{3}{2N}\right)\right] \quad (k = 1, 2, \ldots, N) \quad (4.41)$$

に従って配置する（$\imath$ は虚数単位を表す）．これは，半径 r の円周上に初期値を等間隔にとることに相当する．

── DK 法のアルゴリズム ──

(1) $n = 0$ とし，適当な停止条件を設定する．
(2) 与えられた N 次方程式 $p(x) = 0$ に対し，式 (4.40) の r を求める．
(3) 式 (4.41) に従って初期値を配置する．
(4) 式 (4.39) によって第 $(n+1)$ 近似解を求める．
(5) 停止条件を満足すれば終了．しなければ $n \leftarrow n+1$ として (4) へ．

なお，式 (4.40) における $p\left(-\frac{a_1}{N}\right)$ は，2.5 節で紹介したホーナー法を用いると効率よく計算できる．

■ 4.6.3 DK 法の適用例

例 4 ここでは，次の 5 次方程式を DK 法で解いてみよう．

$$p(x) = x^5 - 9x^4 + 33x^3 - 63x^2 + 64x - 30 = 0 \quad (4.42)$$

まず，初期値を求めるため式 (4.40) に従って半径 r を求めると，$r = \sqrt[5]{\left|p\left(-\frac{a_1}{N}\right)\right|} = \sqrt[5]{2.0467} = 1.154$ となり，式 (4.41) を用いて初期値を求めると，

$$(2.897534 + 0.356610\imath,\ 1.800000 + 1.154016\imath,\ 0.702466 + 0.356610\imath,$$
$$1.121687 - 0.933618\imath,\ 2.478313 - 0.933618\imath)$$

となる．この初期値を用いて式 (4.39) の反復を行うと，6 回の繰り返しで収束（停止条件には $\max_i |x_i^{(n)} - x_i^{(n-1)}| < 10^{-15}$ を用いた）し，最終的に

$$(3.000000,\ 2.000000 \pm 1.000000\imath,\ 2.000000 \pm 1.000000\imath,)$$

が得られる．収束までの反復解の軌跡を図 4.9 に示す (円周上の ○ が初期値，矢印が収束後の近似解を表す)． □

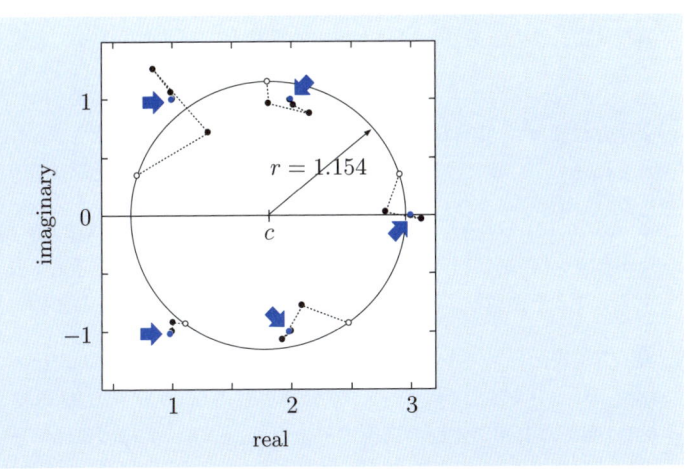

図 4.9 5 次方程式 (4.42) に対する DK 法の適用結果

● **多変数のニュートン法における連立方程式 (4.32) の解法について** ●

多変数の非線形連立方程式をニュートン法で解く際は，連立方程式 (4.32) によって第 n 近似解から第 $(n+1)$ 近似解を求めることが基本となる．ただし，式 (4.32) は基本原理を説明していに過ぎず，数値計算する際に式 (4.32) を直接解くと計算量の観点から不利となる．実際には，

$$\Delta x_j = x_j^{(n+1)} - x_j^{(n)} \quad (j = 1, 2, \ldots, N) \tag{4.43}$$

とおいて，式 (4.32) の右辺第 1 項を左辺に移動して整理し，連立方程式

$$\begin{cases} \sum_{j=1}^{N} k_{1j}\, \Delta x_j &= f_1(x_1^{(n)}, x_2^{(n)}, \ldots, x_N^{(n)}) \\ \quad\quad\vdots & \\ \sum_{j=1}^{N} k_{Nj}\, \Delta x_j &= f_N(x_1^{(n)}, x_2^{(n)}, \ldots, x_N^{(n)}) \end{cases} \tag{4.44}$$

を得る．これを Δx_j について解いた後，式 (4.43) から第 $(n+1)$ 近似解を求めればよい．これにより，式 (4.32) の右辺第 1 項の計算コストが削減できる．

この例のように，実際の数値計算では，同じ原理に基づく計算であっても計算方法によってコストが異なる場合が多々あり，工夫が必要となるのである．

4 章 の 問 題

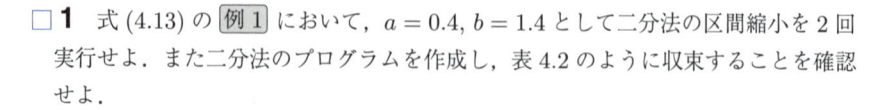

☐ **1** 式 (4.13) の 例1 において, $a = 0.4, b = 1.4$ として二分法の区間縮小を 2 回実行せよ. また二分法のプログラムを作成し, 表 4.2 のように収束することを確認せよ.

☐ **2** 方程式 $x^2 - 2 = 0$ に対してニュートン法を適用すると, 式 (4.1) に一致することを確認せよ. また, 表 4.1 のように $\sqrt{2}$ に収束することを確認せよ.

☐ **3** 式 (4.13) の 例1 に対してニュートン法を適用し, 反復式を導出せよ. また, ニュートン法のプログラムを作成し, 初期値 $x^{(0)} = 1.4$ を与えて表 4.2 のように収束することを確認せよ. 初期値を変えながら実行してみるとよい.

☐ **4** 方程式 $x^2 - 3x + 1 = 0$ に対し, 停止条件を式 (4.7) の第 1 式 ($\varepsilon = 10^{-6}$) とし, 初期値 $x^{(0)} = 0$ を与えてニュートン法で解くと, $0.000000 \to 0.333333 \to 0.380952 \to 0.381966$ のように 4 回の反復で停止する. 一方, 同様の条件で $x^2 - 2x + 1 = 0$ を解くと停止までに 21 回もの反復を要する (プログラムを書いて実行するとよい). なぜ, 多くの反復が必要なのかを図を用いて考察せよ.

☐ **5** 例2 の式 (4.16) に対して多変数のニュートン法を適用し, 第 n 近似解から第 $(n+1)$ 近似解を求めるための連立 1 次方程式を導出せよ. さらに, 多変数のニュートン法をプログラムし, 表 4.3 のように収束することを確認せよ. 初期値を変えながら実行するとよい.

☐ **6** 例3 において, 式 (4.25), (4.27), (4.28) から式 (4.29) を導け. また, **5** と同様に, 第 n 近似解から第 $(n+1)$ 近似解を求めるための連立 1 次方程式を導出し, 表 4.4 のように収束することを確認せよ.

☐ **7** DK 法のプログラムを作成し, 式 (4.42) の 例4 を含むいくつかの例を与えて解いてみよ.

☐ **8** (発展問題) 例3 で, 式 (4.25) の λ は実際にはボルツマン定数 $k = 1.380 \times 10^{-23}$ [J/K], 電子の電荷 $q = 1.602 \times 10^{-19}$ [C], および絶対温度 T [K] を用いて,
$$\lambda = \frac{q}{kT}$$
で与えられ, したがってトランジスタの特性は温度依存性を持つ. そこで, $T = 250$ [K]($\simeq -23$ [°C]), $T = 350$ [K] ($\simeq 77$ [°C]) の場合について λ を求め, 式 (4.25), (4.27) を連立させて解いて, 図 4.8(c) のように各部の電流, 電圧を求めよ.

第5章

連立1次方程式の解法(2)
—— 反復法

　3章で述べた連立1次方程式の直接法では行列を2次元配列としてメモリ上に格納した．しかし，大部分の要素がゼロとなる**疎行列**に対しては，この格納法では効率が悪い．疎行列の場合は非ゼロ要素の値とその位置のみを記憶すればよい．そうすれば2次元配列としてメモリ上に保持できないような，より大規模な問題も取り扱うことができるようになる．しかし，LU分解などを用いれば，行列の要素に直接手を加えて値を変えてしまうので，せっかくゼロだった要素がゼロではなくなってしまい，必要なメモリ数が増大してしまう．

　本章で紹介する反復法は，行列の要素には直接手を加えず，行列の構造を保持するため，非ゼロ要素の情報だけを利用して連立1次方程式を解くことができるという利点を持つ．

　ここでは連立1次方程式の最も基本的な反復法であるヤコビ法，ガウス・ザイデル法，SOR法について解説する．　　　　　　　　　　　　　　　(細田)

5.1 疎行列と反復法

行列 A とベクトル $\boldsymbol{x}$ の積 $A\boldsymbol{x}$ を考えよう．A が n 次正方行列，$\boldsymbol{x}$ が n 次元ベクトルであるならば $A\boldsymbol{x}$ は n 次元ベクトルになり，その i 番目の成分は

$$a_{i1}x_1 + a_{i2}x_2 + \cdots + a_{in}x_n = \sum_{j=1}^{n} a_{ij}x_j \quad (i = 1, 2, \ldots, n)$$

と表すことができる．この計算に n 回の乗算が必要であることから，$A\boldsymbol{x}$ のすべての要素を求めるには合計 n^2 回の乗算が必要であることがわかる．

しかし，A の要素の大部分がゼロであるならば，ゼロ要素に対応した乗算は省略でき，その分演算回数を節約することができる．例えば，A を 1000 次正方行列であるとすると，通常は $A\boldsymbol{x}$ の計算に百万回の乗算が必要であるが，A の非ゼロ要素が全体の 0.5% しかないのであれば，演算は五千回で済む．このように，要素の大部分がゼロであるような行列を**疎行列**という．

3 章で述べた連立 1 次方程式の直接法は，係数行列に"直接"手を加えて，容易に解くことができる上 (下) 三角方程式へと変換を行う方法であった．しかし，疎行列に対してこの解法を適用すると，多くの場合ゼロ要素が非ゼロになり効率が悪い．また，ほとんどの要素がゼロである行列をそのまま 2 次元配列に格納するのもムダが多い．

疎行列を係数行列に持つ連立 1 次方程式に対しては，一般的に本章で説明する反復法がよく用いられる．反復法は LU 分解などと違い，原則的に係数行列に対して直接手を加えない．そのため，疎行列性などの行列の特性を維持しながら解を求めることができる．

連立 1 次方程式の反復法とは，適当な初期ベクトル

$$\boldsymbol{x}^{(0)}$$

から始めて，方程式の解ベクトル

$$\boldsymbol{x}$$

に収束するような近似解の列

$$\boldsymbol{x}^{(0)}, \boldsymbol{x}^{(1)}, \boldsymbol{x}^{(2)}, \ldots$$

5.1 疎行列と反復法

を生成する方法である[1]．ここで，ベクトル列 $\bm{x}^{(k)}$ が $\bm{x}$ に収束するとは，3.8 節で述べたベクトルのノルムを用いると

$$\lim_{k\to\infty} \|\bm{x}^{(k)} - \bm{x}\| = 0$$

を意味することになる．

実際の数値計算では，十分に小さな正の定数

$$\varepsilon > 0$$

を与え，

$$\|\bm{x}^{(k+1)} - \bm{x}^{(k)}\| < \varepsilon \|\bm{x}^{(k)}\| \tag{5.1}$$

を満足すれば収束と判断し反復を終了する．もしくは，**残差ノルム**を用いて

$$\|A\bm{x}^{(k+1)} - \bm{b}\| < \varepsilon \tag{5.2}$$

としてもよい[2]．

ただし，直接法と違い，すべての連立1次方程式が反復法で解けるわけではないことに注意されたい．その条件 (収束条件) については5.5節で述べる．

---

[1] 本章においても $\bm{x}^{(2)}$ の .(2) などは $\bm{x}$ の微分の意味ではなく，反復回数を表す．
[2] $A\bm{x}^{(k+1)}$ は A の疎行列性を用いて効率よく計算できる．

5.2 縮小写像

本節では，連立 1 次方程式の反復法の理論的な基礎となる部分について解説する．

まず，n 個の未知変数 $x_1,\ldots,x_n$ を持つ次のような n 個の方程式の群

$$\begin{cases} x_1 = g_1(x_1,\ldots,x_n) \\ \qquad \vdots \\ x_n = g_n(x_1,\ldots,x_n) \end{cases} \tag{5.3}$$

を考えよう．ここで，多変数関数 $g_j(x_1,\ldots,x_n)$ の変数群を n 次元ベクトル

$$\boldsymbol{x} = [x_1 \cdots x_n]^T,$$

を用いて $g_j(\boldsymbol{x})$ と書き，さらにこれを縦に並べ，

$$\boldsymbol{g}(\boldsymbol{x}) = \begin{bmatrix} g_1(\boldsymbol{x}) \\ \vdots \\ g_n(\boldsymbol{x}) \end{bmatrix}$$

$$= \begin{bmatrix} g_1(x_1,\ldots,x_n) \\ \vdots \\ g_n(x_1,\ldots,x_n) \end{bmatrix}$$

と書くと，方程式 (5.3) は簡潔に

$$\boldsymbol{x} = \boldsymbol{g}(\boldsymbol{x}) \tag{5.4}$$

と表すことができる[3]．このような $\boldsymbol{g}(\boldsymbol{x})$ を**ベクトル値関数**とよぶ．

上式の関数 $\boldsymbol{g}$ は n 次元のベクトル $\boldsymbol{x}$ を，n 次元のベクトル $\boldsymbol{g}(\boldsymbol{x})$ へと変換 (写像) するものである．いま，$\boldsymbol{g}$ を n 次元空間内の閉部分集合[4] D から同じく D への関数とする．すなわち，D に属するベクトル $\boldsymbol{x}$ に対しては，$\boldsymbol{g}(\boldsymbol{x})$ もまた D に含まれるとする．このとき，次の定理が成り立つ．

---

[3] これは，4 章の式 (4.2) を多変数に拡張したものである．

[4] 図 4.2 の閉区間 I を多次元に拡張したものに相当する．

定理 5.1

g は閉部分集合 D から D への関数で，D に属する任意のベクトル $\bm{x}$ と $\bm{x}'$ に対して

$$\|\bm{g}(\bm{x}) - \bm{g}(\bm{x}')\| \leq L\|\bm{x} - \bm{x}'\| \tag{5.5}$$

(L は $0 \leq L < 1$ の定数)

を満足すると仮定する．このとき，D 内の任意の初期ベクトル $\bm{x}^{(0)}$ から反復

$$\bm{x}^{(k+1)} = \bm{g}(\bm{x}^{(k)}) \quad (k = 0, 1, 2, \ldots)$$

を行うと，ベクトル列 $\bm{x}^{(k)}$ はただ 1 つのベクトル $\bm{x}$ に収束する．そして，$\bm{x}$ は

$$\bm{x} = \bm{g}(\bm{x})$$

を満たす．

証明は，定理 4.1 の略証において，スカラー変数 x と関数 g をそれぞれベクトル $\bm{x}$ とベクトル値関数 $\bm{g}$ に，絶対値をベクトルノルムに置き換えればよい．なお，4 章と同じく，条件 (5.5) を**リプシッツ条件**という．

5.3 連立1次方程式の反復法

さて，我々の問題は連立1次方程式 $A\boldsymbol{x} = \boldsymbol{b}$ を解くことである．ここで，係数行列 A を

$$A = M - N$$

と表し，M は逆行列を持つように選ぶ．すると，元の方程式は

$$M\boldsymbol{x} = N\boldsymbol{x} + \boldsymbol{b} \tag{5.6}$$

と変形できる．さらに，両辺に M^{-1} を掛け，

$$H = M^{-1}N, \quad \boldsymbol{c} = M^{-1}\boldsymbol{b}$$

とおけば

$$\boldsymbol{x} = H\boldsymbol{x} + \boldsymbol{c} \tag{5.7}$$

となる．この式を基に，反復

$$\boldsymbol{x}^{(k+1)} = H\boldsymbol{x}^{(k)} + \boldsymbol{c} \quad (k = 0, 1, 2, \ldots) \tag{5.8}$$

を考えると，この右辺が定理 5.1 のベクトル値関数 $\boldsymbol{g}(\boldsymbol{x})$ に相当する．このとき，2つのベクトル $\boldsymbol{x}^{(k)}, \boldsymbol{y}^{(k)}$ に対する反復 (5.8) に，3.8 節で述べた行列とベクトルのノルムの関係 (3.44) を適用すれば

$$\|\boldsymbol{x}^{(k+1)} - \boldsymbol{y}^{(k+1)}\| = \|H(\boldsymbol{x}^{(k)} - \boldsymbol{y}^{(k)})\|$$
$$\leq \|H\| \cdot \|\boldsymbol{x}^{(k)} - \boldsymbol{y}^{(k)}\|$$

となる．すなわち，定理 5.1 より $\|H\| < 1$ であれば反復 (5.8) は $A\boldsymbol{x} = \boldsymbol{b}$ の解に収束する．

反復 (5.8) によって解ベクトルに収束するような近似解の列を生成する解法を**定常反復**とよぶ．また，行列 H を**反復行列**という．

定常反復法には M と N の作り方により，以下の3つの代表的な解法がある．まず，A を次のように分離しよう．

$$A = D + L + U$$

$$= \begin{bmatrix} a_{11} & & & \\ & a_{22} & & \\ & & \ddots & \\ & & & a_{nn} \end{bmatrix} + \begin{bmatrix} 0 & \cdots & \cdots & 0 \\ a_{2,1} & \ddots & & \vdots \\ \vdots & \ddots & \ddots & \vdots \\ a_{n1} & \cdots & a_{n,n-1} & 0 \end{bmatrix}$$

$$+ \begin{bmatrix} 0 & a_{1,2} & \cdots & a_{1n} \\ \vdots & \ddots & \ddots & \vdots \\ \vdots & & \ddots & a_{n-1,n} \\ 0 & \cdots & \cdots & 0 \end{bmatrix}$$

すなわち，D は A の対角部分，L は対角を含まない下三角部分，U は対角を含まない上三角部分のみから成る行列である．ただし，ここでは対角成分 $a_{11}, \ldots, a_{nn}$ はすべて非ゼロであると仮定する．

■5.3.1 ヤコビ法

式 (5.6) の M, N としてそれぞれ

$$M = D, \quad N = -(L + U)$$

とおいた方法が**ヤコビ (Jacobi) 法**である．ヤコビ法の反復行列は

$$H = -D^{-1}(L + U) \tag{5.9}$$

と書け，これを式 (5.8) に代入し，要素ごとに整理すると

$$x_i^{(k+1)} = \frac{1}{a_{ii}} \left(b_i - \sum_{\substack{j=1 \\ j \neq i}}^{n} a_{ij} x_j^{(k)} \right) \quad (i = 1, \ldots, n) \tag{5.10}$$

となる．

ヤコビ法のアルゴリズム

(1) 適当な初期ベクトル $\boldsymbol{x}^{(0)}$ と，停止条件の定数 $\varepsilon > 0$ を与える．
(2) 停止条件を満足するまで $k = 0, 1, 2, \ldots$ について式 (5.10) を計算する．

元の連立 1 次方程式

$$\begin{cases} a_{11}x_1 + a_{12}x_2 + \cdots + a_{1n}x_n = b_1 \\ a_{21}x_1 + a_{22}x_2 + \cdots + a_{2n}x_n = b_2 \\ \quad\vdots \qquad\qquad\qquad\vdots \qquad\qquad\vdots \\ a_{n1}x_1 + a_{n2}x_2 + \cdots + a_{nn}x_n = b_n \end{cases}$$

の上でヤコビ法の一反復における計算手順を詳しく見てみよう.いま,第 k 近似解 $\boldsymbol{x}^{(k)}$ が求まっており,第 $k+1$ 近似解を求める段階としよう.まず,$x_2^{(k)},\ldots,x_n^{(k)}$ を第 1 式に代入して x_1 を求め,$x_1^{(k+1)}$ とする.次に,$x_1^{(k)},x_3^{(k)},\ldots,x_n^{(k)}$ を第 2 式に代入し,同様にして $x_2^{(k+1)}$ を求める.式 (5.10) は,これを第 n 式まで繰り返すことを表している.

■5.3.2 ガウス・ザイデル法

しかし,ヤコビ法では,例えば第 2 式から $x_2^{(k+1)}$ を求めるとき,すでに第 1 式から $x_1^{(k+1)}$ が求まっているにもかかわらず,1 つ前の古い情報である $x_1^{(k)}$ を用いている.そこで,第 i 式で $x_i^{(k+1)}$ を求めるときには,第 $i-1$ 式まですでに求めた $x_1^{(k+1)},\ldots,x_{i-1}^{(k+1)}$ を用いるように改善したアルゴリズムを**ガウス・ザイデル (Gauss-Seidel) 法**という[5].これにより,一般にガウス・ザイデル法はヤコビ法よりも収束が速くなる.

ガウス・ザイデル法のアルゴリズム

(1) 適当な初期ベクトル $\boldsymbol{x}^{(0)}$ と,停止条件の定数 $\varepsilon > 0$ を与える.
(2) 停止条件を満足するまで $k = 0, 1, 2, \ldots$ について以下の計算を行う.

$$x_i^{(k+1)} = \frac{1}{a_{ii}}\left(b_i - \sum_{j=1}^{i-1} a_{ij}x_j^{(k+1)} - \sum_{j=i+1}^{n} a_{ij}x_j^{(k)}\right) \quad (i=1,\ldots,n)$$

■5.3.3 SOR 法

$\boldsymbol{x}^{(k)}$ から $\boldsymbol{x}^{(k+1)}$ を作るときに,一旦ガウス・ザイデル法の一反復によって近似解 $\tilde{\boldsymbol{x}}^{(k+1)}$ を求め,さらにある正の実数 ω をパラメータとし,

---

[5] 形式的には,式 (5.6) で $M = D + L$,$N = -U$ と選ぶとガウス・ザイデル法になる.

$$x^{(k+1)} = x^{(k)} + \omega \left(\tilde{x}^{(k+1)} - x^{(k)} \right)$$

とする方法を逐次過大緩和法 (Successive Over-Relaxazation),略して **SOR 法**[6]という (ω を緩和パラメータという).このとき,後述するように,SOR 法が収束するためには少なくとも $0 < \omega < 2$ と選ばなければなればならない.また,上式から明らかなように,$\omega = 1$ のとき,SOR 法はガウス・ザイデル法と等しくなる.SOR 法のアルゴリズムを以下に示す[7].

SOR 法のアルゴリズム

(1) 適当な初期ベクトル $x^{(0)}$ と,緩和パラメータ $0 < \omega < 2$,停止条件の定数 $\varepsilon > 0$ を与える.

(2) 停止条件を満足するまで $k = 0, 1, 2, \ldots$ について以下の計算を行う.

$$\begin{cases} \tilde{x}_i^{(k+1)} = \dfrac{1}{a_{ii}} \left(b_i - \sum_{j=1}^{i-1} a_{ij} x_j^{(k+1)} - \sum_{j=i+1}^{n} a_{ij} x_j^{(k)} \right) \\ x_i^{(k+1)} = x_i^{(k)} + \omega \left(\tilde{x}_i^{(k+1)} - x_i^{(k)} \right) \quad (i = 1, \ldots, n) \end{cases}$$

SOR 法の収束は ω の選び方に大きく依存するが,与えられた連立 1 次方程式に対して最適な ω を求めることは一般に困難である.実際には,SOR 法を用いる種々の分野ごとに,適当な ω の値が経験的に知られている.

---

[6] 一般に「えすおーあーるほう」とよばれている.
[7] 式 (5.6) で $M = \frac{1}{\omega}(D + \omega L)$, $N = \frac{1}{\omega}\{(1-\omega)D - \omega U\}$ と選ぶと SOR 法になる.

5.4 疎行列の格納方法

3章で述べた直接法では,プログラム上で行列は2次元配列に格納した.しかし,ほとんどがゼロ要素である疎行列の場合は,そのような格納方法では効率が悪い.通常,疎行列に対しては非ゼロ要素とその位置のみを記録する.ここでは,最も一般的な疎行列の格納法である **CRS** (**Compressed Row Strage**) **形式**について説明する.この方法は,非ゼロ要素を行方向 (行列で見れば横方向) について順に格納していく.

具体的な例を見てみよう.以下では,C言語を用いてCRS形式での格納方法を説明する.いま,行列 A は

$$A = \begin{bmatrix} 2 & 0 & 0 & 1 \\ 0 & 3 & 0 & 8 \\ 0 & 0 & 9 & 0 \\ 0 & 7 & 0 & 5 \end{bmatrix}$$

とする.このとき,行列のサイズは $n=4$ であり,非ゼロ要素の数は $m=7$ である.

まず,要素数 m の実数型1次元配列 val,要素数がそれぞれ m と $n+1$ の整数型1次元配列 col と ptr を用意する.なお,実際のC言語では,要素数 m の配列は0番目から始まり $m-1$ 番目が最後であるが,ここでは簡単のために1番目から m 番目とする.

A の1行目は

$$2 \quad 0 \quad 0 \quad 1$$

で,非ゼロ要素が1列目と4列目にあり,その値はそれぞれ2と1であることを示している.これを val, col, ptr の1番目の要素から

```
val:  2 1
col:  1 4
ptr:  1
```

と格納する.すなわち,val には非ゼロ要素の値を,そして col には,その非ゼロ要素が何列目にあるかを保存する.また,ptr[1] には,"1行目の最初の非ゼロ要素が val の何番目の要素に格納されているか"を保存する.第1行目

では，最初の非ゼロ要素は val の1番目に格納されているので，ptr[1] の値は1である．

次に，第2行目を追加する．最初の非ゼロ要素は val[3] に格納するので，ptr[2] = 3 となることに注意すれば

val: 2 1 3 8
col: 1 4 2 4
ptr: 1 3

となり，以下同様の操作を行うと最終的に A は

val: 2 1 3 8 9 7 5
col: 1 4 2 4 3 2 4
ptr: 1 3 5 6 8

として格納されることになる．ただし，プログラムのループ記述を容易にするため，ptr[n+1] には非ゼロ要素数 m に1を加えた $m+1$ を入れる．この場合は ptr[5] = 8 である．

すなわち，CRS 形式では，A の i 行目の非ゼロ要素は

$$\mathtt{val[ptr[i]],\ldots,val[ptr[i+1]-1]}$$

に格納し，そして，その列番号はそれぞれ

$$\mathtt{col[ptr[i]],\ldots,col[ptr[i+1]-1]}$$

に入れる．これで疎行列を表現する．

さて，この CRS 形式を用いてガウス・ザイデル法の1反復を C 言語で書いてみよう．ただし，変数の宣言などは省略する．5.3 節で述べたアルゴリズムを基に，前の反復で計算された近似解 $x^{(k)}$ とこの反復で計算される近似解 $x^{(k+1)}$ を，それぞれ1次元配列 x_k と x_kp1 に格納するものとすると，次のようになる．

ガウス・ザイデル法の1反復のプログラム例

```
for(i = 1; i <= n; i++) {
  for(sum = 0.0, j = ptr[i]; j < ptr[i+1]; j++) {
    if(col[j] < i) {
      sum = sum + val[j] * x_kp1[col[j]];
    } else if(col[j] > i) {
      sum = sum + val[j] * x_k[col[j]];
    } else {
      diag = val[j];
    }
  }
  x_kp1[i] = (b[i] - sum) / diag;
}
```

これを適当な停止条件を満足するまで繰り返せばよい．

5.5　反復法の収束の条件

一般的な反復法の収束の条件は定理 5.2 で示した．しかし，実際問題においては，行列の特徴などから 5.3 節における各解法の収束性がわかった方が便利である．ここでは，最もよく知られている行列の優対角性を用いた結果を紹介する．

まず，行列 A が**狭義優対角**であるとは，

$$|a_{kk}| > \sum_{\substack{j=1 \\ j \neq k}}^{n} |a_{kj}| \quad (k=1,\ldots,n) \tag{5.11}$$

が成り立つことをいう[8]．これは，すべての行において，対角成分の絶対値が，非対角成分の絶対値和よりも大きいことを意味している．このとき，以下の結果が知られている．

定理 5.2

A が狭義優対角のとき，方程式 $Ax = b$ に対するヤコビ法は，任意の初期ベクトルについて解に収束する．

証明は，狭義優対角のときのヤコビ法の反復行列 H が，$\|H\| < 1$ となることを示せばよい．詳細は章末問題とする．

ガウス・ザイデル法，SOR 法についても同様の結果が知られている．

定理 5.3

A が狭義優対角のとき，方程式 $Ax = b$ に対するガウス・ザイデル法は，任意の初期ベクトルについて解に収束する．また，緩和パラメータを $0 < \omega < 1$ としたときの SOR 法も，任意の初期ベクトルについて解に収束する．

この定理の詳細な証明は文献 [2], [4] を参照のこと．

また，3.6 節で述べた正定値対称行列については次の結果がある．

---

[8] 式 (5.11) で等号も含む場合を単に優対角という．

定理 5.4

A が正定値対称行列のとき,方程式 $Ax = b$ に対するガウス・ザイデル法は,任意の初期ベクトルについて解に収束する.また,緩和パラメータを $0 < \omega < 2$ としたときのSOR法も,任意の初期ベクトルについて解に収束する.

詳細は同じく文献[2], [4] を参照されたい.

では,実際に例題を用いて各反復法の収束性を見てみよう.ここでは,Matrix Market[9] の NOS6 とよばれる行列 (サイズ 675×675 で,非ゼロ要素数 3255 の対称行列.非ゼロ要素の割合は約 0.71%) を用いた結果を紹介する.ただし,優対角性を強調するため,すべての対角成分に 1.0×10^3 を加えて行列を再構成し,真の解がすべて 1 となるように右辺ベクトル b を設定した.このテスト問題に対して 3 つの反復法を適用し,収束に要した反復回数を表 5.1 に示す.このとき,初期ベクトル $x^{(0)}$ はいずれの方法も $[-1, 1]$ 区間上の一様乱数から生成した同じベクトルを用いた.また,収束判定条件は式 (5.2) において $\varepsilon = 1.0 \times 10^{-5}$ とし,計算はすべて倍精度実数で行った.この表より,ヤコビ法が最も遅く,そして SOR 法はガウス・ザイデル法をさらに加速していることがわかる.ただし,表中の SOR 法の緩和パラメータは,$\omega = 0.1, 0.2, \ldots, 1.9$ の中から最速なものを選んだ結果である.

表 5.1 各反復法の反復回数の比較

	反復回数
ヤコビ法	69135
ガウス・ザイデル法	28443
SOR 法 ($\omega = 1.8$)	15872

---

[9] 数値計算のアルゴリズムを評価するためのさまざまな種類の行列が登録されているサイト http://math.nist.gov/MatrixMarket/ である.

5.6　反復法についての補足

　反復法の利点は，疎行列向きである以外に，収束判定 (5.2) の ε で解の精度を制御できる点にもある．もし，それほど高精度な解が必要ないのであれば，ε の値を少し大きくすることにより反復回数を減らすこともできる．

　連立 1 次方程式の反復法としては，ここで述べた定常反復法以外に，**非定常反復法**がある．この解法は，反復行列 H が反復ごとに変化する．代表的な非定常反復法に共役勾配法がある．興味のある読者は文献[1],[5],[6] を参照されたい．

　反復法のソフトウェアは，直接法や 6 章で述べる固有値問題のように整備されたものは少ない．これは，密行列 (疎行列とは逆に，非ゼロ要素が少ない行列) の場合と違い，行列のデータの格納方法が問題依存で，さまざまな形式が存在するからである．

　本章で紹介した定常反復法はプログラミングも簡単であるため，自作することも容易である．非定常反復法については Templates[10] というソフトウェアが公開されている．これは Fortran, C, C++ や Matlab で利用できる．詳しくは文献[7] を参照されたい．

---

[10] http://www.netlib.org/templates/index.html

5 章 の 問 題

☐ **1** A が狭義優対角のとき，式 (5.9) で定義されるヤコビ法の反復行列 H が，$\|H\| < 1$ となることを示せ．ただし，行列のノルムは式 (3.39) で定義された最大値ノルムを用いよ．

☐ **2** 行列

$$A = \begin{bmatrix} 4 & -1 & 0 & -1 & 0 & 0 & 0 & 0 & 0 \\ -1 & 4 & -1 & 0 & -1 & 0 & 0 & 0 & 0 \\ 0 & -1 & 4 & 0 & 0 & -1 & 0 & 0 & 0 \\ -1 & 0 & 0 & 4 & -1 & 0 & -1 & 0 & 0 \\ 0 & -1 & 0 & -1 & 4 & -1 & 0 & -1 & 0 \\ 0 & 0 & -1 & 0 & -1 & 4 & 0 & 0 & -1 \\ 0 & 0 & 0 & -1 & 0 & 0 & 4 & -1 & 0 \\ 0 & 0 & 0 & 0 & -1 & 0 & -1 & 4 & -1 \\ 0 & 0 & 0 & 0 & 0 & -1 & 0 & -1 & 4 \end{bmatrix}$$

を CRS 形式に格納せよ．

☐ **3** 5.4 節のプログラム例を参考にしてガウス・ザイデル法を用いて連立 1 次方程式を解く関数

```
int gs_method(int n, double *val, int *col, int *ptr,
              double *b, double eps, int it_max)
```

を作成せよ．ただし，係数行列は CRS 形式で与えられるものとし，関数の引数は

n	連立 1 次方程式の次数
*val,*col,*ptr	CRS 形式による係数行列の表現
*b	右辺ベクトル v を入力，解ベクトル x を出力
eps	停止条件の定数 ε を入力
it_max	反復の最大値を入力
	この値以上の反復は打ち切る

とせよ．また，関数の戻り値は収束に要した反復回数，反復階数が it_max を越えた場合は -1 とせよ．

☐ **4** 問題 2 の A を係数行列とし，$\boldsymbol{b} = \begin{bmatrix} 1 & 1 & 2 & 0 & 0 & 1 & 0 & 0 & 1 \end{bmatrix}^T$ に対する連立 1 次方程式 $A\boldsymbol{x} = \boldsymbol{b}$ を，問題 3 で作成したプログラムを用いて解け[11]．

---

[11] 問題 3 は 10.3.1 項で述べるラプラス方程式のディリクレ問題に対する数値計算法の例である．なお，境界条件は $f(x, 0) = 1$, $f(x, 1) = 0$, $f(0, y) = 0$, $f(1, y) = 1$ とおいた．

第6章

固有値問題

　行列の固有値と固有ベクトルを計算する問題を「固有値問題」という．固有値問題は理論上だけでなく，工学の実用上においても大変に重要な問題である．例えば，建物の共振周波数や地震に対する応答，飛行機やヘリコプターの翼やプロペラなどの振動，原子炉が安定に動作するための条件の決定などは固有値問題として定式化され，固有値や固有ベクトルを計算することにより求められている．

　一般に，行列の固有値や固有ベクトルは，行列の要素がすべて実数であっても複素数になることもあるが，対称行列の場合は固有値も固有ベクトルも実数である．しかも，工学上の多くの分野で必要となる固有値・固有ベクトルは対称行列の固有値である．ここでは対称行列の固有値問題に対する数値解法を中心に議論を進める．

　対称行列の固有値問題に対する数値計算法は古くからさまざまな方法があり，現在も活発に研究されている．それらは理論的にもプログラミングの技巧的にも美しいものが多いが，ここでは最も素朴で理解しやすいべき乗法と逆反復法，ヤコビ法を紹介する．

(細田)

6.1 固有値と固有ベクトル

n 次正方行列 A について，λ とベクトル v が

$$Av = \lambda v \quad \text{ただし，} v \neq \mathbf{0} \tag{6.1}$$

を満たすとき，λ を A の**固有値**，v を λ に対応する**固有ベクトル**という．固有値問題とは，行列の固有値と固有ベクトルを求める問題をいう．本章では与えられた行列の固有値と固有ベクトルを数値的に求める方法について説明する．

まず，固有値と固有ベクトルの重要な性質をいくつか述べる．より詳しい説明や証明は一般的な線形代数の教科書を参照されたい．

定義式 (6.1) からわかるように，固有ベクトル v は，その「方向」のみに意味があり，大きさは意味を持たない．なぜなら，c を任意の非ゼロの定数とすると，固有ベクトルの定義式から

$$A(cv) = cAv = c(\lambda v) = \lambda(cv)$$

が成り立ち，cv もまた固有ベクトルとなるからである．そのため，実際の計算では，3.8.1 節で述べたベクトルノルムを用い，ノルムが 1 になるように

$$v \leftarrow v/\|v\|$$

とする．これをベクトルの**正規化**，あるいは**規格化**という．

次に，式 (6.1) を

$$(A - \lambda I)v = \mathbf{0} \tag{6.2}$$

と変形しよう．ここで，I は単位行列であり，$\mathbf{0}$ はゼロベクトルを表す．式 (6.2) は，$A - \lambda I$ を係数行列，v を解ベクトルとする連立 1 次方程式と見ることができる．このとき，ゼロベクトルは明らかにこの方程式の解であるが，式 (6.1) で v はゼロベクトルではないとしているので，

$$\det(A - \lambda I) = 0 \tag{6.3}$$

でなければならない[1]．ただし，$\det A$ は A の行列式を表す．

---

[1] もし，$\det(A - \lambda I) \neq 0$ ならば，この方程式は $v = \mathbf{0}$ 以外の解を持たない．

6.1 固有値と固有ベクトル

いま,A は n 次正方行列なので,$\det(A - \lambda I)$ は λ の n 次多項式となり,これを A の**特性多項式**という.これより,A の固有値は,A の特性多項式の解に等しい.

簡単な例を見てみよう.A を

$$A = \begin{bmatrix} 3 & 2 \\ 1 & 2 \end{bmatrix}$$

とすると,特性多項式 $\det(A - \lambda I)$ は

$$\det(A - \lambda I) = \det \begin{bmatrix} 3 - \lambda & 2 \\ 1 & 2 - \lambda \end{bmatrix}$$
$$= \lambda^2 - 5\lambda + 4 = (\lambda - 4)(\lambda - 1)$$

となる.すなわち,A の固有値は 4 と 1 の 2 つであることがわかる.

一般に,高次方程式 (多項式) の解を有限回の演算で求める公式は存在しない.そのため,必然的に固有値問題の数値計算法は,LU 分解のような直接解法ではなく,**固有値に収束していくような反復列を生成する反復解法となる**.

また,n 次方程式の解は,重複度も含めると n 個であるから,n 次正方行列の固有値は,重複度も含めて n 個あることがわかる.ただし,解は複素数にもなり得るので,たとえ実行列であっても,固有値は複素数となることもある.同様に,固有ベクトルも複素ベクトルとなり得る.簡単な例を挙げよう.A として

$$A = \begin{bmatrix} 0 & 1 \\ -1 & 0 \end{bmatrix}$$

を考える.このとき,A の特性多項式は

$$\det(A - \lambda I) = \det \begin{bmatrix} -\lambda & 1 \\ -1 & -\lambda \end{bmatrix} \quad (6.4)$$
$$= \lambda^2 + 1 \quad (6.5)$$

となり,その根は i を虚数単位とすれば

$$\lambda_1 = i, \quad \lambda_2 = -i$$

である.そして,これらの固有値に対応する固有ベクトルはそれぞれ

$$\bm{v}_1 = \begin{bmatrix} i \\ -1 \end{bmatrix}, \quad \bm{v}_2 = \begin{bmatrix} i \\ 1 \end{bmatrix}$$

となる．

ただし，A が

$$A = A^T$$

を満たす**対称行列**であれば，**固有値と固有ベクトルはすべて実数**であることが数学的に保証される．すなわち，対称行列の固有値問題は，途中の計算過程も含めて，すべて実数で行うことができる．さらに，λ_i, λ_j を A の相異なる固有値，$\bm{v}_i, \bm{v}_j$ を対応する固有ベクトル

$$A\bm{v}_i = \lambda_i \bm{v}_i, \quad A\bm{v}_j = \lambda_j \bm{v}_j, \quad \lambda_i \neq \lambda_j$$

とする．このとき，ベクトル $\bm{x}$ と $\bm{y}$ の内積を

$$(\bm{x}, \bm{y}) = \bm{x}^T \bm{y}$$

と表すと

$$(\bm{v}_i, \bm{v}_j) = 0 \tag{6.6}$$

となる (証明は章末問題 1 とする)．これらの固有ベクトルを

$$(\bm{v}_i, \bm{v}_i) = 1, \quad i = 1, \ldots, n \tag{6.7}$$

となるように，すなわち，3.8.1 節で述べたユークリッドノルムを用いて正規化[2]し，これらの固有ベクトルを列ベクトルとして並べた行列を

$$V = [\bm{v}_1 \cdots \bm{v}_n]$$

とおけば，各列ベクトルの直交性 (6.6) から

$$V^T V = I \tag{6.8}$$

が成り立つ．式 (6.8) を満たす行列を**直交行列**という．直交行列 V の逆行列は $V^{-1} = V^T$ である．以降，対称行列の固有ベクトルは式 (6.7) のように正規化されているものと約束しよう．

この V に対して A を左から掛けると，

---

[2] 一般に，ベクトル $\bm{x}$ のユークリッドノルムは $\|\bm{x}\|_2^2 = (\bm{x}, \bm{x})$ と書ける．

$$AV = [A\boldsymbol{v}_1 \cdots A\boldsymbol{v}_n] = [\lambda_1 \boldsymbol{v}_1 \cdots \lambda_n \boldsymbol{v}_n] \tag{6.9}$$

となる．このとき，A の固有値 $\lambda_1, \ldots, \lambda_n$ を対角に並べた行列を

$$\Lambda = \begin{bmatrix} \lambda_1 & & \\ & \ddots & \\ & & \lambda_n \end{bmatrix}$$

とおけば，式 (6.9) は

$$AV = V\Lambda$$

と書き直すことができ，さらに，この式の両辺に V^T を掛けると

$$V^T A V = \Lambda \tag{6.10}$$

が得られる．これを対称行列の**対角化**という．

　上で述べたように，対称行列であれば，数値計算はすべて実数で行うことができ，さらに，その固有ベクトルは互いに直交するという好ましい性質を持つ．また，物理学や工学で現れる固有値問題は，そのほとんどが対称行列が対象である[3]．本章では 2 つの数値解法 —**べき乗法，ヤコビ法**— を紹介する．前者は対称行列以外にも適用できるが，後者は対称行列限定の方法である．

　なお，一般に行列の固有値を数値的に求める場合，特性多項式を直接解く方法は用いられない．なぜなら，特に大規模行列に対しては行列式 $\det(A - \lambda I)$ を展開して特性多項式自体を数値的に構成することが困難だからである．

---

[3] 実際には，エルミート対称と呼ばれる対称性を有する行列の固有値問題もよく扱われるが，エルミート対称行列は複素行列であり，本書の範囲を越えるのでここでは取り扱わない．

6.2 べき乗法

■ 6.2.1 べき乗法の原理と基本アルゴリズム

べき乗法は，絶対値最大の固有値ならびにそれに対応する固有ベクトルを1つだけ求める数値計算法である．原理は単純である．適当な初期ベクトルを用意し，それに次々と A を掛けていくと，絶対値最大の固有値に対応する固有ベクトルに収束していく．ただし，数値計算上は多少の工夫が必要である．以下，べき乗法を詳しく見ていこう．

いま，A の固有値は

$$|\lambda_1| > |\lambda_2| \geq \cdots \geq |\lambda_n| \tag{6.11}$$

を満たすものとする．また，$\bm{v}_j$ を λ_j に対応する固有ベクトルとし，それらの固有ベクトルはすべて1次独立であるとする．そして，適当なベクトル $\bm{x}^{(0)}$ を初期値とした

$$\bm{x}^{(k+1)} = A\bm{x}^{(k)} \quad (k=0,1,2,\ldots) \tag{6.12}$$

なる反復を考えよう．

$\bm{x}^{(0)}$ を固有ベクトル $\bm{v}_1,\ldots,\bm{v}_n$ を用いて

$$\bm{x}^{(0)} = c_1\bm{v}_1 + \cdots c_n\bm{v}_n$$

と展開すると[4]，$\bm{x}^{(k)}$ は $\bm{x}^{(k)} = A^k\bm{x}^{(0)}$，また $A^k\bm{v}_i = \lambda_i^k\bm{v}_i$ であるから

$$\begin{aligned}\bm{x}^{(k)} &= c_1\lambda_1^k\bm{v}_1 + c_2\lambda_2^k\bm{v}_2 + \cdots + c_n\lambda_n^k\bm{v}_n \\ &= \lambda_1^k\left\{c_1\bm{v}_1 + c_2\left(\frac{\lambda_2}{\lambda_1}\right)^k\bm{v}_2 + \cdots + c_n\left(\frac{\lambda_n}{\lambda_1}\right)^k\bm{v}_n\right\}\end{aligned} \tag{6.13}$$

と書ける．このとき，仮定 (6.11) より $|\lambda_j/\lambda_1| < 1$ で，

$$\lim_{k\to\infty}\left(\frac{\lambda_j}{\lambda_1}\right)^k = 0 \quad (j=2,\ldots,n) \tag{6.14}$$

となり，後述するように各反復ごとに適当な正規化を行えば，$\bm{x}^{(k)}$ は λ_1 に対応する固有ベクトルに収束する．

いま，ベクトル $\bm{x}^{(k+1)}, \bm{x}^{(k)}, \bm{v}_j$ の第 i 成分をそれぞれ $x_i^{(k+1)}, x_i^{(k)}, v_{ij}$ とす

---

[4] $\bm{v}_1,\ldots,\bm{v}_n$ の1次独立性からこの展開は一意に定まる．

れば，$x_i^{(k)} \neq 0$ のとき，式 (6.13) を用いると

$$\frac{x_i^{(k+1)}}{x_i^{(k)}} = \lambda_1 \frac{c_1 v_{i1} + \sum_{j=2}^{n} \left(\frac{\lambda_j}{\lambda_1}\right)^{k+1} c_j v_{ij}}{c_1 v_{i1} + \sum_{j=2}^{n} \left(\frac{\lambda_j}{\lambda_1}\right)^{k} c_j v_{ij}} \tag{6.15}$$

となる．これより，

$$r_i^{(k+1)} = \frac{x_i^{(k+1)}}{x_i^{(k)}}$$

とおくと，任意の $i = 1, \ldots, n$ について

$$\lim_{k \to \infty} r_i^{(k+1)} = \lambda_1 \tag{6.16}$$

が得られ，固有ベクトルとともに絶対値最大の固有値を求めることもできる．

実際の数値計算で，$\boldsymbol{x}^{(0)}$ にそのまま A を次々と掛けていけば，$\boldsymbol{x} = \boldsymbol{x}^{(k)}$ の要素が $|\lambda_1| > 1$ ならば無限大に発散 (オーバーフロー) し，$|\lambda_1| < 1$ ならばゼロに収束 (アンダーフロー) してしまう．それらを避けるために，毎回ベクトルの正規化を行いながら，以下のように計算する．

べき乗法の基本アルゴリズム

(1) 十分小さな $\varepsilon > 0$ と，適当な初期ベクトル $\boldsymbol{x}^{(0)}$ を選び，$k = 0$ とおく．$\boldsymbol{x}^{(0)}$ の絶対値最大要素の番号 j_0 を求め，$\boldsymbol{x}^{(0)} \leftarrow \boldsymbol{x}^{(0)} / x_{j_0}^{(0)}$ と正規化しておく．

(2) $\boldsymbol{x}^{(k+1)} \leftarrow A\boldsymbol{x}^{(k)}$ を計算し，$r^{(k+1)} \leftarrow x_{j_k}^{(k+1)} / x_{j_k}^{(k)}$ を作る．

(3) $\boldsymbol{x}^{(k+1)}$ の絶対値最大要素を探し，その番号 j_{k+1} を求め，$\boldsymbol{x}^{(k+1)} \leftarrow \boldsymbol{x}^{(k+1)} / x_{j_{k+1}}^{(k+1)}$ と正規化する．

(4) $|r^{(k+1)} - r^{(k)}| < \varepsilon |r^{(k)}|$ であれば (5) へ．そうでなければ，$k \leftarrow k+1$ として (2) へ．

(5) $r^{(k+1)}$ が固有値，$\boldsymbol{x}^{(k+1)}$ がそれに対応する固有ベクトルである．

初期値 $\boldsymbol{x}^{(0)}$ は，理論的には $\boldsymbol{v}_1$ の成分を含んでいる必要があるが，実際に $\boldsymbol{x}^{(0)}$ を適当に選んだときに $\boldsymbol{v}_1$ の成分がまったく含まれないことは稀であろう．

なお，このアルゴリズムでの収束判定は，ごく稀にではあるが反復が収束す

る前に "収束した" と判断してしまうことがある (章末問題 3 を参照). そのため, 近似固有値 $\hat{\lambda}$ と近似固有ベクトル $\hat{\boldsymbol{v}}$ が求まったなら,

$$\|A\hat{\boldsymbol{v}} - \hat{\lambda}\hat{\boldsymbol{v}}\|$$

の値を計算してチェックしてみるべきである. もし, $\hat{\lambda}$ と $\hat{\boldsymbol{v}}$ が正しい固有値と固有ベクトルを表しているならば上式はゼロに近い値となる. そうでなければ初期ベクトルを変えてやり直せばよい.

この方法は非対称な行列にも適用できる. ただし, 非対称の場合は複素数での計算が必要となる. また, 実際には絶対値最大の固有値が重解の場合でも計算できるので, 式 (6.11) に示す絶対値最大固有値は 1 つだけという仮定は気にする必要はない. 詳しくは文献[8] を参照されたい.

■6.2.2 レーリー商を用いたべき乗法

行列 A が対称の場合は, 以下のように計算すると収束を速めることができる. まず, ベクトル $\boldsymbol{x}$ に対して,

$$R(\boldsymbol{x}) = \frac{(\boldsymbol{x}, A\boldsymbol{x})}{(\boldsymbol{x}, \boldsymbol{x})} = \frac{\boldsymbol{x}^T A \boldsymbol{x}}{\boldsymbol{x}^T \boldsymbol{x}} \tag{6.17}$$

を**レーリー (Rayleigh) 商**という[5]. λ を A の固有値, $\boldsymbol{v}$ を λ に対応する固有ベクトルとすると,

$$R(\boldsymbol{v}) = \frac{(\boldsymbol{v}, A\boldsymbol{v})}{(\boldsymbol{v}, \boldsymbol{v})} = \frac{\lambda(\boldsymbol{v}, \boldsymbol{v})}{(\boldsymbol{v}, \boldsymbol{v})} = \lambda$$

となり, **固有ベクトルのレーリー商は対応する固有値となる**ことがわかる.

いま, 式 (6.13) を変形し,

$$\boldsymbol{x}^{(k)} = c_1 \lambda_1^k (\boldsymbol{v}_1 + \boldsymbol{z}^{(k)}) \tag{6.18}$$

$$\boldsymbol{z}^{(k)} = \frac{c_2}{c_1}\left(\frac{\lambda_2}{\lambda_1}\right)^k \boldsymbol{v}_2 + \cdots + \frac{c_n}{c_1}\left(\frac{\lambda_n}{\lambda_1}\right)^k \boldsymbol{v}_n \tag{6.19}$$

とおく. ここで, 反復 (6.12) を考えると, $\boldsymbol{x}^{(k)}$ のレーリー商は

---

[5] レーリー商は, ベクトルを変数として, スカラー (実数) をとる関数である. なお, $(\boldsymbol{x}, A\boldsymbol{x})$ の部分は 2 次形式とよばれる (6.2.3 項参照).

6.2 べき乗法

$$R(\boldsymbol{x}^{(k)}) = \frac{(\boldsymbol{x}^{(k)}, A\boldsymbol{x}^{(k)})}{(\boldsymbol{x}^{(k)}, \boldsymbol{x}^{(k)})} = \frac{(\boldsymbol{x}^{(k)}, \boldsymbol{x}^{(k+1)})}{(\boldsymbol{x}^{(k)}, \boldsymbol{x}^{(k)})}$$

$$= \frac{c_1^2 \lambda_1^{2k+1} (\boldsymbol{v}_1 + \boldsymbol{z}^{(k)}, \boldsymbol{v}_1 + \boldsymbol{z}^{(k+1)})}{c_1^2 \lambda_1^{2k} (\boldsymbol{v}_1 + \boldsymbol{z}^{(k)}, \boldsymbol{v}_1 + \boldsymbol{z}^{(k)})}$$

$$= \lambda_1 \frac{(\boldsymbol{v}_1 + \boldsymbol{z}^{(k)}, \boldsymbol{v}_1 + \boldsymbol{z}^{(k+1)})}{(\boldsymbol{v}_1 + \boldsymbol{z}^{(k)}, \boldsymbol{v}_1 + \boldsymbol{z}^{(k)})} \tag{6.20}$$

となり，式 (6.14) より $\boldsymbol{z}^{(k)} \to \boldsymbol{0}\,(k \to \infty)$ となるため

$$\lim_{k \to \infty} R(\boldsymbol{x}^{(k)}) = \lambda_1 \tag{6.21}$$

がわかる．式 (6.21) は，反復 (6.12) によって得られるベクトル列 $\boldsymbol{x}^{(k)}\,(k = 0, 1, 2, \ldots)$ のレーリー商は絶対値最大の固有値に収束することを述べている．

レーリー商をべき乗法のアルゴリズムに組み込もう．反復 (6.12) のオーバー (アンダー) フローを防ぐため，6.2.1項の基本アルゴリズムでは最大値ノルムによる正規化を行ったが，ここでは $(\boldsymbol{x}^{(k)}, \boldsymbol{x}^{(k)}) = 1$ と正規化するとレーリー商との整合性がよい．これは式 (3.37) のユークリッドノルムでの正規化を意味している．すなわち，$\|\boldsymbol{x}^{(k)}\|_2 = \sqrt{(\boldsymbol{x}^{(k)}, \boldsymbol{x}^{(k)})} = 1$ と正規化されていれば，$\boldsymbol{x}^{(k)}$ のレーリー商は

$$R(\boldsymbol{x}^{(k)}) = \frac{(\boldsymbol{x}^{(k)}, A\boldsymbol{x}^{(k)})}{(\boldsymbol{x}^{(k)}, \boldsymbol{x}^{(k)})} = (\boldsymbol{x}^{(k)}, \boldsymbol{x}^{(k+1)}) \tag{6.22}$$

により計算される．具体的なアルゴリズムは次のようになる．

レーリー商を用いたべき乗法のアルゴリズム

(1) 十分小さな $\varepsilon > 0$ と，初期ベクトル $\boldsymbol{x}^{(0)}$ を選び，$k = 0$ とおく．ただし，$\boldsymbol{x}^{(0)} \leftarrow \boldsymbol{x}^{(0)}/\|\boldsymbol{x}\|_2$ と正規化しておく．

(2) $\boldsymbol{x}^{(k+1)} \leftarrow A\boldsymbol{x}^{(k)}$ を計算し，$r^{(k+1)} \leftarrow (\boldsymbol{x}^{(k)}, \boldsymbol{x}^{(k+1)})$ を求める．

(3) $\boldsymbol{x}^{(k+1)} \leftarrow \boldsymbol{x}^{(k+1)}/\|\boldsymbol{x}^{(k+1)}\|_2$ と正規化する．

(4) $|r^{(k+1)} - r^{(k)}| < \varepsilon |r^{(k)}|$ であれば (5) へ．そうでなければ，$k \leftarrow k+1$ として (2) へ．

(5) $r^{(k+1)}$ が固有値，$\boldsymbol{x}^{(k+1)}$ がそれに対応する固有ベクトルである．

次に，A が対称行列であれば，このアルゴリズムの収束が速くなる理由を示そう．いま，式 (6.20) の分子分母の内積を展開し，式 (6.6), (6.7) を用いると

$$R(\boldsymbol{x}^{(k)}) = \lambda_1 \frac{(\boldsymbol{v}_1 + \boldsymbol{z}^{(k)}, \boldsymbol{v}_1 + \boldsymbol{z}^{(k+1)})}{(\boldsymbol{v}_1 + \boldsymbol{z}^{(k)}, \boldsymbol{v}_1 + \boldsymbol{z}^{(k)})}$$

$$= \lambda_1 \frac{(\boldsymbol{v}_1, \boldsymbol{v}_1) + (\boldsymbol{z}^{(k)}, \boldsymbol{v}_1) + (\boldsymbol{v}_1, \boldsymbol{z}^{(k+1)}) + (\boldsymbol{z}^{(k)}, \boldsymbol{z}^{(k+1)})}{(\boldsymbol{v}_1, \boldsymbol{v}_1) + 2(\boldsymbol{v}_1, \boldsymbol{z}^{(k)}) + (\boldsymbol{z}^{(k)}, \boldsymbol{z}^{(k)})}$$

$$= \lambda_1 \frac{1 + \sum_{j=2}^{n} \left(\frac{c_j}{c_1}\right)^2 \left(\frac{\lambda_j}{\lambda_1}\right)^{2k+1}}{1 + \sum_{j=2}^{n} \left(\frac{c_j}{c_1}\right)^2 \left(\frac{\lambda_j}{\lambda_1}\right)^{2k}} \tag{6.23}$$

となる．式 (6.23) と式 (6.15) を見比べると，式 (6.15) では $(\lambda_j/\lambda_1)^k$，式 (6.23) では $(\lambda_j/\lambda_1)^{2k}$ であるから，式 (6.23) の方が収束が速くなる．すなわち，A が対称行列の場合は，6.2.1 項の基本アルゴリズムよりも，レーリー商を用いたアルゴリズムの方が有利である．

■6.2.3 べき乗法の例

n 個の変数 $x_1, x_2, \ldots, x_n$ のうちの 2 つの積の重み和である

$$y = \sum_{1 \leq i \leq j \leq n} \alpha_{ij} x_i x_j \tag{6.24}$$

を $x_1, x_2, \ldots, x_n$ の **2 次形式**という．例えば，x_1, x_2, x_3 に対して，

$$y = 2x_1^2 + 3x_2^2 + 4x_3^2 - 2x_1 x_2 + 4x_1 x_3 - 2x_2 x_3 \tag{6.25}$$

は 2 次形式である．式 (6.25) は

$$y = (2 \quad x_1 - 2/2\, x_2 + 4/2\, x_3)x_1 +$$
$$(-2/2\, x_1 + 3 \quad x_2 - 2/2\, x_3)x_2 +$$
$$(4/2 \quad x_1 - 2/2\, x_2 + 4 \quad x_3)x_3$$

と書けるため，ここで

$$A = \begin{bmatrix} 2 & -1 & 2 \\ -1 & 3 & -1 \\ 2 & -1 & 4 \end{bmatrix}, \quad \boldsymbol{x} = \begin{bmatrix} x_1 \\ x_2 \\ x_3 \end{bmatrix}$$

とおけば，式 (6.25) はこれらの行列とベクトルを用いて，

$$y = (\boldsymbol{x}, A\boldsymbol{x}) = \boldsymbol{x}^T A \boldsymbol{x}$$

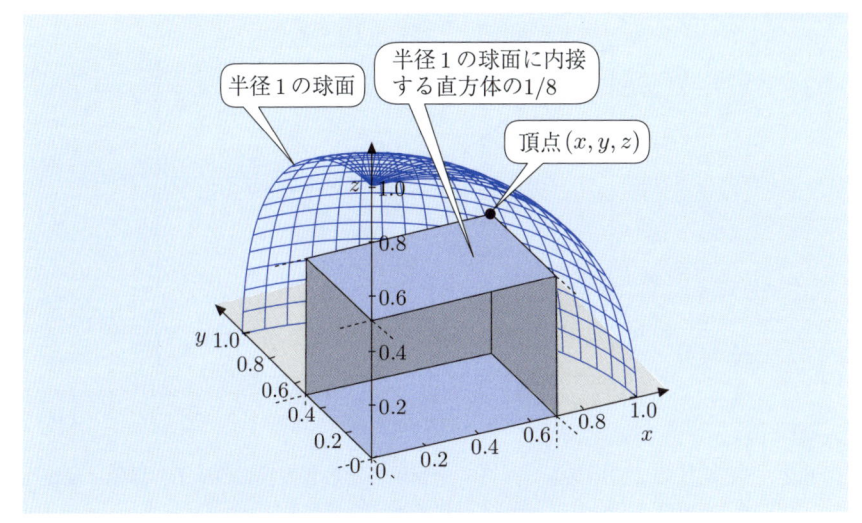

図 6.1 単位球に内接する直方体のイメージ

と書くことができる．式 (6.24) に示す 2 次形式の一般形についても，同様に対称行列とベクトルで表現することが可能である．

さて，ここで「単位球 ($x^2 + y^2 + z^2 = 1$) に内接する直方体で，その表面積が最大となるものは？」という問題を考えよう．これは 2 次形式で表すと，対称行列の絶対値最大固有値と固有ベクトルを求める問題に帰着する (詳細は章末問題 2).

その直方体のイメージを図 6.1 に示す．図 6.1 では，直方体の辺と平行に x, y, z 軸をとり，$x \geq 0, y \geq 0, z \geq 0$ の 1/8 の部分のみを示している．球に接する頂点の座標を (x, y, z) とおくと，この直方体の表面積は

$$8(yz + xz + xy) \tag{6.26}$$

である．式 (6.26) を 2 次形式に書き直すと

$$8(yz + xz + xy) = 4 \begin{bmatrix} x & y & z \end{bmatrix}^T \begin{bmatrix} 0 & 1 & 1 \\ 1 & 0 & 1 \\ 1 & 1 & 0 \end{bmatrix} \begin{bmatrix} x \\ y \\ z \end{bmatrix} \tag{6.27}$$

となる．このとき，章末問題 2 の結果を用いると，行列

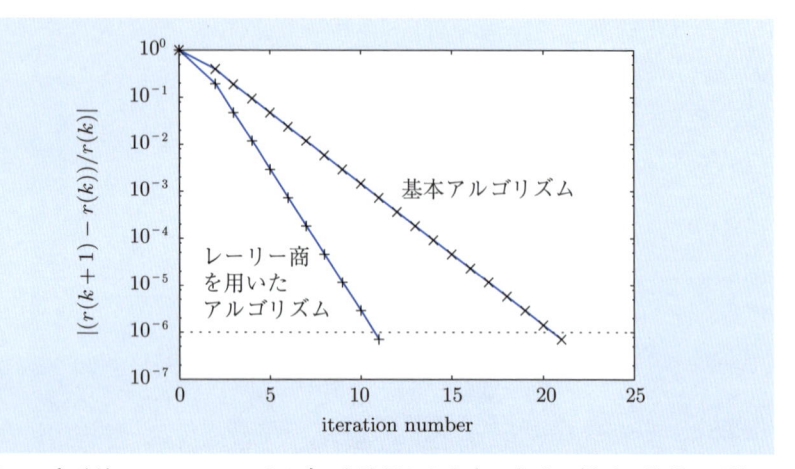

図 6.2 べき乗法の 2 つのアルゴリズムを適用したときの収束の様子. 横軸は反復回数, 縦軸は $|(r^{(k+1)} - r^{(k)})/r^{(k)}|$ を表す.

$$A = \begin{bmatrix} 0 & 1 & 1 \\ 1 & 0 & 1 \\ 1 & 1 & 0 \end{bmatrix}$$

の最大固有値の 4 倍が最大となる直方体の表面積であり, その固有値に対応した固有ベクトルが直方体の頂点の座標となる.

この問題を 6.2.2 項で述べたレーリー商を用いたアルゴリズムで解いてみよう. 初期ベクトルを $x^{(0)} = \begin{bmatrix} 1 & 2 & 3 \end{bmatrix}^T$ とし, 収束判定の定数を $\varepsilon = 1.0 \times 10^{-6}$ とすれば, 図 6.2 に示すように 11 回の反復で収束し, 固有値 2 と固有ベクトル $\begin{bmatrix} 1/\sqrt{3} & 1/\sqrt{3} & 1/\sqrt{3} \end{bmatrix}^T$ が得られる. これより, 立方体のときに表面積が最大となり, その値は 8 となる.

次に, 6.2.1 項で述べた基本アルゴリズムを適用してみよう. 上と同じ初期ベクトルと収束判定の定数を用いると, 図 6.2 にあるように 21 回の反復で収束する. このように, 対称行列の場合は 6.2.1 項の基本アルゴリズムではなく, 6.2.2 項のレーリー商を用いたアルゴリズムを適用すると収束が速くなる. その速度比は約 2 倍である.

6.3 逆反復法

べき乗法は絶対値最大の固有値とそれに対応する固有ベクトルを求めることができる．では，非ゼロで絶対値最小な固有値を求めるにはどうすればよいだろうか．

いま，λ を A の固有値，$\boldsymbol{v}$ を λ に対応する固有ベクトルとし，A は逆行列を持つものとしよう．すると，固有値と固有ベクトルの定義式 (6.1) の両辺に A^{-1} を掛ければ

$$A^{-1}\boldsymbol{v} = \frac{1}{\lambda}\boldsymbol{v}$$

の関係が得られる．すなわち，A の固有値を

$$\lambda_1, \ldots, \lambda_n$$

とすれば，A^{-1} の固有値は

$$1/\lambda_1, \ldots, 1/\lambda_n$$

となり，A の絶対値最小固有値を λ_n とすれば，$1/\lambda_n$ は A^{-1} の絶対値最大の固有値となる．これより，A^{-1} にべき乗法を適用すれば A の絶対値最小の固有値の逆数を求めることができる．

さらに，ある実数 σ に対して，行列

$$A - \sigma I = \begin{bmatrix} a_{11} - \sigma & a_{12} & \cdots & a_{1n} \\ a_{21} & a_{22} - \sigma & \cdots & a_{2n} \\ \vdots & \vdots & \ddots & \vdots \\ a_{n1} & a_{n2} & \cdots & a_{nn} - \sigma \end{bmatrix}$$

を作り，$(A - \sigma I)^{-1}$ の固有値問題を考えよう．同じく，λ を A の固有値，$\boldsymbol{v}$ を λ に対応する固有ベクトルとすれば，

$$(A - \sigma I)^{-1}\boldsymbol{v} = \frac{1}{\lambda - \sigma}\boldsymbol{v}$$

の関係を容易に導き出すことができる．いま，$\rho_1, \ldots, \rho_n$ を $(A - \sigma I)^{-1}$ の固有値，$\boldsymbol{u}_1, \ldots, \boldsymbol{u}_n$ を固有ベクトルとすると，任意の $j = 1, \ldots, n$ に対して

$$(A - \sigma I)^{-1} \boldsymbol{u}_j = \rho_j \boldsymbol{u}_j$$
$$\Rightarrow \quad A\boldsymbol{u}_j = \left(\sigma + \frac{1}{\rho_j}\right) \boldsymbol{u}_j$$

の関係が成り立つ．つまり，$\sigma + 1/\rho_j$ は A の固有値であり，$\boldsymbol{u}_j$ はそれに対応する固有ベクトルとなる．

したがって，$(A - \sigma I)^{-1}$ にべき乗法を適用して，$(A - \sigma I)^{-1}$ の絶対値最大の固有値 ρ_1 とそれに対応する固有ベクトル $\boldsymbol{u}_1$ が求まったなら，$\sigma + 1/\rho_1$ が σ に最も近い A の固有値であり，$\boldsymbol{u}_1$ はそれに対応する固有ベクトルとなる．これを**逆反復法**という．また，σ を**シフトパラメータ**とよぶ．

すなわち，逆反復法は与えた実数 σ に最も近い A の固有値と固有ベクトルを求める方法である．ただし，$(A - \sigma I)^{-1}$ にべき乗法を適用すると，各反復で

$$\boldsymbol{x}^{(k+1)} = (A - \sigma I)^{-1} \boldsymbol{x}^{(k)}$$

の計算を行う必要があるが，実際の数値計算では $A - \sigma I$ の逆行列を求めてはいけない．上式を

$$(A - \sigma I)\boldsymbol{x}^{(k+1)} = \boldsymbol{x}^{(k)}$$

と変形すれば，これは既知なベクトル $\boldsymbol{x}^{(k)}$ から未知なベクトル $\boldsymbol{x}^{(k+1)}$ を求める連立1次方程式と見ることができる．3章で述べたように，$(A - \sigma I)$ の LU 分解を一度求めておけば，各反復において現われるこの連立1次方程式は前進代入と後退代入で解くことができ，その方が効率的である．

6.4 ヤコビ法

■ 6.4.1 ヤコビ法の原理とアルゴリズム

ヤコビ法は対称行列のすべての固有値と固有ベクトルを同時に求める数値計算法である．まず，ヤコビ法の説明を行う準備として，3.8 節で述べた行列ノルムとは違う新たなノルムを導入しよう．

a_{ij} を第 ij 成分とする行列 A に対して，その n^2 個の成分すべての 2 乗和の平方根，すなわち

$$\|A\|_F = \sqrt{\sum_{i=1}^{n}\sum_{j=1}^{n} a_{ij}^2} \tag{6.28}$$

を A の**フロベニウス (Frobenius) ノルム**という．フロベニウスノルムは，3.8 節で述べた行列のノルムの性質 (3.40)〜(3.43) を満たす．また，行列の対角成分の和

$$\mathrm{tr}(A) = a_{11} + a_{22} + \cdots + a_{nn}$$

を**トレース**という．トレースを用いると，フロベニウスノルムは

$$\|A\|_F = \sqrt{\mathrm{tr}(A^T A)}$$

と書くこともできる．

次に，ヤコビ法の基礎となる考え方を導入しよう．いま，Q を

$$Q^T Q = Q Q^T = I \tag{6.29}$$

を満たす任意の直交行列とし，対称行列 A と直交行列 Q から，行列 B を変換

$$B = Q^T A Q \tag{6.30}$$

によって作る．これを対称行列 A に対する**合同変換**という．このとき，B も対称行列となり，A の任意の固有値を λ，対応する固有ベクトルを $\boldsymbol{v}$ とすれば，$A = QBQ^T$ から

$$A\boldsymbol{v} = \lambda \boldsymbol{v} \quad \Rightarrow \quad QBQ^T \boldsymbol{v} = \lambda \boldsymbol{v} \quad \Rightarrow \quad B(Q^T \boldsymbol{v}) = \lambda (Q^T \boldsymbol{v})$$

の関係が成り立つ．これは λ が B の固有値，$Q^T \boldsymbol{v}$ が対応する固有ベクトルとなることを表している．すなわち，B と A の固有値は等しく，**合同変換によっ**

て固有値は変化しない．また，B^TB のトレースは

$$\mathrm{tr}(B^TB) = \mathrm{tr}(Q^TA^TQQ^TAQ) = \mathrm{tr}(Q^TA^TAQ)$$

であり，さらに容易に確認できるようにトレースには対称性

$$\mathrm{tr}(XY) = \mathrm{tr}(YX)$$

があり，これを用いると，

$$\mathrm{tr}(B^TB) = \mathrm{tr}(Q(Q^TA^TA)) = \mathrm{tr}(A^TA)$$

が得られる．これより $\|A\|_F = \|B\|_F$，すなわち**合同変換はフロベニウスノルムを不変に保つ**ことがわかる．

ヤコビ法は，A の非対角成分の 2 乗和が減少するような直交行列 Q_k を作り，$A_0 = A$ として漸化式

$$A_{k+1} = Q_k^T A_k Q_k \tag{6.31}$$

により A の非対角成分をすべてゼロに収束させていく方法である．このとき，上で述べた合同変換によるフロベニウスノルムの不変性により，A_{k+1} の非対角成分の 2 乗和の減少分だけ対角成分の 2 乗和は増加する．この合同変換のイメージを図 6.3 に示す．すなわち，変換 (6.31) を行うことにより，A_k は対角行列に近づき，これを繰り返せば対角行列に収束する．

また，もし式 (6.31) の反復を N 回繰り返して非対角成分がほぼゼロに収束したならば

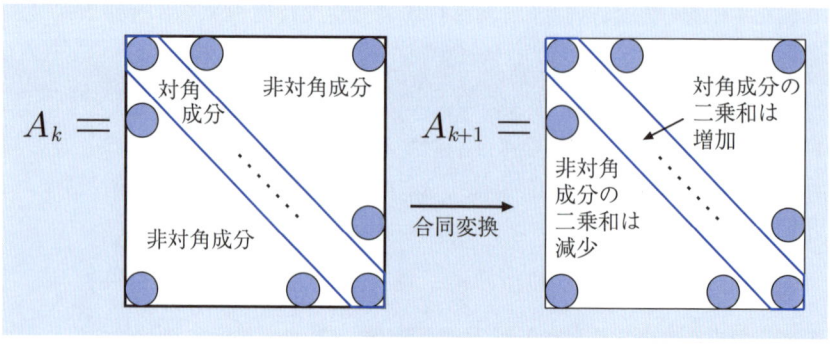

図 6.3　ヤコビ法の一反復における合同変換のイメージ

6.4 ヤコビ法

$$A_N = Q_{N-1}^T A_{N-1} Q_{N-1} = Q_{N-1}^T \cdots Q_0^T A Q_0 \cdots Q_{N-1} \quad (6.32)$$

は近似的に対角行列であるとみなすことができ，新たに A_N を対角行列 Λ とおき，かつ式 (6.32) の直交行列の積を

$$V = Q_0 \cdots Q_{N-1}$$

とすれば，

$$A = V \Lambda V^T$$

が得られる．これは A の対角化 (6.10) に他ならない．すなわち，A のすべての固有値と，それらに対応するすべての固有ベクトルそれぞれ Λ と V としてが求まったことになる．

次に，直交行列 Q_k の構築法を見てみよう．ヤコビ法では Q_k として

$$Q_{i,j,\theta} = \begin{bmatrix} 1 & & & \overset{i}{\downarrow} & & & \overset{j}{\downarrow} & & & \\ & \ddots & & & & & & & & \\ & & 1 & & & & & & & \\ & & & \cos\theta & & & \sin\theta & & & \\ & & & & 1 & & & & & \\ & & & & & \ddots & & & & \\ & & & & & & 1 & & & \\ & & & -\sin\theta & & & \cos\theta & & & \\ & & & & & & & & 1 & \\ & & & & & & & & & \ddots \\ & & & & & & & & & & 1 \end{bmatrix} \quad (6.33)$$

を用いる $(1, \pm\sin\theta, \cos\theta$ 以外の要素はすべてゼロとする)．この行列は性質 (6.29) を満たし直交行列となる (証明は章末問題4)．この $Q_{i,j,\theta}$ は列番号である i, j と θ を与えれば一意に定まる．では，この i, j と θ をどのように選べばよいであろうか．ヤコビ法では，反復 (6.31) において A_k の非対角要素をすべてゼロに収束させたいのであるから，非対角要素の 2 乗和ができるだけ減少す

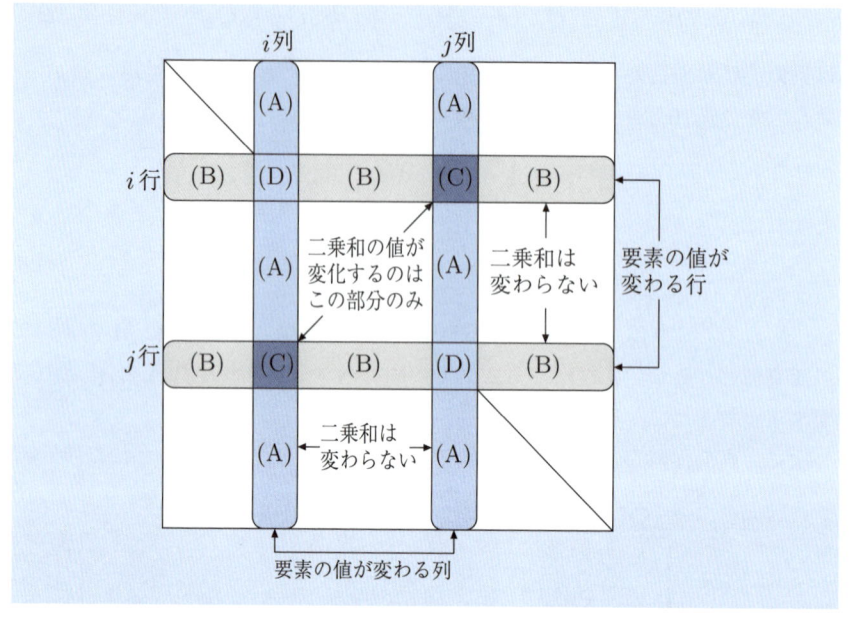

図 6.4 $Q_{i,j,\theta}$ の合同変換によって値が変わる部分

るように選べばよい．

いま，$Q_{i,j,\theta}$ による合同変換

$$B = Q_{i,j,\theta}^T A Q_{i,j,\theta} \tag{6.34}$$

を考えよう．$Q_{i,j,\theta}$ を A の右から掛けたときは A の第 i 列と第 j 列の値のみが変化し，転置して左から掛けたときは第 i 行と第 j 行の値のみが変化する．したがって，変換 (6.34) による行列 A と B を比較すると図 6.4 において，

(1) (A) の部分は，式 (6.34) の $AQ_{i,j,\theta}$ の変換でしか値は変わらない．
(2) (B) の部分は式 (6.34) の $Q_{i,j,\theta}^T A$ の変換でしか値は変わらない．
(3) (C) と (D) は $Q_{i,j,\theta}^T$ と $Q_{i,j,\theta}$ の両方の変換の影響を受ける．
(4) それ以外は値は変わらない．

A と B の第 ij 成分をそれぞれ a_{ij}, b_{ij} で表すと，B の第 i 列と第 j 列の，i 番目と j 番目以外の要素 (図 6.4 の (A) 部) は (1) から

$$\begin{cases} b_{li} = a_{li}\cos\theta - a_{lj}\sin\theta \\ b_{lj} = a_{li}\sin\theta + a_{lj}\cos\theta \end{cases} \quad (l = 1,\ldots,n,\ l \neq i,\ l \neq j)$$

6.4 ヤコビ法

と書くことができる．この b_{li} と b_{lj} の2乗和を計算すると

$$b_{li}^2 + b_{lj}^2 = a_{li}^2(\sin^2\theta + \cos^2\theta) + a_{lj}^2(\sin^2\theta + \cos^2\theta) = a_{li}^2 + a_{lj}^2$$

となり，a_{li} と a_{lj} の2乗和と等しくなる．B は対称行列であるから，B の第 i 行と第 j 行についても同様であり，

$$b_{il}^2 + b_{jl}^2 = a_{il}^2 + a_{jl}^2 \qquad (l=1,\ldots,n,\ l\neq i,\ l\neq j)$$

がいえる．以上より，A と B の <u>すべての非対角成分の2乗和</u> を求めて差をとると，図6.4の (C) の部分だけが残り，次のようになる．

$$2(a_{ij}^2 - b_{ij}^2) \tag{6.35}$$

非対角成分の2乗和の減少が最大となるような $Q_{i,j,\theta}$ を求めることが目的であったので，差 (6.35) が最大となるように i,j と θ を選べばよい．i,j としては A の非対角要素のうちで絶対値が最大となる要素の行番号と列番号を，θ は b_{ij} がゼロとなるようにすればよいことになる．式 (6.33), (6.34) における b_{ij} は

$$b_{ij} = \frac{1}{2}(a_{ii} - a_{jj})\sin 2\theta + a_{ij}\cos 2\theta \tag{6.36}$$

と計算される (章末問題5) ので，$b_{ij}=0$ とするためには

$$\tan 2\theta = -\frac{2a_{ij}}{a_{ii} - a_{jj}}, \quad |\theta| \leq \frac{\pi}{4} \tag{6.37}$$

が成り立つように θ を選べばよい．しかし，実際に θ を求めるためには，tan の逆関数の計算が必要になるので，三角関数の公式を利用し，

$$\begin{aligned}
\cos 2\theta &= \frac{1}{\sqrt{1+\tan^2 2\theta}} \\
\sin 2\theta &= \frac{\tan 2\theta}{\sqrt{1+\tan^2 2\theta}} \\
\cos \theta &= \sqrt{\frac{1}{2}(1+\cos 2\theta)} \\
\sin \theta &= \frac{\sin 2\theta}{2\cos \theta}
\end{aligned} \tag{6.38}$$

とすれば θ ではなく $Q_{i,j,\theta}$ の要素である $\cos\theta$ と $\sin\theta$ を直接求めることがで

きる．これによりヤコビ法の各反復で必要な $Q_{i,j,\theta}^{(k)}$ のすべての要素が確定した．ヤコビ法のアルゴリズムを以下に示す．

> **― ヤコビ法のアルゴリズム ―**
>
> (1) 収束判定の定数 $\varepsilon > 0$ を定め，行列 V を単位行列に初期化する．
> (2) A の非対角要素の中で絶対値が最大となる要素 a_{ij} を探し，i と j を記憶する．もし $|a_{ij}| < \varepsilon$ ならば終了．
> (3) 式 (6.37) と (6.38) から $\cos\theta$ と $\sin\theta$ を求め，式 (6.33) の行列 $Q_{i,j,\theta}$ を定める．
> (4) $A \leftarrow Q_{i,j,\theta}^T A Q_{i,j,\theta}$, $V \leftarrow V Q_{i,j,\theta}$ を計算し，(2) へ戻る．

もちろん，(4) の計算では，行列の積は行わず，値が変化する行ならびに列のみの計算を行うことに注意する．また，このアルゴリズムは非対角成分の 2 乗和が 1 回の反復で必ず減少するため，反復を続ければ収束は保証される[2]．

■6.4.2 ヤコビ法の例

例として，次の行列 $A = A_0$ にヤコビ法を適用してみよう．以下では，反復ごとの $A^{(k)}$ と，$Q_{i,j,\theta}^{(k)}$ の構成要素である i, j ならびに $\cos\theta$ と $\sin\theta$ の値を記述する．

$$A^{(0)} = \begin{bmatrix} 1.0000 & 2.0000 & 3.0000 \\ 2.0000 & 4.0000 & 5.0000 \\ 3.0000 & 5.0000 & 6.0000 \end{bmatrix} \quad \begin{array}{l} i=2, \quad j=3 \\ \cos\theta = 0.77334 \\ \sin\theta = 0.63399 \end{array}$$

$$A^{(1)} = \begin{bmatrix} 1.0000 & -0.3552 & 3.5880 \\ -0.3552 & -0.0990 & 0.0000 \\ 3.5880 & 0.0000 & 10.099 \end{bmatrix} \quad \begin{array}{l} i=1, \quad j=3 \\ \cos\theta = 0.94477 \\ \sin\theta = 0.32772 \end{array}$$

$$A^{(2)} = \begin{bmatrix} -0.2446 & -0.3356 & 0.0000 \\ -0.3356 & -0.0990 & -0.1164 \\ 0.0000 & -0.1164 & 11.344 \end{bmatrix} \quad \begin{array}{l} i=1, \quad j=2 \\ \cos\theta = 0.77844 \\ \sin\theta = -0.62772 \end{array}$$

$$A^{(3)} = \begin{bmatrix} -0.515 & 0.000 & -0.073 \\ 0.000 & 0.172 & -0.091 \\ -0.073 & -0.0916 & 11.344 \end{bmatrix} \quad \begin{array}{l} i=2, \quad j=3 \\ \cos\theta = 0.99997 \\ \sin\theta = -0.0081121 \end{array}$$

$$A^{(4)} = \begin{bmatrix} -0.515 & -0.001 & -0.073 \\ -0.001 & 0.171 & 0.000 \\ -0.073 & 0.000 & 11.344 \end{bmatrix} \quad \begin{array}{l} i=1, \quad j=3 \\ \cos\theta = 0.99998 \\ \sin\theta = -0.0061622 \end{array}$$

$$A^{(5)} = \begin{bmatrix} -0.515 & 0.000 & 0.000 \\ 0.000 & 0.171 & 0.000 \\ 0.000 & 0.000 & 11.345 \end{bmatrix}$$

この操作により，非対角部分が徐々にゼロに収束していく．ここまでの反復で用いた $Q_{i,j,\theta}^{(k)}$ をかけ合わせて，近似固有ベクトル

$$V = Q_{i,j,\theta}^{(0)} \cdots Q_{i,j,\theta}^{(4)} = \begin{bmatrix} 0.737 & -0.590 & 0.328 \\ 0.327 & 0.737 & 0.591 \\ -0.591 & -0.329 & 0.737 \end{bmatrix}$$

を得る．検算のために $V^T A V$ を計算してみると，

$$V^T A V = \begin{bmatrix} -5.1573 \times 10^{-1} & -5.9289 \times 10^{-4} & -1.5310 \times 10^{-16} \\ -5.9289 \times 10^{-4} & 1.7091 \times 10^{-1} & 3.6535 \times 10^{-6} \\ -7.4073 \times 10^{-16} & 3.6535 \times 10^{-6} & 1.1345 \times 10^{1} \end{bmatrix}$$

となり，さらに反復を繰り返せば，十分な精度で固有値と固有ベクトルが求まる．

6.5　固有値問題についての補足

本章で説明した対称行列の固有値問題と密接に関係のある数値計算法に行列の特異値分解がある．特異値分解は，対称行列の対角化 (6.10) の一般化と見ることもできる．その性質や計算方法については文献[1]を参照されたい．

ヤコビ法はある種の問題に対しては非常に高精度に計算を行うことができる．特に，値の小さな固有値に対しては他の方法よりも精密に固有値を求めることができ，この性質を利用して特異値分解を高精度に求める研究もある．興味のある読者は，やや高度ではあるが文献[26]を参照されたい．

6 章 の 問 題

☐ **1** A を対称行列,λ_i, λ_j を A の相異なる固有値,$\boldsymbol{v}_i, \boldsymbol{v}_j$ を対応する固有ベクトルとする.このとき,
$$(\boldsymbol{v}_i, \boldsymbol{v}_j) = 0$$
となることを示せ.

☐ **2** A を対称行列とする.このとき,制約条件 $\|\boldsymbol{x}\|_2 = 1$ のもとで,2 次形式
$$f(\boldsymbol{x}) = |(\boldsymbol{x}, A\boldsymbol{x})|$$
を最大とするベクトルは,A の絶対値最大固有値に対応する固有ベクトルであることを示せ.【ヒント】$\boldsymbol{x}$ を A の固有ベクトル $\boldsymbol{v}_1, \ldots, \boldsymbol{v}_n$ で $\boldsymbol{x} = c_1 \boldsymbol{v}_1 + \cdots + c_n \boldsymbol{v}_n$ と展開せよ.このとき,$c_1^2 + \cdots + c_n^2 = 1$ となることに注意.

☐ **3** 6.2.3 項の例における行列
$$A = \begin{bmatrix} 0 & 1 & 1 \\ 1 & 0 & 1 \\ 1 & 1 & 0 \end{bmatrix}$$
に対して,初期ベクトルを $\boldsymbol{x}^{(0)} = \begin{bmatrix} 1 & 0 & 0 \end{bmatrix}^T$ として 6.2.1 項で述べたべき乗法の基本アルゴリズムを適用せよ.そして,その結果を確かめよ.

☐ **4** 式 (6.33) により定義される行列 $Q_{i,j,\theta}$ が直交行列であることを示せ.

☐ **5** 式 (6.34) の変換で,B の ij 成分が式 (6.36) となることを示せ.

☐ **6** 6.4.1 項で述べたアルゴリズムを基に,ヤコビ法のプログラムを作成し,6.4.2 項の例に適用し,その結果を確かめよ.

第7章

補　　間

　与えられた多くの離散的なデータから法則や統計的傾向を見つけることは，いろいろな場面で発生する．法則や統計結果は関数形で表現されることが多い．本章の話題は，離散データ点 (x_i, y_i) を通る (補間する) 関数 $f(x)$ (多項式) を求めることである．まず，**補間多項式**を構築するアルゴリズムを説明する．さらに，標本点の選択が補間多項式に大きな影響を与えることに注意を向ける．特に，等間隔標本点に基づく高次多項式では不都合が生じること (**ルンゲの現象**) を示す．この問題を解決する 1 つの方法である**スプライン補間**の簡単な説明をする．

(長谷川)

第 7 章 補　間

7.1　補間とは

表 7.1 は昭和基地における 2 年間 (2005〜2006 年) の隔月別平均気温[27] である．現れていない偶数月の平均気温を推測するにはどうすればよいだろうか．最も簡単な方法は，隣り合う月の気温を平均することである．これは，図 7.1 のように 2 点間を直線 (1 次多項式) で結び，その中点をとることに相当する．しかし，このような区分的な 1 次多項式では，隣り合う直線同士が滑らかにつながっていない．これは不自然であろう．

本章の話題は，与えられたデータ点を通る滑らかな曲線を求めること (**補間** とよぶ) である．すなわち，複雑な関数をより簡単で扱いやすい関数 — 多項式 — で近似する方法とそのときの近似誤差 (**補間誤差**) を示す．

表 7.1　昭和基地の平均気温 (°C)

	1月	3月	5月	7月	9月	11月
2005 年	−0.5	−5.7	−11.4	−14.6	−17.8	−9.4
2006 年	−1.0	−6.2	−10.5	−24.1	−18.8	−6.7

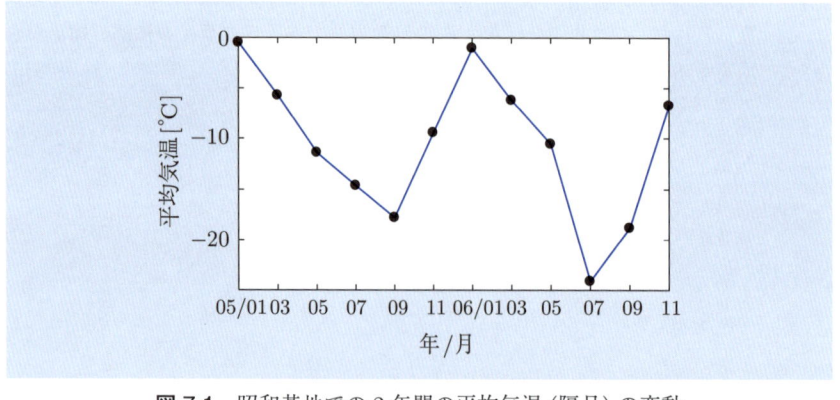

図 7.1　昭和基地での 2 年間の平均気温 (隔月) の変動

7.2 多項式補間

■ 7.2.1 多項式補間とは

例として,$f(x) = \log x$ の 2 点の値 $\log 2 = 0.6931$ と $\log 3 = 1.0986$ を知って $\log 2.5$ を推測する問題を考えよう.まずは,この 2 点を結ぶ直線 (1 次多項式) $y = a_1 x + a_0$ を求めて $x = 2.5$ を代入することであろう (図 7.2).

直線が与えられた 2 点 $(2.0, 0.6931)$, $(3.0, 1.0986)$ を通るという条件を満足するように係数 a_1 と a_0 を決定しよう.連立 1 次方程式

$$\begin{cases} a_0 + 2a_1 = 0.6931 \\ a_0 + 3a_1 = 1.0986 \end{cases}, \quad \begin{bmatrix} 1 & 2 \\ 1 & 3 \end{bmatrix} \begin{bmatrix} a_0 \\ a_1 \end{bmatrix} = \begin{bmatrix} 0.6931 \\ 1.0986 \end{bmatrix}$$

を解いて $a_1 = 0.4055$, $a_0 = -0.1179$ を得る.得られた直線 $y = 0.4055x - 0.1179$ に $x = 2.5$ を代入すると $y = 0.89585$ である.真値は $\log 2.5 = 0.91629\cdots$ であるから誤差は $0.0204\cdots$ となる.

ここでは 2 点のデータのみを用いたが,3 点,4 点,... とより多くの点でのデータを用いればさらに誤差が小さくなるだろうか.この問題を考察する前に,与えられた相異なる $n+1$ 個の点を n 次多項式で補間する方法を示そう.これを **多項式補間** という[28].すなわち,n 次多項式

$$p_n(x) = \sum_{k=0}^{n} a_k x^k = a_n x^n + a_{n-1} x^{n-1} + \cdots + a_1 x + a_0 \tag{7.1}$$

が相異なる $n+1$ 点 $(x_0, y_0), \ldots, (x_n, y_n)$ を通るように係数 $a_0, \ldots, a_n$ を決めよう.直線の場合と同様に条件を連立 1 次方程式として表すと

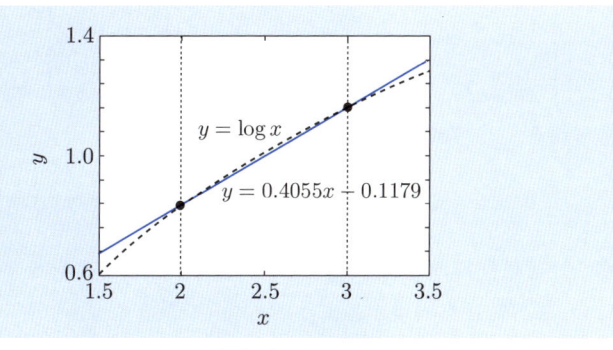

図 7.2 $\log x$ を直線で補間する

$$\begin{bmatrix} 1 & x_0 & \cdots & x_0^n \\ 1 & x_1 & \cdots & x_1^n \\ \vdots & \vdots & & \vdots \\ 1 & x_n & \cdots & x_n^n \end{bmatrix} \begin{bmatrix} a_0 \\ a_1 \\ \vdots \\ a_n \end{bmatrix} = \begin{bmatrix} y_0 \\ y_1 \\ \vdots \\ y_n \end{bmatrix} \qquad (7.2)$$

が得られ，これを解けば $a_0, \ldots, a_n$ が求められる．式 (7.2) の係数行列は Vandermonde 行列として知られており，x_i (以降ではこれを**標本点**とよぶ) がすべて相異なれば行列式は非ゼロとなり，式 (7.2) の解は一意に求められる．すなわち，与えられた標本点を通る**補間多項式**は存在すればただ 1 つに定まることが示された．

ところで，連立 1 次方程式 (7.2) を解くことは標本点が多くなると手間がかかる．次に，補間多項式のもっと計算量の少ない求め方を説明しよう．

■**7.2.2　ラグランジュ補間公式**

n 次多項式 (7.1) は，単項式 $x^k\,(k=0,1,\ldots,n)$ の 1 次結合 $p_n(x) = \sum_{k=0}^n a_k x^k$ で表現されている．ここでは，求める補間多項式 $p_n(x)$ を，n 次の多項式 $\ell_k(x)\,(k=0,1,\ldots,n)$ によって

$$p_n(x) = \sum_{k=0}^n c_k\,\ell_k(x) = c_n \ell_n(x) + c_{n-1}\ell_{n-1}(x) + \cdots + c_0 \ell_0(x) \qquad (7.3)$$

と表し，その係数 c_k を定めることにより求めよう．式 (7.1) から式 (7.2) を導いたのと同様に，各点を通る条件から連立 1 次方程式

$$\begin{bmatrix} \ell_0(x_0) & \ell_1(x_0) & \cdots & \ell_n(x_0) \\ \ell_0(x_1) & \ell_1(x_1) & \cdots & \ell_n(x_1) \\ \vdots & \vdots & & \vdots \\ \ell_0(x_n) & \ell_1(x_n) & \cdots & \ell_n(x_n) \end{bmatrix} \begin{bmatrix} c_0 \\ c_1 \\ \vdots \\ c_n \end{bmatrix} = \begin{bmatrix} y_0 \\ y_1 \\ \vdots \\ y_n \end{bmatrix} \qquad (7.4)$$

が得られる．式 (7.4) の係数行列は条件

$$\ell_k(x_i) = \begin{cases} 1 & (i = k \text{ のとき}) \\ 0 & (i \neq k \text{ のとき}) \end{cases} \qquad (7.5)$$

を満たせば単位行列となり，連立 1 次方程式を解くことなく $c_k = y_k$ となる．そこで，式 (7.5) を満足するように $\ell_k(x)$ を決定しよう．

式 (7.5) の $i \neq k$ の条件は，$x_i\,(0 \le i \le n, i \neq k)$ が $\ell_k(x)$ の解であること

7.2 多項式補間

を意味しており，したがって

$$\ell_k(x) = A(x-x_0)\cdots(x-x_{k-1})(x-x_{k+1})\cdots(x-x_n)$$

と表される (A は定数). 式 (7.5) のもう一方の条件 $\ell_k(x_k) = 1$ より，A は

$$A = \frac{1}{(x_k-x_0)\cdots(x_k-x_{k-1})(x_k-x_{k+1})\cdots(x_k-x_n)}$$

となるから，$\ell_k(x)$ は

$$\ell_k(x) = \frac{(x-x_0)\cdots(x-x_{k-1})(x-x_{k+1})\cdots(x-x_n)}{(x_k-x_0)\cdots(x_k-x_{k-1})(x_k-x_{k+1})\cdots(x_k-x_n)} \quad (7.6)$$

と求められる．式 (7.3) の c_k を y_k とおいた

$$p_n(x) = \sum_{k=0}^{n} y_k \ell_k(x)$$

と式 (7.6) とを合わせて**ラグランジュ (Lagrange) 補間公式**とよぶ．

例1 7.2.1 項に示した $\log x$ の 1 次多項式による補間では $x_0 = 2, x_1 = 3$ より

$$\ell_0(x) = \frac{x-3}{2-3}, \qquad \ell_1(x) = \frac{x-2}{3-2}$$

であるから

$$p_1(x) = 1.0986(x-2) - 0.6931(x-3)$$

となり，これを展開すれば先に求めた結果に一致することが確認できる． □

例2 **例1** に，さらに $x_2 = 4$ での値 $\log 4 = 1.3863$ を追加して 2 次の補間多項式 $p_2(x)$ を構成しよう．

$$\ell_0(x) = \frac{(x-3)(x-4)}{(2-3)(2-4)}, \ell_1(x) = \frac{(x-2)(x-4)}{(3-2)(3-4)}, \ell_2(x) = \frac{(x-2)(x-3)}{(4-2)(4-3)}$$

であるから

$$p_2(x) = 0.34655(x-3)(x-4) - 1.0986(x-2)(x-4)$$
$$+ 0.69315(x-2)(x-3)$$

となる．7.2.1 項と同様に $x = 2.5$ での値を求めると $p_2(2.5) = 0.91058$ で，誤差は $5.7\cdots \times 10^{-3}$ と計算され，**例1** あるいは 7.2.1 項で求めた $p_1(2.5)$ の誤差より小さい． □

次に，上の 2 例を一般化し，標本点を次々と追加して高次補間多項式の列 $p_1(x), \ldots, p_n(x), \ldots$ を構成する能率的な方法を示す．

■7.2.3 ニュートン補間公式

ここでは，関数 $f(x)$ の標本点 $x_0, x_1, \ldots$ での値 $f(x_i)$ $(i = 0, 1, \ldots)$ を用いて逐次的に補間多項式の列 $p_1(x), p_2(x), \ldots$ を構成しよう．

まず，2 点 $(x_0, f(x_0)), (x_1, f(x_1))$ を通る 1 次補間多項式 $p_1(x)$ を構成する．$f(x_0) = p_1(x_0)$ となるように

$$p_1(x) = f(x_0) + a_1(x - x_0)$$

とおき，$f(x_1) = p_1(x_1)$ を満足するように a_1 を定めると $a_1 = \frac{f(x_1) - f(x_0)}{x_1 - x_0}$ である．ここで a_1 は x_0 と x_1 によって定まるため，これを $f[x_0, x_1]$ と書くことにしよう[1]．すなわち，

$$a_1 = f[x_0, x_1] = \frac{f(x_1) - f(x_0)}{x_1 - x_0} \tag{7.7}$$

と表されるから，求める 1 次補間多項式は

$$p_1(x) = f(x_0) + f[x_0, x_1](x - x_0)$$

となる．

次に 1 点 $(x_2, f(x_2))$ を追加して 2 次補間多項式 $p_2(x)$ を構成しよう．

$$p_2(x) = p_1(x) + a_2(x - x_0)(x - x_1) \tag{7.8}$$

とおくと，条件 $p_2(x_0) = f(x_0)$ と $p_2(x_1) = f(x_1)$ を満足する．$p_2(x_2) = f(x_2)$ を満足するように a_2 を決めると

$$a_2 = \frac{f(x_2) - p_1(x_2)}{(x_2 - x_0)(x_2 - x_1)} = \frac{f(x_2) - f(x_0) - f[x_0, x_1](x_2 - x_0)}{(x_2 - x_0)(x_2 - x_1)} \tag{7.9}$$

となる．この a_2 は x_0, x_1, x_2 によって決まるので，a_1 と同様にして $f[x_0, x_1, x_2]$ と表す．

さて，一般に $p_{k-1}(x)$ が k 個の点 $(x_i, f(x_i))$ $(0 \leq i \leq k-1)$ を補間する $k-1$ 次多項式，すなわち，$p_{k-1}(x_i) = f(x_i)$ $(0 \leq i \leq k-1)$ とする．これに

---

[1] 関数 f と区別するために，あえて $f[x_0, x_1]$ のように書く．これは x_0 と x_1 により決まる定数である．

7.2 多項式補間

さらに 1 点 $(x_k, f(x_k))$ を追加し, $k+1$ 点を補間する k 次多項式を $p_k(x)$ とおこう. このとき, 式 (7.8) を参考にして,

$$p_k(x) = p_{k-1}(x) + \overbrace{f[x_0, \ldots, x_k]}^{a_k} (x-x_0)(x-x_1)\cdots(x-x_{k-1}) \quad (7.10)$$

とおくと, 条件 $p_k(x_i) = p_{k-1}(x_i) = f(x_i)$ $(0 \leq i \leq k-1)$ が満たされる. 式 (7.10) は $p_k(x)$ についての漸化式と見ることができ, k を 1 つずつ小さくすると,

$$p_{k-1}(x) = p_{k-2}(x) + f[x_0, \ldots, x_{k-1}](x-x_0)\cdots(x-x_{k-2})$$
$$p_{k-2}(x) = p_{k-3}(x) + f[x_0, \ldots, x_{k-2}](x-x_0)\cdots(x-x_{k-3})$$
$$\vdots$$
$$p_1(x) = f(x_0) + f[x_0, x_1](x-x_0)$$

が得られる. これらを順次代入すると k 次の補間多項式は

$$p_k(x) = f(x_0) + f[x_0, x_1](x-x_0) + f[x_0, x_1, x_2](x-x_0)(x-x_1) + \cdots$$
$$+ f[x_0, \ldots, x_k](x-x_0)\cdots(x-x_{k-1}) \quad (7.11)$$

と書ける. ここで, 一般に $f[x_0, x_1, \ldots, x_k]$ は次のように書ける.

$$f[x_0, \ldots, x_k] = \frac{f[x_1, \ldots, x_k] - f[x_0, \ldots, x_{k-1}]}{x_k - x_0} \quad (7.12)$$

$$\text{ただし}, f[x_0, x_1] = \frac{f(x_1) - f(x_0)}{x_1 - x_0}$$

[式 (7.12) の証明] 図 7.3 に示すように, 標本点 $x_0, \ldots, x_{k-1}$ で関数 $f(x)$ を補間する $k-1$ 次の多項式を $p_{k-1}(x)$, 同様に $x_1, \ldots, x_k$ で $f(x)$ を補間する $k-1$ 次多項式を $q_{k-1}(x)$ とする. いま, k 次多項式 $g(x)$ を

$$g(x) = \frac{x - x_0}{x_k - x_0} q_{k-1}(x) + \frac{x_k - x}{x_k - x_0} p_{k-1}(x) \quad (7.13)$$

とおくと, $g(x_i) = f(x_i)$ $(i = 0, \ldots, k)$ を満たすことが確認できる. このため $g(x) = p_k(x)$, すなわち $g(x)$ は $x_0, \ldots, x_k$ を標本点とする k 次の補間多項式となる. 式 (7.11) から, $f[x_0, \ldots, x_k]$ は $p_k(x)$ の x^k の係数で, $g(x)$ の x^k の係数でもある. 式 (7.13) の右辺の x^k の係数は, $q_{k-1}(x)$ の x^{k-1} の係数 $f[x_1, \ldots, x_k]$ と

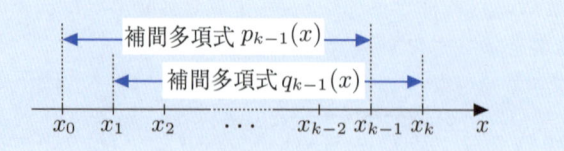

図 7.3 $p_{k-1}(x)$ と $q_{k-1}(x)$ の標本点

図 7.4 差分商の計算手順

例えば, $f[x_0, x_1, x_2, x_3]$ は, "それに向かってくる 2 つの矢印の始点の値の差 $f[x_1, x_2, x_3] - f[x_0, x_1, x_2]$ (下から上を引く)" を, "$f[\cdot]$ 内の両端の x_i の差 $x_3 - x_0$ (右端から左端を引く)" で割ることにより求まる (式 (7.12) 参照).

$p_{k-1}(x)$ の x^{k-1} の係数 $f[x_0, \ldots, x_{k-1}]$ によって

$$\frac{f[x_1, \ldots, x_k]}{x_k - x_0} - \frac{f[x_0, \ldots, x_{k-1}]}{x_k - x_0}$$

と書ける. したがって, 式 (7.12) が証明された (厳密には帰納法を用いる). ∎

定数 $f[x_0, \ldots, x_k]$ を k 階**差分商**とよび, 式 (7.11) を**ニュートン補間公式**とよぶ. **差分商**は, 関係 (7.12) を利用すると, 図 7.4 に示すように反復的に能率的な計算ができる.

例 3 7.2.1 項の例における $\log 2 = 0.6931$, $\log 3 = 1.0986$, $\log 4 = 1.3863$ を用いて図 7.4 に基いて差分商を計算すると図 7.5 となる. これから 1 次および 2 次の補間多項式

$$p_1(x) = 0.6931 + 0.4055(x - 2), \quad p_2(x) = p_1(x) - 0.0589(x - 2)(x - 3)$$

が得られる. $p_2(x)$ に $p_1(x)$ を代入し, さらに**ホーナー法** (2.5 節) を用いて,

$$p_2(x) = \{-0.0589(x - 3) + 0.4055\}(x - 2) + 0.6931$$

7.2 多項式補間

x_i	$f(\cdot)$	$f[\cdot,\cdot]$	$f[\cdot,\cdot,\cdot]$
2.0	0.6931		
3.0	1.0986 → 0.4055		
4.0	1.3863 → 0.2877 → −0.0589		

図 7.5　$f(x) = \log x$ に対する差分商表

と表すと，任意の x における $p_2(x)$ を効率的に計算できる．$x = 2.5$ を代入すると $p_2(2.5) = 0.91058$ となり，確かに先の結果と一致する．　　□

■7.2.4　補間誤差

前項では，標本点を追加してより高次の**補間多項式**を構成する方法を与え，$\log x$ の例を用いて 2 次補間の誤差は 1 次補間の誤差より小さいことを示した．ここでは，補間多項式の誤差を見積る式を導こう．

式 (7.10) において k を $k+1$ で置き換えて $x = x_{k+1}$ を代入すると，$k+1$ 次補間多項式では $p_{k+1}(x_{k+1}) = f(x_{k+1})$ を満たすから，

$$f(x_{k+1}) = p_k(x_{k+1}) + f[x_0, \ldots, x_{k+1}](x_{k+1} - x_0) \cdots (x_{k+1} - x_k)$$

となる．標本点 x_{k+1} は任意に選べるので，x_{k+1} を改めて変数 x とおき直すと，k 次補間多項式 $p_k(x)$ の誤差は

$$e_k(x) = f(x) - p_k(x) = f[x_0, \ldots, x_k, x](x - x_0) \cdots (x - x_k) \quad (7.14)$$

と表される．

式 (7.14) をさらに便利な形に表そう．そのため，まず 1 次補間 $p_1(x)$ の誤差を求めよう．$f(x)$ は 2 階連続微分可能[2]な関数とする．この $f(x)$ に対して

$$F(x) = f(x) - p_1(x) - A(x - x_0)(x - x_1) \quad (7.15)$$

を定義し，$\overline{x} \neq x_0, x_1$ を満たすある $\overline{x}$ に対して $F(\overline{x}) = 0$ となるように定数 A を決めよう．すると $F(x)$ は 3 点 $x = x_0, x_1, \overline{x}$ で $F(x) = 0$ を満たすから，図 7.6 から明らかなように $F''(\xi) = 0$ となる点 $x = \xi$ が存在する．すなわち，式 (7.15) の両辺を 2 階微分し，$x = \xi$ を代入すると $A = \frac{f''(\xi)}{2}$ が得られる．した

---

[2] "2 階導関数が連続である" ことをこのようにも表現する．

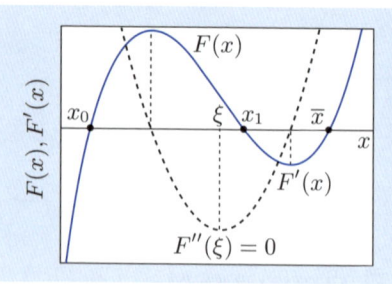

図 7.6 $F(x)$ と $F'(x)$ の例

がって，$f(\overline{x}) = p_1(\overline{x}) + \frac{f''(\xi)}{2}(\overline{x}-x_0)(\overline{x}-x_1)$ となり，改めて $\overline{x}$ を x とおき直せば，求めるべき 1 次補間 $p_1(x)$ の誤差 $e_1(x)$ は次のようになる．

$$e_1(x) = f(x) - p_1(x) = \frac{f''(\xi)}{2}(x-x_0)(x-x_1)$$

一般に，$k+1$ 階連続微分可能な関数 $f(x)$ に対する k 次補間多項式 $p_k(x)$ の誤差は，

$$e_k(x) = f(x) - p_k(x) = \frac{f^{(k+1)}(\xi)}{(k+1)!}(x-x_0)\cdots(x-x_k) \qquad (7.16)$$

と表される (証明の詳細は文献[2] を参照)．したがって，式 (7.16) から $f(x)$ が k 次以下の多項式であれば補間誤差はゼロとなることがわかる．また，式 (7.14) と式 (7.16) を比較して，差分商 $f[x_0,\ldots,x_k,x]$ は $f(x)$ の高次導関数と次のような関係があることがわかる．

$$f[x_0,\ldots,x_k,x] = \frac{f^{(k+1)}(\xi)}{(k+1)!} \qquad (7.17)$$

ここで，ξ は $x_0,\ldots,x_k$ と x に依存し，これらの最大と最小の間に存在するある定数である．

例 4 **補間誤差の見積り**

例 3 で示した $f(x) = \log x$ に対する補間多項式 $p_2(x)$ の誤差を見積もろう．式 (7.16) より

$$e_2(x) = f(x) - p_2(x) = \frac{f^{(3)}(\xi)(x-2)(x-3)(x-4)}{3!} \qquad (2 \leq x, \xi \leq 4)$$

と書け，$2 \leq \xi \leq 4$ で $|f^{(3)}(\xi)| = 2/|\xi^3| < 0.25$, $2 \leq x \leq 4$ で $|(x-2)(x-3)(x-4)| \leq 2\frac{\sqrt{3}}{9}$ を満たすから，

$$|e_2(x)| = |f(x) - p_2(x)| \leq \frac{0.25}{3!} \cdot \frac{2\sqrt{3}}{9} = \frac{\sqrt{3}}{108} = 0.0160\cdots \qquad \square$$

■7.2.5 等間隔補間の問題点 — ルンゲの現象

さて，補間多項式の次数が高くなると，補間誤差はより小さくなるであろうか？ 図 7.7(a), (b) の 2 つの実線は，次の**ルンゲの関数** (図中の破線)

$$y = f(x) = \frac{1}{1 + 25x^2} \tag{7.18}$$

を区間 $[-1, 1]$ 上の<u>等間隔に並んだ標本点</u>で補間した (a) 4 次多項式 $p_4(x)$ と

(a) 4 次多項式 $p_4(x)$

(b) 10 次多項式 $p_{10}(x)$

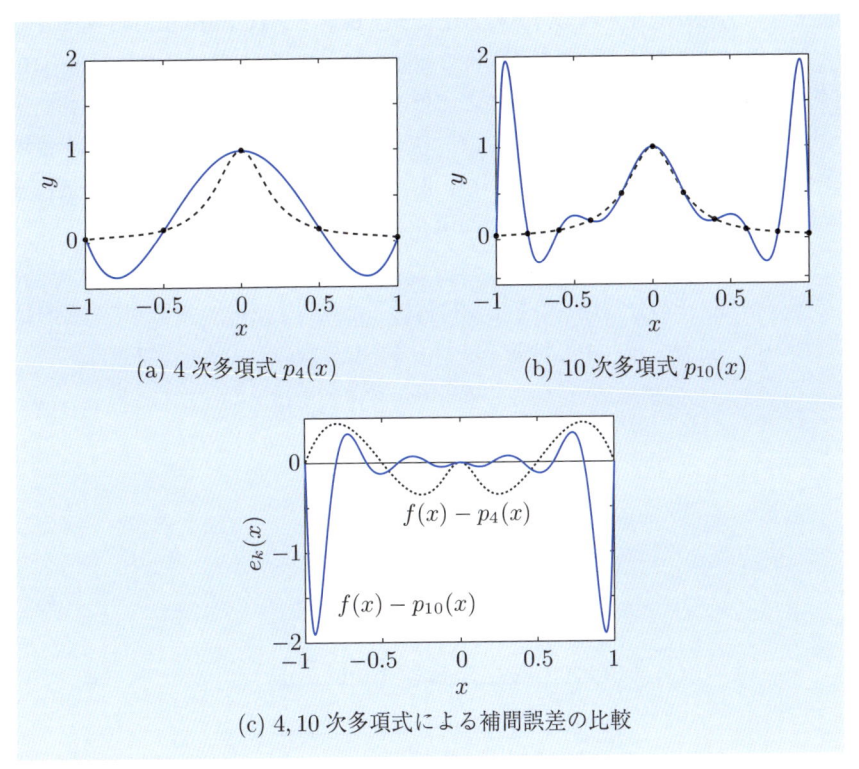

(c) 4, 10 次多項式による補間誤差の比較

図 7.7 ルンゲの関数 $1/(1+25x^2)$(破線) に対し，区間 $[-1, 1]$ において等間隔補間した結果および補間誤差

(b) 10 次多項式 $p_{10}(x)$ である．また，同 (c) の破線と実線は，それぞれ 4 次および 10 次多項式の補間誤差を示す．この図から，4 次より 10 次の方が補間誤差が大きいことがわかる．特に，区間の両端近傍で補間誤差が大きく振動している．

この例に見られるように，一般に等間隔標本点では補間多項式 $p_k(x)$ の次数 k が高いほど最大誤差 $\max_{x \in \text{補間区間}} |f(x) - p_k(x)|$ は大きいことが知られている．

■ 7.2.6 チェビシェフ点に基づく補間

前項で見たように，標本点の等間隔配置では補間誤差は次数を上げても改善されない．その理由は，両端点近傍ではその外側に標本点がなく，利用できる情報量が少ないためである．そこで，両端点近傍での標本点密度を中心付近よりも高くする方法が考えられる．この方法は**チェビシェフ (Chebyshev) 補間**として知られているが，その詳細は本書の範囲を越えている．詳しくは文献[9], [10]を参照してもらうこととして，ここでは**チェビシェフ点**とそれに基づく補間法のみを説明しよう．なお，標本点は，与えられた観測データなどを補間する場合には自由に選ぶことはできないが，関数を補間あるいは近似する場合は任意に選ぶことができ，ここでは後者の場合を想定する．

まず，区間 $[-1, 1]$ 上のチェビシェフ点とは，図 7.8 のように単位円の上半分を等分割し，その分割点 (○) を x 軸に射影した点列 x_j (●) を指す．この分布は区間の両端近傍で密，中心付近で疎である．k 分割のチェビシェフ点は，

$$x_j = \cos \frac{\pi j}{k} \quad (j = 0, \ldots, k) \tag{7.19}$$

と表される．この点を利用して多項式補間しよう．

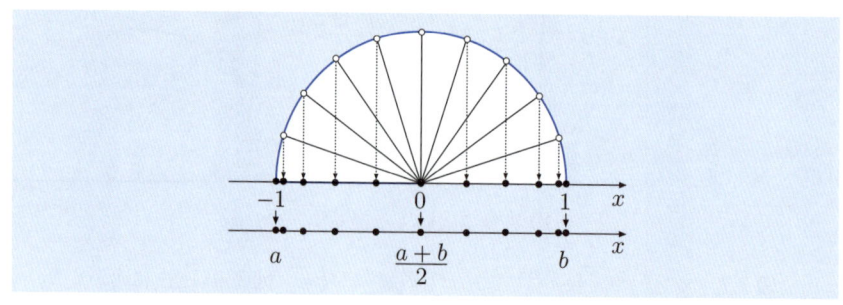

図 7.8 チェビシェフ点 $\cos(\pi j / k)$ ($k = 10$ の場合)

7.2 多項式補間

(a) 4次多項式

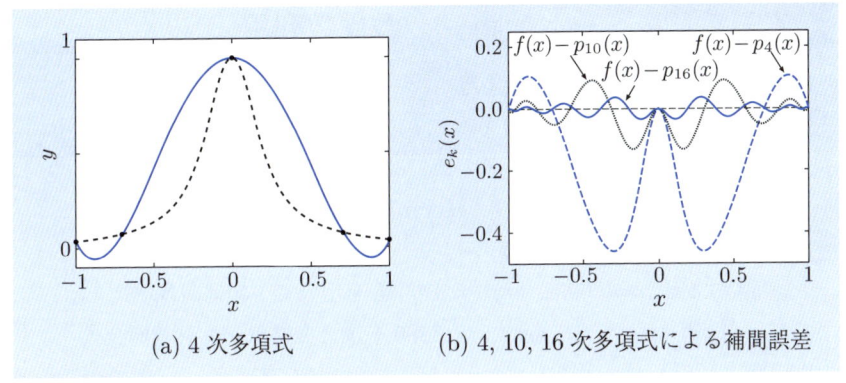

(b) 4, 10, 16次多項式による補間誤差

図 7.9 ルンゲの関数 $1/(1+25x^2)$ に対し，区間 $[-1,1]$ において
チェビシェフ点で補間した結果および補間誤差

図 7.9(a) は，ルンゲの関数 (7.18) を $k=4$ のチェビシェフ点に基づいて補間した4次多項式，同 (b) は $k=4, 10, 16$ のチェビシェフ点に基づく補間多項式 $p_k(x)$ の補間誤差 $e_k(x) = f(x) - p_k(x)$ である．次数 k が大きいほど最大誤差が小さくなる傾向が見られる．実際，チェビシェフ点の点数 k を増加すると補間誤差は減少することが知られている．これは，等間隔標本点での補間（図 7.7(c)）とは逆の好ましい傾向である．

上記のチェビシェフ点は区間 $[-1,1]$ 上であるが，一般的な区間 $x \in [a,b]$ 上で補間するには，点列を $[-1,1]$ から $[a,b]$ に写像することにより，

$$x_j = \frac{b-a}{2}\cos\frac{\pi j}{k} + \frac{b+a}{2} \quad (j=0,\ldots,k) \tag{7.20}$$

と選べばよい．

点列 (7.20) は区間 $[a,b]$ 上に等間隔に配置されていない．等間隔に標本点をとることが多い実際の補間問題では，この点列は利用できない．では，等間隔標本点で精度よく補間するにはどうすればよいだろうか．この問題の解答の1つは後で述べるスプライン補間[11],[29]を利用することである．次節ではこれを扱う前に，関数の微係数を用いた補間法を述べる．

7.3 エルミート補間 — 微係数利用

■7.3.1 エルミート補間の考え方

これまでは，標本点 x_i $(i = 0, \ldots, k)$ での関数 $f(x)$ の値 $f(x_i)$ を用いて $f(x)$ を補間する問題を扱った．この節では，さらに j 階微係数 $f^{(j)}(x)$ $(j \geq 1)$ も利用した補間法 — **エルミート (Hermite) 補間** — を述べる．

例5 エルミート補間の考え方

7.2 節では $\log 2 = 0.6931$, $\log 3 = 1.0986$ を用いて 1 次補間多項式を示した．さらに，例3 ではデータ $\log 4 = 1.3863$ を加えてニュートン補間公式により 2 次補間を構成した．ところで，$\log 4$ の代わりに，標本点 $x = 3$ での微係数 $(\log x)'|_{x=3} = 1/3 = 0.3333$ を用いて 2 次多項式で補間できないだろうか．これにより微係数までが一致するので，$x = 3$ の近傍で補間誤差がより小さくなるであろう．　□

差分商 $f[x_1, x_2]$ の 2 点 x_1 と x_2 の距離を小さくし一致させると

$$\lim_{x_2 \to x_1} f[x_1, x_2] = \lim_{x_2 \to x_1} \frac{f(x_2) - f(x_1)}{x_2 - x_1} = f'(x_1)$$

となることに注目する[3]．すなわち，$f[x_1, x_1] = f'(x_1)$ である．一般に，式 (7.17) において，$x_1, x_2, \ldots, x_k, x \to x_0$ とすると $\xi = x_0$ となるので

$$f[\underbrace{x_0, x_0, \ldots, x_0}_{k+2}] = \frac{f^{(k+1)}(x_0)}{(k+1)!} \tag{7.21}$$

が成り立つ．式 (7.21) を用いると差分商の代わりに微分の値を使うことができる．

また，準備として差分商の "先祖" を定義する．ニュートン補間に対する差分商の計算手順（図 7.4）において，ある差分商 $f[\cdots]$ の計算に必要となる左側すべてのデータを，その先祖とよぶ．これは $f[\cdots]$ に至る矢印 $(\rightarrow, \searrow)$ を順次逆に辿ることにより求められる．

■7.3.2 エルミート補間の構成法

以上のことを利用してエルミート補間を構成しよう．ここでは，標本点 x_1 で 2 階微分までを指定してみる．図 7.4 内の差分商 $f[x_1, x_2, x_3]$ に着目し，

---

[3] ここでは，$f'(x)|_{x=\chi}$ を $f'(\chi)$ と表すと約束する．

7.3 エルミート補間 — 微係数利用

x_i	$f(\cdot)$	$f[\cdot,\cdot]$	$f[\cdot,\cdot,\cdot]$	$f[\cdot,\cdot,\cdot,\cdot]$	$f[\cdot,\cdot,\cdot,\cdot,\cdot]$
x_0	$f(x_0)$				
	↘				
$\underline{x_1}$	$f(x_1)$ →	$f[x_0, x_1]$			
		↘			
$\underline{x_1}$	$f(x_1)$	$f'(x_1)/1!$ →	$f[x_0, x_1, x_1]$		
			↘		
$\underline{x_1}$	$f(x_1)$	$f'(x_1)/1!$	$\boxed{f''(x_1)/2!}$ →	$f[x_0, x_1, x_1, x_1]$	
	↘	↘	↘	↘	
x_2	$f(x_2)$ →	$f[x_1, x_2]$ →	$f[x_1, x_1, x_2]$ →	$f[x_0, x_1, x_1, x_2]$ →	$f[x_0, x_1, x_1, x_1, x_2]$

図 7.10 標本点 x_1 で 2 階微分までを利用した場合の差分商の表

図 7.10 に示すように，その先祖 (下線部) にあたる標本点 x_1, x_2, x_3 をすべて x_1 で置き換え，以降の標本点を前に詰める ($x_4 \to x_2$)．このとき，$f[x_1, x_2, x_3] = f[x_1, x_1, x_1]$ となるため式 (7.21) から x_1 における 2 階微分 $f''(x_1)$ を利用できる．そこで，図 7.4 において $f[x_1, x_2, x_3]$ とその先祖の差分商を式 (7.21) に従って対応する微分 (分母に $k!$ を伴う，0 階微分は $f(x)$ 自体とする) で置き換えるとともに，その微分に至る矢印を消去する．以上により，図 7.4 から図 7.10 のような差分商の表が得られる．そして，図 7.10 の主対角線上の差分商[4]を式 (7.11) に代入すると目的とする補間多項式が得られる．例えば，図 7.10 からは 4 次の多項式

$$p_4(x) = f(x_0) + f[x_0, x_1](x - x_0) + f[x_0, x_1, x_1](x - x_0)(x - x_1)$$
$$+ f[x_0, x_1, x_1, x_1](x - x_0)(x - x_1)^2$$
$$+ f[x_0, x_1, x_1, x_1, x_1](x - x_0)(x - x_1)^3$$

が得られる．

|例 6| **エルミート補間の例**

|例 5| のエルミート補間を完成させよう．図 7.10 に従って差分商の表を構成すると図 7.11 となる．式 (7.11) から目的とする 2 次のエルミート補間多項式は

$$p_2(x) = 0.6931 + 0.4055(x - 2) - 0.0722(x - 2)(x - 3)$$

---
[4] 指定する微分の階数によっては主対角線上に式 (7.21) の右辺が現れることもある．

と求まる．$p_2(2.5) = 0.9139$ で，誤差 $\log 2.5 - p_2(2.5) = 3.2\cdots \times 10^{-3}$ は，例2 の $\log 4$ のデータを用いた 2 次補間の誤差 $5.7\cdots \times 10^{-3}$ よりいくらか小さい．　□

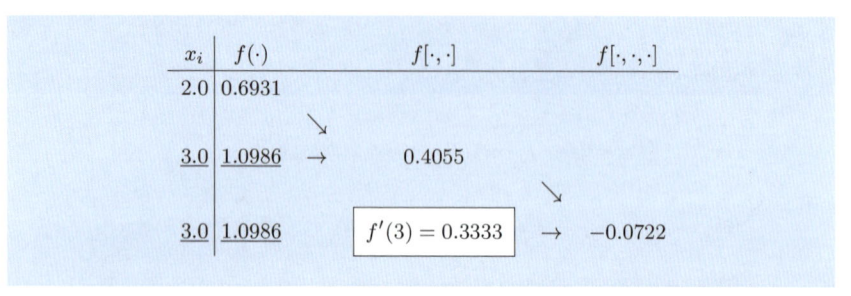

x_i	$f(\cdot)$	$f[\cdot,\cdot]$	$f[\cdot,\cdot,\cdot]$
2.0	0.6931		
3.0	1.0986	0.4055	
3.0	1.0986	$f'(3) = 0.3333$	-0.0722

図 7.11　$f(x) = \log x$ に対する，微係数を利用した差分商の表の例

なお，ニュートン補間では標本点数を増やすことにより補間多項式の次数を上げるが，エルミート補間では微分を利用することにより次数を上げる．例えば，標本点が x_0 の 1 点のみで，その点における関数値と微分 $f(x_0)$, $f'(x_0)$, $f''(x_0)$ から 2 次のエルミート補間多項式を計算すれば

$$p_2(x) = f(x_0) + f'(x_0)(x - x_0) + f''(x_0)(x - x_0)^2/2$$

となり，これは 2 次で打ち切られたテイラー展開と一致する．

7.4　区分的3次補間

7.2.5項で述べたように，等間隔の標本点で高次補間多項式を構成すると最大誤差が増大する．この誤差を低減する方法として，補間する区間を小区間に分割し，各小区間ごとに低次の多項式を用いて補間することが考えられる．このとき，一般に小区間の境界で微分を考慮しないと，補間多項式同士が滑らかにつながらない．本節で述べる**区分的エルミート補間**や**スプライン補間**はこれらの問題を解決する1つの方法である．

図7.12のように，区間 $[a,b]$ 内に $n+1$ 個の標本点 $a = x_0 < x_1 < \cdots < x_n = b$ をとり，$[a,b]$ を n 個の小区間 $I_i = [x_i, x_{i+1}]$ $(i = 0, \ldots, n-1)$ に分割する．標本点間隔を $h_i = x_{i+1} - x_i$ と定義し，以降では等間隔に限定しない．各小区間 I_i ごとに係数の異なる3次多項式 $s_i(x)$ $(i = 0, 1, 2, \cdots, n-1)$ を用いて関数 $f(x)$ を補間し，区間 $[a,b]$ 上の**区分的な3次多項式** $s(x)$ を

$$s(x) = \begin{cases} s_0(x) & (x \in I_0) \\ s_1(x) & (x \in I_1) \\ \vdots & \\ s_{n-1}(x) & (x \in I_{n-1}) \end{cases} \tag{7.22}$$

によって定義する(3次式を用いる理由は後述)．なお，本節では慣例に従って「標本点」を「節点」とよぶ．

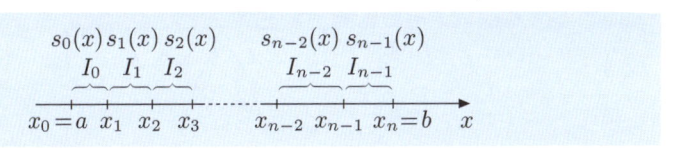

図7.12　区分的な補間のための標本点(節点)と小区間への分割

■7.4.1　区分的3次エルミート補間

ここでは，$s_i(x)$ にエルミート補間を適用してみよう．区間 I_i の両節点 x_i, x_{i+1} における関数値 $f(x_i)$, $f(x_{i+1})$，および微係数 $\alpha_i = f'(x_i)$, $\alpha_{i+1} = f'(x_{i+1})$ の4つの条件を用いて $f(x)$ を3次エルミート補間する．差分商を計算すると図7.13となり，これより区間 I_i の3次エルミート補間は，

x_i	$f(\cdot)$	$f[\cdot,\cdot]$	$f[\cdot,\cdot,\cdot]$	$f[\cdot,\cdot,\cdot,\cdot]$
x_i	$f(x_i)$			
$\underline{x_i}$	$\underline{f(x_i)}$	α_i		
x_{i+1}	$f(x_{i+1}) \to f[x_i, x_{i+1}] \to$		$\dfrac{f[x_{i+1},x_i]-\alpha_i}{h_i}$	
$\underline{x_{i+1}}$	$\underline{f(x_{i+1})}$	$\alpha_{i+1} \to$	$\dfrac{\alpha_{i+1}-f[x_{i+1},x_i]}{h_i} \to$	$\dfrac{\alpha_{i+1}+\alpha_i-2f[x_{i+1},x_i]}{h_i^2}$

図 7.13 微係数を利用して区間 $[x_i, x_{i+1}]$ 上で 3 次エルミート補間するための差分商表

$$s_i(x) = f(x_i) + \alpha_i(x - x_i) + \frac{f[x_{i+1},x_i]-\alpha_i}{h_i}(x-x_i)^2$$
$$+ \frac{\alpha_{i+1}+\alpha_i-2f[x_{i+1},x_i]}{h_i^2}(x-x_i)^2(x-x_{i+1}) \quad (7.23)$$

となる．これを式 (7.22) に代入すると，**区分的 3 次エルミート補間**が得られる．

例 7 ルンゲの関数 (7.18) に対して，区間 $[-1,1]$ を 4 等分し区分的 3 次エルミート補間した結果を図 7.14 の実線で示す．同じ数の標本点 (5 点) を用いた図 7.7 に比べ，最大誤差は減少している． □

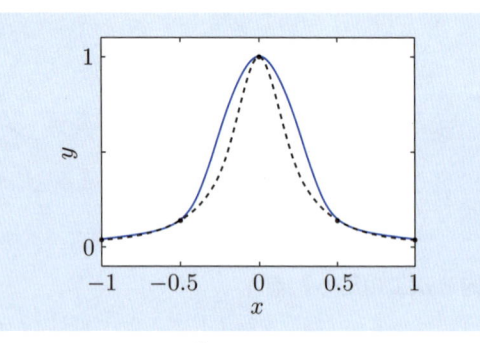

図 7.14 ルンゲの関数 $1/(1+25x^2)$ (破線) に対し，区間 $[-1,1]$ を 4 等分した区分的 3 次エルミート補間 (実線)

■7.4.2 3次スプライン補間

7.4.1 項では，各節点での傾き $\alpha_i = f'(x_i)$ を利用し，条件
(1) 1 階導関数が連続
(2) 各節点 x_i で補間式の 1 階微分が $f'(x_i)$ に一致する

を満たす区分的 3 次エルミート補間を導いた．ここで説明するスプライン補間は，$f(x)$ の高階微分を用いない代わりに，補間式の導関数が与えられた階数まで連続となるタイプの補間法である．ここでは，各節点で 2 階導関数までが連続となる **3 次スプライン**の構成法を示そう．すなわち，3 次スプラインでは上記の条件 (2) を放棄する代わりに

(2′) 2 階導関数が連続

という条件を課し，条件 (1) と (2′) を満たすように補間する．

区分的 3 次エルミート補間の場合と同様に，図 7.12 に示すように節点 x_i と小区間 I_i を定義し，各小区間の補間には式 (7.23) を利用する．ただし，これは条件 (2) を満たすように導かれているため，ここでは α_i は各節点での傾きに限定せず他の条件から定まるパラメータとして扱う．他の条件とはもちろん (2′) で，そのため，まず式 (7.23) の両辺を x で 2 階微分すると，

$$s_i''(x) = 2\frac{3f[x_{i+1}, x_i] - 2\alpha_i - \alpha_{i+1}}{h_i}$$
$$+ 6\frac{\alpha_{i+1} + \alpha_i - 2f[x_{i+1}, x_i]}{h_i^2}(x - x_i) \quad (x_i \le x \le x_{i+1}) \quad (7.24)$$

が得られる．3 次スプライン補間では 2 階導関数までが連続と仮定するので，両端 $x = a, b$ を除く各節点で

$$s_{i-1}''(x_i) = s_i''(x_i) \quad (i = 1, 2, \ldots, n-1) \quad (7.25)$$

が満たされなければならない．式 (7.24) を式 (7.25) に代入して整理し，$h_i = x_{i+1} - x_i$ を用いると，α_i に関する 3 項漸化式 (関係式)

$$\alpha_{i+1} h_{i-1} + 2\alpha_i (h_{i-1} + h_i) + \alpha_{i-1} h_i$$
$$= 3f[x_{i+1}, x_i] h_{i-1} + 3f[x_i, x_{i-1}] h_i \quad (i = 1, \ldots, n-1) \quad (7.26)$$

が得られる (各自確認されたい)．

式 (7.26) を満たすようにパラメータ α_i ($i = 0, 1, \ldots, n$) を決定すれば条件 (1) と (2') を満足できる．式 (7.26) の条件は $n-1$ 個あり，決定すべきパラメー

タ α_i は $n+1$ 個あるため,一意には決定できない.区間の両端 $x_0 = a, x_n = b$ で,便宜的に $s_0''(x_0) = s_{n-1}''(x_n) = 0$ と仮定すると,条件

$$2\alpha_0 + \alpha_1 = 3f[x_1, x_0], \quad 2\alpha_n + \alpha_{n-1} = 3f[x_n, x_{n-1}] \tag{7.27}$$

が導かれる.式 (7.26) と式 (7.27) からパラメータ α_i ($i = 0, 1, \ldots, n$) に関する連立 1 次方程式が得られ,これを解くと α_i が定まる.得られた α_i ($i = 0, 1, \ldots, n$) を式 (7.23) に代入して $s_i(x)$ ($i = 0, 1, \ldots, n-1$) を求めた後,さらに式 (7.22) に代入すれば目的とする補間式 $s(x)$ が求められる.こうして得られる $s(x)$ を **3 次自然スプライン** とよぶ.

一方,両端点だけは関数の微分 $f'(x_0)$ と $f'(x_n)$ を用いることにすると,式 (7.27) の代わりに,条件

$$\alpha_0 = f'(x_0), \quad \alpha_n = f'(x_n) \tag{7.28}$$

が得られる.このときの $s(x)$ を **3 次完全スプライン** とよぶ.

次に,3 次完全スプラインの計算法を示そう.式 (7.26) と式 (7.28) から導かれる連立 1 次方程式は,

$$\begin{bmatrix} g_0 & h_0 & & & \\ h_2 & g_1 & h_1 & & \\ & \ddots & \ddots & \ddots & \\ & & & h_{n-1} & g_{n-2} \end{bmatrix} \begin{bmatrix} \alpha_1 \\ \alpha_2 \\ \vdots \\ \alpha_{n-1} \end{bmatrix} = \begin{bmatrix} b_1 - f'(x_0)h_1 \\ b_2 \\ \vdots \\ b_{n-1} - f'(x_n)h_{n-2} \end{bmatrix} \tag{7.29}$$

となり,係数行列は 3 重対角行列となる.ここで,$g_i = 2(h_i + h_{i+1})$, $b_i = 3\{f[x_{i+1}, x_i]h_{i-1} + f[x_i, x_{i-1}]h_i\}$ とおいた.連立 1 次方程式 (7.29) は,3 章で述べた LU 分解法を用いて解けばよい[5]).

特に,節点が等間隔に配置された場合,$h = h_i$ とおくと式 (7.29) は,

$$\begin{bmatrix} 4 & 1 & & & \\ 1 & 4 & 1 & & \\ & \ddots & \ddots & \ddots & \\ & & & 1 & 4 \end{bmatrix} \begin{bmatrix} \alpha_1 \\ \alpha_2 \\ \vdots \\ \alpha_{n-1} \end{bmatrix} = \begin{bmatrix} c_1 - f'(x_0) \\ c_2 \\ \vdots \\ c_{n-1} - f'(x_n) \end{bmatrix} \tag{7.30}$$

と簡略化される.ただし,$c_i = 3\dfrac{f(x_{i+1}) - f(x_{i-1})}{h}$ である.

---

[5]) 係数行列が 3 重対角であることを利用すると,計算量をさらに低減することができる[9]。

7.4 区分的 3 次補間

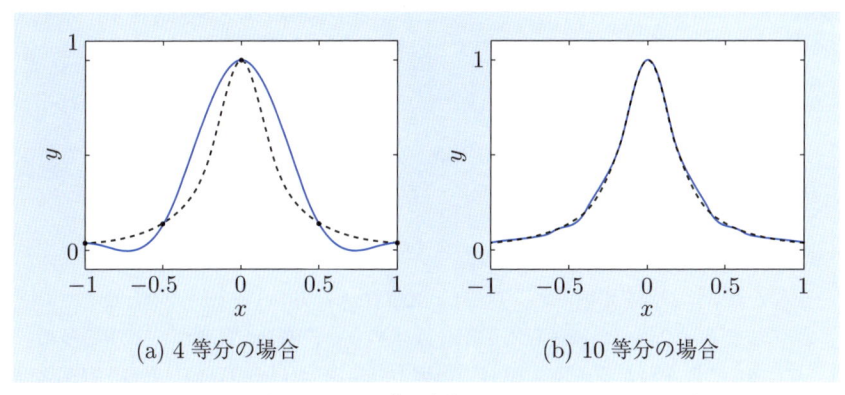

図 7.15 ルンゲの関数 $1/(1+25x^2)$ (破線) に対し，区間 $[-1, 1]$ を 4 および 10 等分した 3 次完全スプライン補間 (実線)

(a) 4 等分の場合 (b) 10 等分の場合

例8 ルンゲの関数 (7.18) を 3 次完全スプライン補間しよう．例7 と同様に，区間 $[-1, 1]$ を 4 等分して 5 つの節点をとる．すなわち，$h = 0.5$ とおき，$f(-1) = f(1) = 1/26$, $f(-0.5) = f(0.5) = 4/29$, $f(0) = 1$, さらに両端点で $\alpha_0 = f'(-1) = 25/338$, $\alpha_4 = f'(-1) = -25/338$ を用いる．このとき，連立 1 次方程式 (7.30) は，

$$\begin{bmatrix} 4 & 1 & 0 \\ 1 & 4 & 1 \\ 0 & 1 & 4 \end{bmatrix} \begin{bmatrix} \alpha_1 \\ \alpha_2 \\ \alpha_3 \end{bmatrix} = \begin{bmatrix} 3\{f(0) - f(-1)\}/0.5 - f'(-1) \\ 0 \\ 3\{f(1) - f(0)\}/0.5 - f'(1) \end{bmatrix} \quad (7.31)$$

となり，$\alpha_1 = -\alpha_3 = 1925/1352$, $\alpha_2 = 0$ が得られる．図 7.15(a) の実線は，この 3 次完全スプラインを示している．図 7.7 の等間隔 4 次補間や図 7.9 のチェビシェフ点での 4 次補間より，3 次完全スプラインの誤差が小さいことが観察される．しかし，図 7.14 の区分的 3 次エルミート補間の結果より誤差は大きく，また局所的にこぶ状の部分が現れている．図 7.15(b) の実線は区間 $[-1, 1]$ を 10 等分して 11 の節点をとった場合で，(a) に比べ補間精度が向上している． □

ここで述べた他にも多くのタイプの**スプライン関数**が提案され，図形処理やデザインの分野などで広く利用されている．詳しくは文献[29]を参照されたい．

● チェビシェフ多項式について ●

k 次の**チェビシェフ多項式**は次のように定義される[12],[13].

$$T_k(x) = \cos k\theta \quad \text{ただし} \quad x = \cos\theta \tag{7.32}$$

式 (7.32) は多項式に見えないが,実は多項式である.例えば,定義から直ちに $T_0(x) = 1, T_1(x) = \cos\theta = x$ となる.また,式 (7.32) を変形すると漸化式

$$T_{k+1}(x) = 2xT_k(x) - T_{k-1}(x) \quad (k = 1, 2, \ldots) \tag{7.33}$$

が導かれる.これを用いると,$T_2(x) = 2xT_1(x) - T_0(x) = 2x^2 - 1$ となる.同様にして $k = 2, 3, \ldots$ に対して $T_k(x)$ が求められ,$T_k(x)$ は確かに k 次の多項式であることがわかる.図 7.16 は,区間 $[-1, 1]$ における $T_1(x)$〜$T_4(x)$ のグラフである.

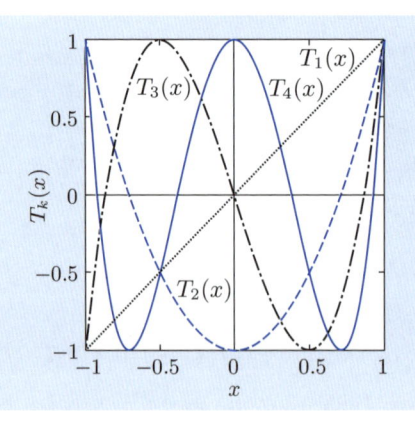

図 7.16 チェビシェフ多項式 $T_1(x), T_2(x), T_3(x), T_4(x)$

このチェビシェフ多項式は工学の各分野で非常によく利用される多項式で,微分方程式の求解,補間,関数近似,数値積分,珍しいところでは電気回路のフィルタ設計などに用いられる.

式 (7.19) に示すチェビシェフ点は,チェビシェフ多項式のグラフが ±1 に接する/切る x 座標,すなわち $T_k(x) = \pm 1$ を満たす x として定義される.

7 章 の 問 題

☐ **1** $f(x) = e^x$ に対して標本点を $x_0 = -1, x_1 = 0, x_2 = 1$ として2次補間多項式 $p_2(x)$ をラグランジュ補間の方法で作成せよ．$x = 0.5$ での $p_2(x)$ の誤差を求めよ．

☐ **2** $f(x) = e^x$ に対して標本点を $x_0 = -1, x_1 = 0, x_2 = 1$ として2次補間多項式 $p_2(x)$ をニュートン補間の方法で作成せよ．次に，標本点 $x_3 = 2$ を追加して，3次補間多項式 $p_3(x)$ を同様の方法で作成せよ．$x = 0.5$ での $p_3(x)$ の誤差を求めよ．

☐ **3** $f(x) = e^x$ に対して $f(0), f(1), f'(0), f'(1)$ の値を利用しエルミート補間して3次の $p_3(x)$ を作成せよ．$x = 0.5$ での $p_3(x)$ の誤差を求めよ．

☐ **4** $f(x) = e^{-x^2}$ に対して，区間 $[-2, 2]$ を4等分割し，区分的3次エルミート補間を求めるプログラムを作成せよ．そして，結果をグラフに図示せよ．

☐ **5** $f(x) = e^{-x^2}$ に対して，区間 $[-2, 2]$ を4等分割し，3次自然スプラインを求めるプログラムを作成せよ．そして，結果をグラフに図示せよ．

☐ **6** (発展問題) チェビシェフ補間について以下の問に答えよ．
  (1) 区間 $[-1, 1]$ 上のチェビシェフ点 $\cos \frac{\pi j}{k}$ ($j = 0, 1, \ldots, k$) は $T_{k+1}(x) - T_{k-1}(x) = 0$ の解であることを示せ．【ヒント】チェビシェフ多項式の定義式 (7.32) を利用せよ．
  (2) $T_{k+1}(x)$ の最高次数 x^{k+1} の係数は 2^k であることを示せ．【ヒント】漸化式 (7.33) を利用せよ．
  (3) (1) のチェビシェフ点で関数 $f(x)$ を補間する．任意の k に対して $|f^{(k)}| < M < \infty$ となる M が存在すると仮定する．$k \to \infty$ で補間誤差が 0 に収束することを証明せよ．【ヒント】(1) と (2) の性質，さらに，$|T_{k+1}(x) - T_{k-1}(x)| \leq 2$, および誤差の式 (7.16) を利用する．

第8章

数値積分

　本章では，関数 $f(x)$ の区間 $[a,b]$ 上での積分 $\int_a^b f(x)\,dx$ を数値的に計算する方法を扱う．関数の不定積分 (原始関数) が見つかれば定積分は容易に求められるが，そういう関数は限られている．しかし，工学上の実際の問題では，不定積分が求められない関数の定積分が必要となることは多い．数値積分法は定積分の近似値を数値的に求める手段である．

　プロの料理人が何本もの包丁を使い分けるように，数値積分を行う際は，問題に応じて適切な手法を選択する必要がある．例えば，被積分関数としては，

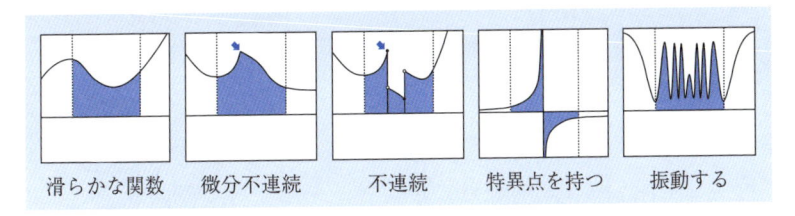

| 滑らかな関数 | 微分不連続 | 不連続 | 特異点を持つ | 振動する |

などの各場合，また積分区間については，有限区間，半無限区間，全無限区間があり，各々後のものほど数値積分は困難になり，慎重な取り扱いが必要となる．残念ながら，万能な数値積分手法は存在せず，今日に至るまで，個々の問題ごとに，あるいは限られた範囲の問題群を扱う非常に多くの数値積分法が提案されている．本章では，これらの一部を紹介する．

(長谷川)

8.1 補間と数値積分

8.1.1 面積と数値積分

ここでは，図 8.1 に示すように，積分区間でほぼ一定値をとる (あまり激しく変化しない) 関数 $f(x)$ を考えよう．まず，積分 $\int_a^b f(x)\,dx$ を図 8.1(a) に示す (90 度回転した) 台形の面積で近似しよう．台形の面積は {(上底)+(下底)}×(高さ)/2 で与えられるため，

$$\int_a^b f(x)\,dx \approx (b-a)\frac{f(a)+f(b)}{2}$$

と近似できる．例えば，$\int_0^2 e^x\,dx = e^2 - 1 = 6.3890560989\cdots$ に適用すると

$$\int_0^2 e^x\,dx \approx (2-0)\frac{e^0+e^2}{2} = 8.389\cdots$$

となり，誤差は -2.0 である．一方，図 8.1(b) に示す長方形の面積

$$\int_a^b f(x)\,dx \approx (b-a)\,f\!\left(\frac{a+b}{2}\right)$$

で近似すると，$\int_0^2 e^x\,dx \approx (2-0)\,e^1 = 5.436\cdots$ で，誤差は 0.95 である．

ここに示す 2 つの方法は，**数値積分**法の公式 (これを**積分則**という) の中で最も簡単なものである．この章では，さらに一般的な数値積分法とその誤差を示そう．

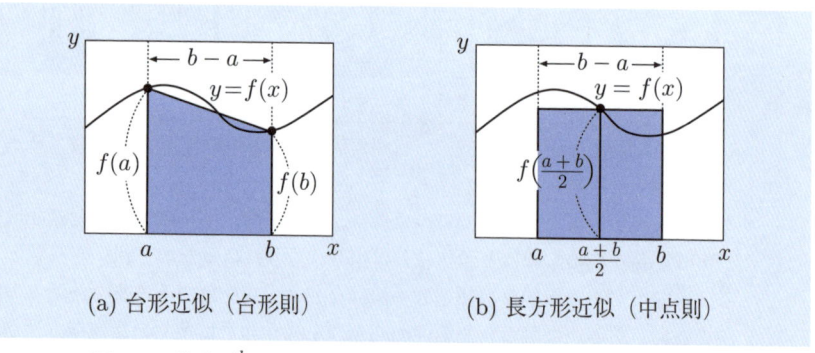

図 8.1 積分 $\int_a^b f(x)\,dx$ に対する台形および長方形による近似

(a) 台形近似（台形則）
(b) 長方形近似（中点則）

■ 8.1.2 補間型の数値積分則

図 8.1(a) に示すように,台形での近似は,関数 $f(x)$ を 2 点 $(a, f(a))$ と $(b, f(b))$ を通る 1 次多項式

$$p_1(x) = f(a)\frac{x-b}{a-b} + f(b)\frac{x-a}{b-a}$$

で補間して

$$\begin{aligned}\int_a^b f(x)\,dx &\approx \int_a^b p_1(x)\,dx \\ &= \int_a^b \left\{ f(a)\frac{x-b}{a-b} + f(b)\frac{x-a}{b-a} \right\} dx \\ &= \frac{b-a}{2}\{f(a) + f(b)\}\end{aligned}$$

と計算することと同等である.高次の多項式で補間すれば,さらに誤差を低減できるであろう.このようにして,数値積分公式を系統的に求めることができる.

関数 $f(x)$ を多項式補間する代表的手法に,ラグランジュおよびニュートン補間があったが,7 章で強調したように得られる補間多項式は同じで,表現方法のみが異なる.そこで,関数 $f(x)$ をラグランジュ補間公式により

$$p_n(x) = \sum_{k=0}^{n} f(x_k)\ell_k(x)$$

と n 次補間し,$f(x)$ の代わりに $p_n(x)$ を積分しよう.実際,

$$\begin{aligned}\int_a^b f(x)\,dx &\approx \int_a^b p_n(x)\,dx \\ &= \int_a^b \left\{ \sum_{k=0}^{n} f(x_k)\ell_k(x) \right\} dx \\ &= \sum_{k=0}^{n} f(x_k) \overbrace{\int_a^b \ell_k(x)\,dx}^{w_k} \quad (8.1)\end{aligned}$$

と書ける.変形には公式 $\int_a^b \{c_1 f_1(x) + c_2 f_2(x)\}\,dx = c_1 \int_a^b f_1(x)\,dx + c_2 \int_a^b f_2(x)\,dx$ を用いた.この結果得られる積分則を**補間型積分則**とよぶ.一般に高次の補間多項式を用いて $f(x) \approx p_n(x)$ がいえる場合には,補間型積分則により高い精度で数値積分が実行できる.

以降では，関数 $f(x)$ の積分 $\int_a^b f(x)\,dx$ を $I(f)$ と書こう．また，式 (8.1) のように，$I(f)$ の $f(x)$ を n 次補間多項式 $p_n(x)$ で置き換えた $I(p_n)$ を，"n 次多項式近似に基づく $f(x)$ の積分" という意味で $I_n(f)$ と書く．以上の約束に従うと，式 (8.1) は

$$
\begin{aligned}
I_n(f) &= I(p_n) \\
&= \sum_{k=0}^{n} w_k f(x_k) \\
w_k &= \int_a^b \ell_k(x)\,dx \\
&= 定数
\end{aligned}
\tag{8.2}
$$

と表される．ここで，$I_n(f)$ は $I(f)$ の近似値であると同時に，その計算手順をも表しているので，$I_n(f)$ 自体を積分則とよぼう．さらに，$n+1$ 点での関数値 $f(x_k)$ から計算されるため，$I_n(f)$ を $n+1$ 点則という．

式 (8.2) における $I_n(f)$ は，**標本点 x_k での関数値 $f(x_k)$ と定数 w_k との積の総和**で求められる．このため定数 w_k を $f(x_k)$ の**重み**とよぶ．なお，式 (7.6) からわかるように w_k は**多項式の積分**として求められる．

8.2 ニュートン・コーツ則

■8.2.1 ニュートン・コーツ則とは

式 (8.2) は，積分区間 $[a,b]$ 上に $n+1$ 個の標本点 x_k ($k=0,1,\ldots,n$) をとり，$f(x_k)$ と w_k の積和により数値積分する公式である．標本点 x_k を積分区間 $[a,b]$ 上に**等間隔**にとる場合を**ニュートン・コーツ (Newton-Cotes) 則**と総称する[30],[31]．特に，両端点 $x=a,b$ も標本点に入れる場合を考える[1]．このとき，標本点間隔を $h=(b-a)/n$ とおくと，ニュートン・コーツ則の一般形は，

$$I_n(f) = \sum_{k=0}^{n} w_k f(x_k), \quad x_k = a + kh \quad (k=0,\ldots,n) \tag{8.3}$$

と表される (図 8.1(a) に示す台形則は，$n=1$ の場合のニュートン・コーツ則に相当する)．式 (8.3) の重み w_k は，式 (8.2) に式 (7.6) を代入し，

$$w_k = \int_a^b \frac{(x-x_0)\cdots(x-x_{k-1})(x-x_{k+1})\cdots(x-x_n)}{(x_k-x_0)\cdots(x_k-x_{k-1})(x_k-x_{k+1})\cdots(x_k-x_n)} dx \tag{8.4}$$

により計算できる．一見すると複雑な積分に見えるが実は単なる多項式の積分である．また，$w_k = w_{n-k}$ ($k=0,1,\ldots,n$)，すなわち**ニュートン・コーツ則の重み w_k は対称**であることが導かれる (証明は章末問題 1)．式 (8.4) の w_k は積分区間 $[a,b]$ に依存するため，積分区間が変わるたびに再計算する必要があるように見えるが，後述するように各 w_k は実際には区間幅 $b-a$ に比例し，a,b が変化しても再計算する必要はない．

■8.2.2 シンプソン則 —— $n=2$ の場合

式 (8.3) において，$n=2$ とした場合を**シンプソン則**という．積分区間 $[a,b]$ の中点を $m=(a+b)/2$ とおくと，シンプソン則は 3 点 $x_0=a$, $x_1=m$, $x_2=b$ で $f(x)$ を 2 次補間する場合に相当する．このとき，シンプソン則は

$$I_2(f) = w_0 f(a) + w_1 f(m) + w_2 f(b)$$

と書ける．重み w_k は式 (8.4) を用いて求められるが，実際に計算する際は，次のように行うとよい．まず，$x = a + sh$ ($h=(b-a)/2$, s は実数) とおき，x

---

[1] 両端点を入れる場合を「閉公式」，入れない場合を「開公式」とよぶ．ただし，ニュートン・コーツ則の開公式はあまり使われることはないので，ここでは閉公式を扱う．

による積分を s の積分に変換すると,

$$w_0 = h\int_0^2 \frac{(s-1)(s-2)}{(0-1)(0-2)}ds = \frac{h}{3}, \quad w_1 = h\int_0^2 \frac{s(s-2)}{1\cdot(1-2)}ds = \frac{4h}{3}$$

と計算される (詳細は章末問題 1 参照, 対称性から w_0 は w_2 に等しい). したがって, 実際のシンプソン則は次のように書ける.

$$\begin{aligned}I_2(f) &= \frac{h}{3}\left\{(f(a) + 4f\left(\frac{b-a}{2}\right) + f(b)\right\} \\ &= \frac{b-a}{6}\left\{f(a) + 4f\left(\frac{b-a}{2}\right) + f(b)\right\}\end{aligned} \tag{8.5}$$

例 1 $\int_0^2 e^x\,dx = 6.389056099\cdots$ をシンプソン則で数値積分すると,

$$\int_0^2 e^x\,dx \approx \frac{2-0}{6}(e^0 + 4e^1 + e^2) = 6.4207\cdots$$

となり, 誤差は -0.032 である. 8.1.1 項で示したように, 台形則 (図 8.1(a)) による誤差は -2, 中点則 (同 (b)) では 0.95 であるから, シンプソン則ははるかに精度がよい (図 8.2). □

■8.2.3 さらに高次のニュートン・コーツ則

台形則, シンプソン則よりもさらに高次のニュートン・コーツ則は, 式 (8.4) を実際に積分することで求められる. 表 8.1 に高次のニュートン・コーツ則の重みを示す. ここで, $w_k = \frac{(b-a)}{d}w'_k$ である. この表から, 例えば $n=6$ の 7 点則 $I_6(f)$ は, $f_k = f\left(a + \frac{(b-a)k}{6}\right)$ ($k=0,1,\ldots,6$) と表すと,

$$I_6(f) = \frac{b-a}{840}\{41(f_0 + f_6) + 216(f_1 + f_5) + 27(f_2 + f_4) + 272f_3\}$$

(a) 中点則　　(b) 台形則　　(c) シンプソン則

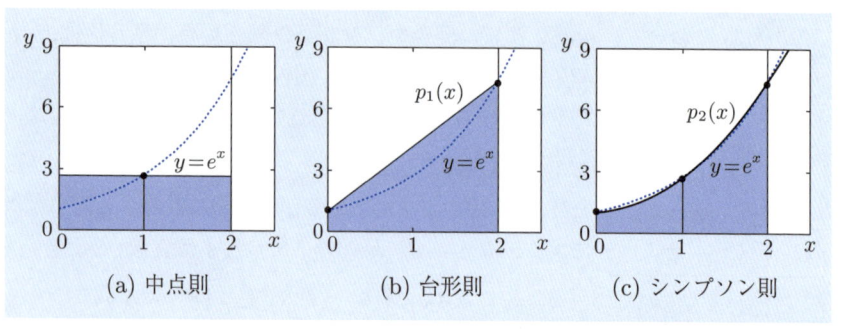

図 8.2 中点則, 台形則, シンプソン則による $\int_0^2 e^x\,dx$ の数値積分

8.2 ニュートン・コーツ則

となる.この 7 点則で $\int_0^2 e^x\, dx$ を数値積分すると $6.38905700\cdots$ となり,誤差は 9.1×10^{-7} である.

表 8.1 の 9 点則の場合のように,高次のニュートン・コーツ則では重みが正と負の値をとることがあり,重みと関数値の積和演算において 2 章で述べた桁落ちが発生し,精度が悪化することがある.そのため,高次のニュートン・コーツ則の使用は勧められない (精度向上のための対策は次節参照).

表 8.1 ニュートン・コーツ則の重み w_k の比 ($w_i = w_{n-i}$)

名称	n	d	w'_0	w'_1	w'_2	w'_3	w'_4
4 点則	3	8	1	3			
5 点則	4	90	7	32	12		
6 点則	5	288	19	75	50		
7 点則	6	840	41	216	27	272	
8 点則	7	17280	751	3577	1323	2989	
9 点則	8	28350	989	5888	-928	10496	-4540
10 点則	9	89600	2857	15741	1080	19344	5778

● 一周期積分に台形則は最適 ●

各種ニュートン・コーツ則の中で精度の点で劣る台形則が最も有効に働く積分のタイプがある.それは周期関数の一周期積分である (詳細は文献[10] 参照).実際,次の一周期積分

$$\int_0^{2\pi} \frac{1}{2 + \cos x}\, dx$$

に,8.3 節で述べる複合台形則 T_n と複合シンプソン則 S_n を適用した結果を表 8.2 に示す.収束が大変速く,T_{32} で有効 16 桁の精度がある.

表 8.2 一周期積分 $\int_0^{2\pi} (2 + \cos x)^{-1}\, dx$ に対する複合台形則 T_n と複合シンプソン則 S_n の誤差の比較

点数	複合台形則 T_n	複合シンプソン則 S_n
2	1.7×10^0	
3	1.1×10^0	2.0×10^0
5	1.1×10^{-1}	2.1×10^{-1}
9	1.0×10^{-3}	3.6×10^{-2}
17	5.1×10^{-8}	3.4×10^{-4}
33	4.4×10^{-16}	1.7×10^{-8}

8.3 複合型積分則

それでは，高次の積分則を用いずに，さらに精度よく数値積分するにはどうすればよいだろうか．

7.4節で述べた区分的な補間の場合と同様に，積分区間を小区間に分割し，各小区間ごとに低次の積分則を適用することが考えられる．小区間が十分小さければ被積分関数の変化は小さくなるので，例えば2次多項式で補間するシンプソン則でも高い精度が得られるであろう．これを**複合型積分則**とよぶ．

図8.3に示すように，区間 $[a,b]$ を n 等分して $h = (b-a)/n$ とおく．積分を

$$\int_a^b f(x)\,dx = \int_a^{a+h} f(x)\,dx + \int_{a+h}^{a+2h} f(x)\,dx + \cdots + \int_{b-h}^b f(x)\,dx$$

と分解して，各小区間での積分 $\int_{a+kh}^{a+(k+1)h} f(x)\,dx$ に台形則やシンプソン則などを適用する．台形則を用いた複合型積分則 — **複合台形則** — は，具体的に次

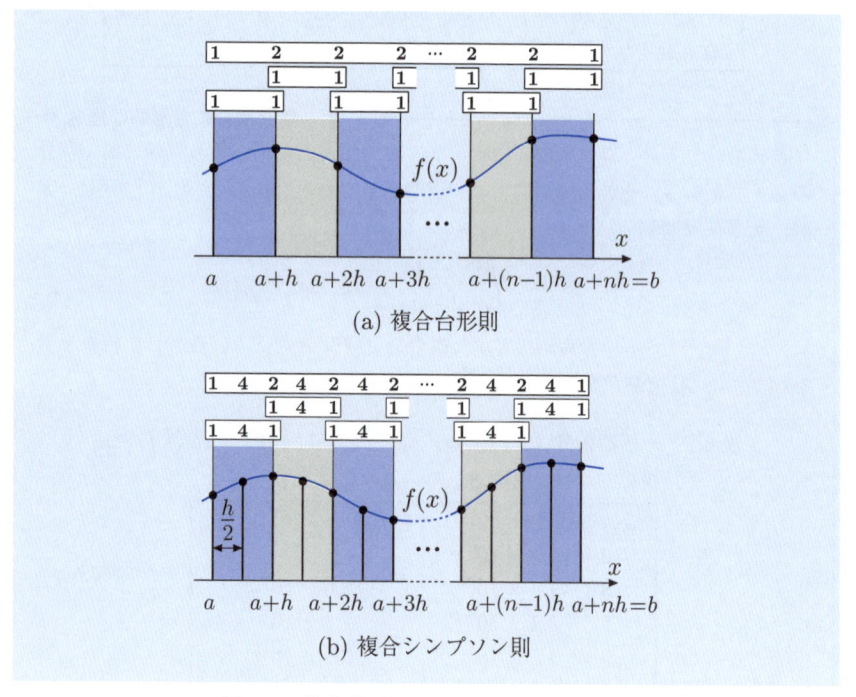

(a) 複合台形則

(b) 複合シンプソン則

図 8.3 複合積分則における小区間と重み

8.3 複合型積分則

のように表される[2]．

$$T_n(f) = h\Big\{\frac{f(a)+f(a+h)}{2} + \frac{f(a+h)+f(a+2h)}{2} +$$
$$\cdots + \frac{f(b-2h)+f(b-h)}{2} + \frac{f(b-h)+f(b)}{2}\Big\}$$
$$= h\Big\{\frac{f(a)+f(b)}{2} + \sum_{k=1}^{n-1} f(a+kh)\Big\} \qquad (8.6)$$

式 (8.6) は，図 8.3(a) に示すように，各小区間の両端を標本点として各々に台形則を適用するので，標本点での関数値を $1:2:2:\cdots:2:1$ の重みで加え合わせることを表している．同様に，n 分割の場合の**複合中点則** $M_n(f)$ および**複合シンプソン則** $S_n(f)$ はそれぞれ

$$M_n(f) = h\sum_{k=1}^{n} f\Big(a+kh-\frac{h}{2}\Big) \qquad (8.7)$$

$$S_n(f)$$
$$= \frac{h}{6}\Big\{f(a)+f(b)+4\sum_{k=1}^{n} f\Big(a+kh-\frac{h}{2}\Big) + 2\sum_{k=1}^{n-1} f(a+kh)\Big\} \qquad (8.8)$$

となる．図 8.3(b) を見れば，シンプソン則 (8.8) の意味も理解できるであろう．

---

[2] いままでは n 次則を $I_n(f)$ と表したが，複合台形則では台形則 (Trapezoidal rule) に基づくこと，および分割数 n を強調するため $T_n(f)$ と表す．次に示す中点則とシンプソン則でも同様とする．

8.4 数値積分の誤差解析

前節までの内容を理解しておけば工学的に現れる初等レベルの関数を実際に数値積分するには十分である．ここからはちょっと難しくなるが，非常に重要な数値積分の誤差解析を扱おう．

■ 8.4.1 ニュートン・コーツ則の誤差

いま，積分 $I(f)$ と $n+1$ 点則 $I_n(f)$ (p.146 参照) の誤差を $R_n(f)$ と表すと，

$$I(f) = \int_a^b f(x)\,dx = I_n(f) + R_n(f) = I(p_n) + R_n(f) \tag{8.9}$$

と書ける．中点則 $I_0(f) = (b-a)f\left(\frac{a+b}{2}\right)$ の誤差を求めよう．$m = \frac{a+b}{2}$ とおき，$f(x)$ を $x = m$ のまわりで**テイラー展開**

$$\begin{aligned} f(x) = {}& f(m) + \frac{f'(m)}{1!}(x-m) + \frac{f''(m)}{2!}(x-m)^2 \\ & + \frac{f^{(3)}(m)}{3!}(x-m)^3 + \frac{f^{(4)}(m)}{4!}(x-m)^4 + \cdots \end{aligned} \tag{8.10}$$

し，両辺を $[a,b]$ で積分する．さらに，$\int_a^b (x-m)^{2k+1}\,dx = \int_{-m}^{m} t^{2k+1}\,dt = 0$, $\int_a^b (x-m)^{2k}\,dx = \frac{2^{-2k}(b-a)^{2k+1}}{2k+1}$ を用いると次式が得られる．

$$\int_a^b f(x)\,dx = \underbrace{(b-a)f(m)}_{\text{中点則}} + \underbrace{f''(m)\frac{(b-a)^3}{24} + f^{(4)}(m)\frac{(b-a)^5}{1920} + \cdots}_{R_0(f)} \tag{8.11}$$

この右辺第 1 項が中点則を，第 2 項以降が誤差 $R_0(f)$ を表している．

台形則については，テイラー展開 (8.10) に $x = a, b$ を代入して

$$f(a) = f(m) + f'(m)(a-m) + \frac{f''(m)}{2!}(a-m)^2 + \cdots$$

$$f(b) = f(m) + f'(m)(b-m) + \frac{f''(m)}{2!}(b-m)^2 + \cdots$$

を得た後，両辺をそれぞれ足して移項すると

$$f(m) = \frac{f(a)+f(b)}{2} - f''(m)\frac{(b-a)^2}{8} - f^{(4)}(m)\frac{(b-a)^4}{384} + \cdots$$

が得られる．この $f(m)$ を式 (8.11) に代入し整理すると，台形則とその誤差

8.4 数値積分の誤差解析

$$\int_a^b f(x)\,dx$$
$$= \underbrace{(b-a)\frac{f(a)+f(b)}{2}}_{\text{台形則}} \underbrace{- f''(m)\frac{(b-a)^3}{12} - f^{(4)}(m)\frac{(b-a)^5}{480} + \cdots}_{R_1(f)} \tag{8.12}$$

が得られる．式 (8.11) と (8.12) から $|R_1(f)| \approx 2|R_0(f)|$ であることがわかる．

さらに，シンプソン則の誤差を示そう．シンプソン則 $I_2(f)$ を変形すると，中点則 $I_0(f)$ と台形則 $I_1(f)$ との関係

$$I_2(f) = \frac{b-a}{6}\left\{f(a) + 4f\left(\frac{a+b}{2}\right) + f(b)\right\} \tag{8.13}$$
$$= \frac{b-a}{3}\left\{2f\left(\frac{a+b}{2}\right) + \frac{f(a)+f(b)}{2}\right\} = \frac{2I_0(f) + I_1(f)}{3}$$

が得られるので，誤差についても $R_2(f) = \frac{2R_0(f)+R_1(f)}{3}$ と書ける．そこで式 (8.11) と (8.12) からシンプソン則の誤差は次のように書ける．

$$R_2(f) = \frac{2R_0(f) + R_1(f)}{3} = -f^{(4)}(m)\frac{(b-a)^5}{2880} + \cdots \tag{8.14}$$

さて，積分則が k 次以下の任意の多項式 $f(x)$ に対して"誤差 = 0"であり，ある $k+1$ 次多項式に対して"誤差 $\neq$ 0"のとき，**積分則の次数**は k であるという．シンプソン則の場合は，式 (8.14) から $f(x)$ が 3 次多項式の場合も誤差はゼロであるので，次数は 3 次である．同様に，中点則と台形則は 1 次である．

積分則の次数と補間多項式の次数を**混同してはいけない**．例えば，ニュートン・コーツ則の次数 k は，用いる補間多項式の次数 n に依存し，n が偶数のとき (奇数点則) は $k = n+1$ 次，奇数のとき (偶数点則) は $k = n$ 次となる．積分則を適用する際，計算量 (計算コスト) は標本点で被積分関数 $f(x)$ を計算する総回数で測れ，また計算精度は次数でもって測れる（次数が高いほど精度が高い）．このとき，精度/コスト（精度とコストの比）が大きい積分則ほど有利となる．従って，ニュートン・コーツ則では，奇数点則の方が有利である．

■ 8.4.2 複合型積分則の誤差

複合型積分則の誤差を求めるために，次の簡単な補題を用いる．

補題

$f(x)$ を連続関数とすると,次の ξ が区間 $[x_1, x_n]$ 内にとれる(図8.4).

$$\frac{1}{n}\sum_{i=1}^{n} f(x_i) = f(\xi)$$

[補題の略証] $f(x_i)\,(i=1,2,\ldots,n)$ の最大値と最小値をそれぞれ $y_{\max}, y_{\min}$ とすると,平均値 $\sum f(x_i)/n$ は $y_{\min}$ と $y_{\max}$ の間にある.$f(x)$ は連続であるから,中間値の定理より,$f(\xi)$ がその平均値に等しくなる適当な ξ を区間 $[x_1, x_n]$ の中に見つけることができる. ■

さて,複合型の中点則 $M_n(f)$,台形則 $T_n(f)$,シンプソン則 $S_n(f)$ の誤差をそれぞれ $E_n^M(f), E_n^T(f), E_n^S(f)$ と表そう.例えば,複合台形則の場合は,図8.5のように積分区間を幅 h の小区間 i $(i=1,2,\ldots,n)$ に分割し,各々に台形則を適用するので,各小区間の誤差は式 (8.12) の $b-a$ を h に,また m を小区間 i の中点 m_i に置き換えることにより求まる.このとき,小区間幅 h が十

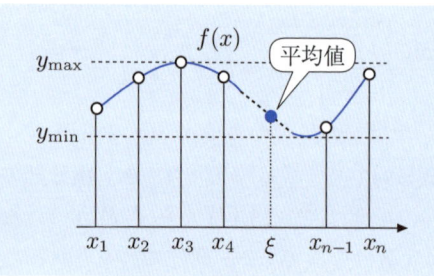

図 8.4 補題の説明

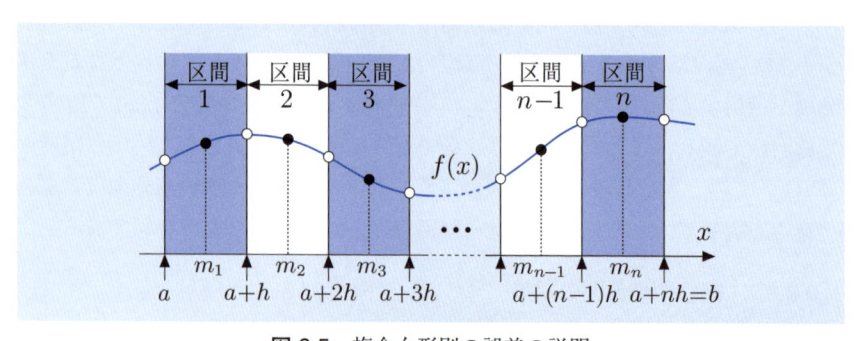

図 8.5 複合台形則の誤差の説明

8.4 数値積分の誤差解析

分に小さければ式 (8.12) における誤差 $R_1(f)$ の第 2 項以降を無視できる．従って，複合台形則全体の誤差 $E_n^T(f)$ は

$$E_n^T(f) \approx -\frac{h^3}{12}\sum_{i=1}^{n} f''(m_i)$$

と書ける．さらに前述の補題を適用し，$b - a = nh$ と置き換えると

$$E_n^T(f) \approx -\frac{h^2(b-a)}{12} f''(\xi) \tag{8.15}$$

を得る．同様に，複合中点則と複合シンプソン則の誤差はそれぞれ

$$E_n^M(f) \approx \frac{h^2(b-a)}{24} f''(\xi) \tag{8.16}$$

$$E_n^S(f) \approx \frac{h^4(b-a)}{2880} f^{(4)}(\xi) \tag{8.17}$$

と表される．

例2 $\int_0^2 e^x\,dx = 6.389056099\cdots$ を複合中点則 $M_n(f)$，複合台形則 $T_n(f)$，複合シンプソン則 $S_n(f)$ で近似した値とその誤差の絶対値を表 8.3 に示す．積分区間 $[0,2]$ に対する分割数 n を倍々に増加すると，誤差は表 8.3 のように減少する．中点則と台形則の誤差は，式 (8.15)，(8.16) からわかるように h^2 に比例するので，ほぼ $1/4 = (1/2)^2$ 倍ずつ減少する．一方，シンプソン則の誤差は式 (8.17) より h^4 に比例するので $1/16 = (1/2)^4$ 倍ずつ減少する．さらに，式 (8.15)，(8.16) の係数から予想されるように，台形則の誤差の大きさは中点則のほぼ倍である． □

表 8.3 $\int_0^2 e^x\,dx$ に対する複号中点則，台形則，シンプソン則の誤差

分割数	複号中点則		複号台形則		複号シンプソン則	
	標本点数	$M_n(f)$	標本点数	$T_n(f)$	標本点数	$S_n(f)$
1	1	0.95	2	2.0	3	0.032
2	2	0.26	3	0.52	5	0.0022
4	4	0.066	5	0.13	9	0.00014
8	8	0.017	9	0.033	17	0.0000086
16	16	0.0042	17	0.0083	33	0.00000054
32	32	0.00010	33	0.0021	65	0.000000034

8.5　発展 — さらに進んだ積分則

これまで述べた中で最も効率のよい積分則は複合シンプソン則で，積分区間の分割数 n を大きくとれば，工学の諸分野に現れる大抵の関数は十分な精度で数値積分できる．この意味では，初学者にとっては複合シンプソン則を理解し使いこなせれば十分であろう．しかし，数値積分の分野では，さらに効率のよい数々の積分則が知られており，その一端に触れるとともに理論的背景を理解することも意義があろう．本節では，そのいくつかを紹介しよう．

■8.5.1　ロンバーグ積分 — 収束の加速法

ここでは，複合台形則に対して小区間への分割数を倍々に増加して誤差を**加速的に小さくする方法**を示す．なお，ここでは $I(f)$ などを I と略記する．

積分 $I = \int_a^b f(x)\,dx$ に対する複合台形則 T_n の誤差 $E_n^T = I - T_n$ は，式 (8.12) における R_1 の第 1 項に $b - a = nh$ を代入することで，式 (8.15) のように求められた．R_1 の第 2 項以降を無視せずに書くと

$$I - T_n = \alpha_2 h^2 + \alpha_4 h^4 + \cdots + \alpha_{2k} h^{2k} + \cdots \tag{8.18}$$

と表される[3]．分割数 n を倍にすると h は $h/2$ となり

$$I - T_{2n} = \alpha_2 \left(\frac{h}{2}\right)^2 + \alpha_4 \left(\frac{h}{2}\right)^4 + \cdots \tag{8.19}$$

と書ける．h^2 の項を消去するため，式 (8.18) から式 (8.19) の 2^2 倍を引くと，

$$(I - T_n) - 2^2 (I - T_{2n}) = \alpha_4 h^4 \left(1 - \frac{1}{2^2}\right) + \alpha_6 h^6 \left(1 - \frac{1}{2^4}\right) + \cdots$$

となる．これを整理し，右辺の h^i の係数を新たに β_i とおくと

$$I - \underbrace{\frac{T_n - 2^2 T_{2n}}{1 - 2^2}}_{T_{2n}^{(1)}} = \beta_4 h^4 + \beta_6 h^6 + \cdots \tag{8.20}$$

が得られる．式 (8.20) は，T_n と T_{2n} を求めて $\frac{T_n - 2^2 T_{2n}}{1 - 2^2}$ と計算すると，I との

---

[3] ここで，α_2 は式 (8.15) の ξ に依存するので，区間 $[a, b]$ の分割数にも依存する．他の α_i についても同様である．しかし，h は十分に小さく，その小区間内では $f(x)$ の高階微係数はほぼ一定とみなせる．そこで，α_i は「分割数に依存しない定数」であると仮定しよう．

8.5 発展 — さらに進んだ積分則

誤差は h^4 に比例し，T_{2n} の誤差 (8.19) より小さくなることを示している．そこで，式 (8.20) に示すように，

$$T_{2n}^{(1)} = \frac{T_n - 2^2 T_{2n}}{1 - 2^2} \tag{8.21}$$

と書き，これを新たな積分則と考えよう．$T_{2n}^{(1)}$ は，T_n に上記の誤差低減法を「1 回」適用し，分割数が $2n$ になっていることを意味する．

同様にして，

$$T_{4n}^{(2)} = \frac{T_{2n}^{(1)} - 2^4 T_{4n}^{(1)}}{1 - 2^4} \tag{8.22}$$

を作ると，さらに h^4 に比例した誤差項が消去できる．ただし，$T_{4n}^{(1)}$ は式 (8.21) の n を $2n$ に置き換えれば得られる．この操作を繰り返し，$j-1$ 回適用した段階で分割数が k となったと仮定しよう．このとき，

$$T_{2k}^{(j)} = \frac{T_k^{(j-1)} - 2^{2j} T_{2k}^{(j-1)}}{1 - 2^{2j}} \quad (j = 1, 2, \dots) \tag{8.23}$$

とおくと，h^{2j} に比例した誤差項までが消去できる[2],[4]．ただし，$T_n^{(0)} = T_n$ で，これは台形則により直ちに得られる．そこで，この操作を $j = 1, 2, \dots, J$ まで順に J 回繰り返すと，最終的に得られる $T_K^{(J)}$ ($K = n \cdot 2^J$) は h^{2J} の誤差項までが消去され，同じ分割数の台形則 T_K に比べ誤差を大きく低減できる．このような数値積分法を**ロンバーグ (Romberg) 積分**とよぶ．

実際の計算は，図 8.6 に示すように進めればよい．まず，中点則 M_n と台形則 T_n および T_{2n} には，

$$T_{2n} = \frac{T_n + M_n}{2} \tag{8.24}$$

の関係が成り立つ (章末問題参照) ので，分割数を倍々にして $M_{2n}, M_{4n}, \dots$ を計算し，台形則 $T_{2n}, T_{4n}, \dots$ が求められる．このように求められた $T_n, T_{2n}, \dots$ を式 (8.23) に代入することでロンバーグ積分が計算できる．図 8.6 は $J = 3$ の例で，図中の矢印は関係式 (8.23), (8.24) によって計算することを意味する．

例 3 積分 $\int_0^2 e^x dx$ に対する**ロンバーグ積分**の計算結果を表 8.4 に示す．単純な台形則 T_8 の精度は有効 1 桁しかないが，$T_8^{(3)}$ では有効 7 桁の精度がある．

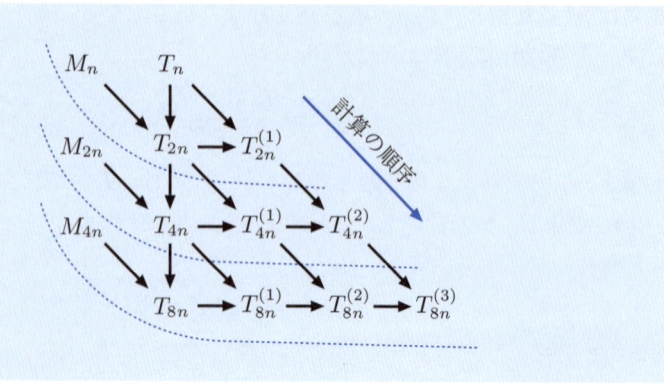

図 8.6 複合中点則 M_n，台形則 T_n から作成されるロンバーグ積分 $T_K^{(J)}$

表 8.4 積分 $\int_0^2 e^x dx$ に対するロンバーグ積分 $T_K^{(j)}$ の値 $(K = 1, 2, 4, 8)$

分割数 K	M_K	$T_K^{(0)} = T_K$	$T_K^{(1)}$	$T_K^{(2)}$	$T_K^{(3)}$
1	5.43656366	8.38905610			
2	6.13041034	6.91280988	6.42072780		
4	6.32298553	6.52161011	6.39121019	6.38924235	
8		6.42229782	6.38919373	6.38905929	6.38905639

■8.5.2 クレンショー・カーチス則

任意の積分区間 $[a, b]$ は簡単な変数変換によって区間 $[-1, 1]$ に移すことができるので，以下では $\int_{-1}^{1} f(x)dx$ の数値積分則を考えよう．7.2.2 項では，単項式 x^k ではなく n 次の多項式 $\ell_k(x)$ を用いて n 次補間多項式を求めた．ここでは，さらに $\ell_k(x)$ の代わりとして 7.4.2 節のコラムで述べた**チェビシェフ多項式**

$$T_k(x) = \cos k\theta \quad \text{ただし} \quad x = \cos \theta \tag{8.25}$$

を用いて n 次補間多項式を求めてみる．すなわち，関数 $f(x)$ を，$T_k(x)$ に対する重みつき和

$$p_n(x) = \frac{1}{2}a_0 + \sum_{k=1}^{n-1} a_k T_k(x) + \frac{1}{2}a_n T_n(x) \tag{8.26}$$

で補間する．初項と末項のみを $1/2$ 倍して総和する新しい記号 $\sum''$ を導入すると，式 (8.26) は

8.5 発展 — さらに進んだ積分則

$$p_n(x) = \sum_{k=0}^{n} {}'' a_k T_k(x) \tag{8.27}$$

とすっきりと書ける．これを用いて

$$\int_{-1}^{1} f(x)dx \approx \int_{-1}^{1} p_n(x)dx = \sum_{k=0}^{n} {}'' a_k \int_{-1}^{1} T_k(x)dx \tag{8.28}$$

と数値積分を行う．ここでの a_k と $T_k(x)$ はそれぞれ 8.1.2 項で述べた式 (8.1) の $f(x_k)$ と $\ell_k(x)$ に対応する．このとき，a_k だけが $f(x)$ に依存していることに注意しよう．

まず係数 a_k の求め方を述べる．図 8.7 の ● で示す区間 $[-1,1]$ 上の標本点列 $x_i = \cos\left(\frac{\pi i}{n}\right)$ $(i = 0, 1, \ldots, n)$ を考え (この点列を 7.2.6 項では「チェビシェフ点」とよんだ)，条件 $f(x_i) = p_n(x_i) = \sum_{k=0}^{n} {}'' a_k T_k(x_i)$ を満足するように係数 a_k を求めよう．すなわち，$T_k(x) = \cos(k \cos^{-1} x)$ と書けることを利用し，

$$f\left(\cos \frac{\pi i}{n}\right) = \sum_{k=0}^{n} {}'' a_k \cos\left(k \cos^{-1} x_i\right) = \sum_{k=0}^{n} {}'' a_k \cos\left(\frac{\pi k i}{n}\right) \quad (0 \le i \le n) \tag{8.29}$$

を満たすように a_k を定める．このとき，$0 \le j \le n$ を満たす整数 j に対する $\cos\left(\frac{\pi j i}{n}\right)$ を式 (8.29) の両辺に掛け，i について総和すると，

$$\sum_{i=0}^{n} {}'' f\left(\cos \frac{\pi i}{n}\right) \cos\left(\frac{\pi j i}{n}\right) = \sum_{k=0}^{n} {}'' a_k \sum_{i=0}^{n} {}'' \cos\left(\frac{\pi k i}{n}\right) \cos\left(\frac{\pi j i}{n}\right)$$

$$= \sum_{k=0}^{n} {}'' a_k \sum_{i=0}^{n} {}'' \frac{1}{2} \left\{ \cos\left[\frac{\pi(k+j)i}{n}\right] + \cos\left[\frac{\pi(k-j)i}{n}\right] \right\} \tag{8.30}$$

と書ける．

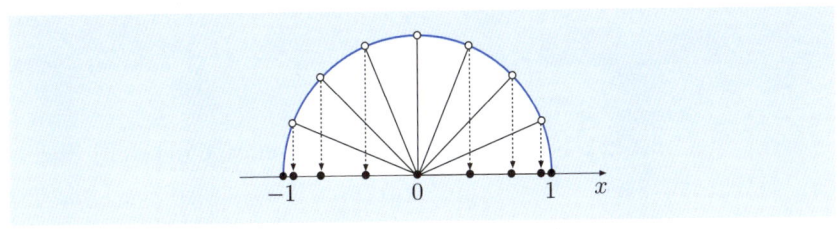

図 8.7 点列 (チェビシェフ点) $\cos\left(\frac{\pi i}{n}\right)$ $(n=8)$

一方，$m = 0, \pm 2n, \pm 4n, \ldots$ に対しては，

$$\sum_{i=0}^{n}{}'' \cos\frac{\pi m i}{n} = n$$

となることは容易に示され，$0, \pm 2n, \pm 4n, \ldots$ 以外の m に対しては，公式

$$\sum_{i=0}^{n}{}'' \cos i\theta = \frac{1}{2}\sin n\theta \cot\left(\frac{\theta}{2}\right)$$

が成り立ち，これに $\theta = \frac{\pi m}{n}$ (m は整数) を代入すると，

$$\sum_{i=0}^{n}{}'' \cos\frac{\pi m i}{n} = 0$$

となることが示されるので，両者を合わせて次の関係式が得られる．

$$\sum_{i=0}^{n}{}'' \cos\frac{\pi m i}{n} = \begin{cases} n & (m = 0, \pm 2n, \pm 4n, \ldots) \\ 0 & (それ以外) \end{cases}$$

これを式 (8.30) に適用すると，式 (8.28) の係数 a_j は次のように求められる．

$$a_j = \frac{2}{n}\sum_{i=0}^{n}{}'' f\left(\cos\frac{\pi i}{n}\right)\cos\left(\frac{\pi j i}{n}\right) \quad (0 \leq j \leq n) \tag{8.31}$$

次は，式 (8.28) の $\int_{-1}^{1} T_k(x)\,dx$ を求めよう．まず，k が偶数の場合は

$$\int_{-1}^{1} T_{2k}(x)\,dx = \int_{0}^{\pi} \cos(2k\theta)\sin\theta\,d\theta \quad (x = \cos\theta と変換)$$
$$= \int_{0}^{\pi}\frac{\sin(2k+1)\theta - \sin(2k-1)\theta}{2}d\theta = \frac{2}{1-4k^2}$$

となる．一方，k が奇数の場合は同様に計算すると $\int_{-1}^{1} T_{2k+1}(x)\,dx = 0$ となる．以上の結果を用いると，$\int_{-1}^{1} f(x)\,dx$ に対する式 (8.28) の数値積分則は

$$\int_{-1}^{1} f(x)\,dx \approx \sum_{k=0}^{n}{}'' a_k \int_{-1}^{1} T_k(x)\,dx = \sum_{k=0}^{\lfloor\frac{n+1}{2}\rfloor}{}'' \frac{2\,a_{2k}}{1-4k^2} \tag{8.32}$$

と書ける[4]．これを**クレンショー・カーチス (Clenshaw-Curtis) 則**[32]という．ただし，式 (8.32) において，n が奇数の場合に a_{2k} に現れる a_{n+1} はゼロ

---

[4] $\lfloor x \rfloor$ は実数 x を越えない最大の整数を表す．

とする.なお,積分区間 $[a,b]$ を $[-1,1]$ に変換する際は,$x = \frac{b-a}{2}t + \frac{a+b}{2}$ とおき

$$\int_a^b f(x)\,dx = \frac{b-a}{2}\int_{-1}^{1} f\left(\frac{b-a}{2}t + \frac{a+b}{2}\right) dt$$

とすればよい.実際にクレンショー・カーチス則を用いる際は,被積分関数 $f(x)$ に対して式 (8.31) を偶数の j について計算し,式 (8.32) に代入すればよい.

例 4 $\int_0^2 e^x\,dx = \int_{-1}^{1} e^{t+1}\,dt = 6.389056099\cdots$ をクレンショー・カーチス則 (8.32) で数値積分した結果を表 8.5 に示す.表 8.3 における複合中点則,台形則,シンプソン則の結果と比較すると,クレンショー・カーチス則の精度がはるかによいことがわかる. □

表 8.5 クレンショー・カーチス則による $\int_0^2 e^x\,dx$ の数値積分と誤差

標本点数	数値積分値	誤差
3	6.42072780425561	-0.032
5	6.38898226771 7042	0.000073
9	6.389056098 87502	0.000000000056

■8.5.3 ガウス・ルジャンドル則

8.5.2 項と同様に,ここでも積分区間 $[a,b]$ を $[-1,1]$ に移し,$\int_{-1}^{1} f(x)dx$ を考えよう.ニュートン・コーツ則では,積分区間 $[-1,1]$ 内に標本点を等間隔にとったが,ガウス・ルジャンドル則では本項末のコラムに示す $n+1$ 次のルジャンドル多項式 $P_{n+1}(x) = 0$ の解 $x = \xi_k$,すなわち $P_{n+1}(\xi_k) = 0\,(k = 0, 1, \ldots, n)$ を標本点に用いる.したがって,ガウス・ルジャンドル則は式 (8.2) から

$$I(f) = \int_{-1}^{1} f(x)\,dx \approx \sum_{k=0}^{n} w_k f(\xi_k) \tag{8.33}$$

と書け,重み w_k は式 (8.2) の $\ell_k(x)$ の標本点を $\xi_k\,(k = 0, 1, \ldots, n)$ と選び

$$w_k = \int_{-1}^{1} \frac{(x-\xi_0)\cdots(x-\xi_{k-1})(x-\xi_{k+1})\cdots(x-\xi_n)}{(\xi_k-\xi_0)\cdots(\xi_k-\xi_{k-1})(\xi_k-\xi_{k+1})\cdots(\xi_k-\xi_n)}\,dx \tag{8.34}$$

と表される.式 (8.33), (8.34) を $n+1$ 点**ガウス・ルジャンドル (Gauss-Legendre) 則**という.

表 8.6 ガウス・ルジャンドル則の標本点 ξ_k と重み w_k

標本点数 $n+1$	標本点 ξ_k	重み w_k
1	0	2
2	±0.577350269189626	1
3	0	8/9
	±0.774596669241483	5/9
4	±0.339981043584856	0.652145154862546
	±0.861136311594053	0.347854845137454
5	0	128/225
	±0.538469310105683	0.478628670499366
	±0.906179845938664	0.236926885056189

5点ガウス・ルジャンドル則までの標本点 ξ_k と重み w_k を表 8.6 に示す.実際にガウス・ルジャンドル則を使う場合は,まず標本点数 $n+1$ を決めた後,表 8.6 に示す標本点 ξ_k 上で $f(\xi_k)$ を計算し,重み w_k を掛けて総和すればよい.ガウス・ルジャンドル則は次に示すように非常に精度がよい.複雑な関数の積分に対しては,積分区間を小区間に分割し複合則として用いれば表 8.6 に示す比較的少ない点数の積分則で十分な精度が得られる.

ガウス・ルジャンドル則の精度に関し,次の結果が知られている.

補題

$n+1$ 点ガウス・ルジャンドル則の次数は $2n+1$ 次である.

$n+1$ 点ニュートン・コーツ則の次数は高々 $n+1$ 次であったことと比較すれば,ガウス・ルジャンドル則がいかに高精度であるかがわかるだろう.

[補題の略証] $\varphi_{n+1}(x) = (x-\xi_0)(x-\xi_1)\cdots(x-\xi_n)$ とおくと,ルジャンドル多項式を用いて $\varphi_{n+1}(x) = \beta P_{n+1}(x)$ と書ける (β は定数).$n+1$ 点則の誤差 $R_n(f)$ は,式 (7.14), (8.2) より,

$$R_n(f) = I(f - p_n) = \int_{-1}^{1} f[\xi_0, \xi_1, \ldots, \xi_n, x] \, \varphi_{n+1}(x) \, dx \tag{8.35}$$

と表される.差分商の公式 (7.12) から

$$f[x_{n+1}, \xi_0, \xi_1, \ldots, \xi_n] = \frac{f[\xi_0, \xi_1, \ldots, \xi_n, x] - f[x_{n+1}, \xi_0, \xi_1, \ldots, \xi_n]}{x - x_{n+1}}$$

が成り立つ.この関係から式 (8.35) は

8.5 発展 — さらに進んだ積分則

$$R_n(f) = \int_{-1}^{1} f[x_{n+1}, \xi_0, \xi_1, \ldots, \xi_n, x]\,\varphi_{n+1}(x)(x - x_{n+1})\,dx$$
$$+ f[x_{n+1}, \xi_0, \xi_1, \ldots, \xi_n]\underbrace{\int_{-1}^{1} \varphi_{n+1}(x)\,dx}_{0} \qquad (8.36)$$

と書ける．式 (8.36) の右辺第 2 項の積分は，本項末のコラムに示すルジャンドル多項式の直交性よりゼロとなる．同様に式 (8.36) の右辺第 1 項の差分商に点 $x_{n+2}, x_{n+3}, \ldots, x_{2n+1}$ を次々に追加すると

$$R_n(f) = \int_{-1}^{1} f[x_{2n+1}, \ldots, x_{n+2}, x_{n+1}, \xi_0, \xi_1, \ldots, \xi_n, x]$$
$$\varphi_{n+1}(x)(x - x_{n+1})(x - x_{n+2})\cdots(x - x_{2n+1})\,dx$$

となり，$x_{n+1} = \xi_0, x_{n+2} = \xi_1, \ldots, x_{2n+1} = \xi_n$ とおくと，

$$R_n(f) = \int_{-1}^{1} f[\xi_n, \ldots, \xi_1, \xi_0, \xi_0, \xi_1, \ldots, \xi_n, x]\left[\varphi_{n+1}(x)\right]^2 dx$$

が得られる．$\left[\varphi_{n+1}(x)\right]^2 \geq 0$ だから積分法の第一平均値の定理[14]および差分商と高次導関数との関係 (7.17) から，

$$R_n(f) = f[\xi_n, \ldots, \xi_1, \xi_0, \xi_0, \xi_1, \ldots, \xi_n, \eta] \int_{-1}^{1} \left[\varphi_{n+1}(x)\right]^2 dx$$
$$= \frac{f^{(2n+2)}(\zeta)}{(2n+2)!} \int_{-1}^{1} \left[\varphi_{n+1}(x)\right]^2 dx$$

を満たす η, ζ が区間 $[-1, 1]$ 内に存在する．すなわち，$f(x)$ が $2n+1$ 次以下の多項式ならば $R_n(f) = 0$ となり，補題が示される． ■

例 5 $\int_0^2 e^x\,dx = \int_{-1}^{1} e^{t+1}\,dt = 6.389056099\cdots$ をガウス・ルジャンドル則 (8.33), (8.34) で数値積分した結果を表 8.7 に示す．表 8.3 における複合中点則，台形則，シンプソン則の結果，および表 8.5 に示すクレンショー・カーチス則の結果と比較すると，ガウス・ルジャンドル則の精度が高いことがわかる． □

表 8.7 ガウス・ルジャンドル積分則による $\int_0^2 e^x\,dx$ の数値積分

標本点数	数値積分値	誤差
3	6.3888781639871173	1.8×10^{-4}
5	6.3890560966886749	2.2×10^{-9}
9	6.3890560989306451	5.3×10^{-15}

複合台形則では分割数を 2 倍にすると追加される標本点はすでに存在する標本点の中点に並ぶ．したがって，すでに求められた標本点での関数値を再利用して 2 倍の分割の複合台形則が適用できる．クレンショー・カーチス則の場合も同様な利点がある．一方，ある標本点数のガウス・ルジャンドル則とその 2 倍の標本点数のガウス・ルジャンドル則の標本点の間には関連がない．すなわち，点数を倍々に増加して収束するまで近似を求める能率的な方策がガウス・ルジャンドル則では構築できない．この欠点を解決する一案に**ガウス・クロンロッド則**[30] が知られている．

●**ルジャンドル多項式**●

k 次の**ルジャンドル (Legendre) 多項式**は次のように定義される[12]．

$$P_k(x) = \frac{1}{2^k\,k!}\frac{d^k}{dx^k}(x^2-1)^k \tag{8.37}$$

$P_0(x)=1$, $P_1(x)=x$ は直ちに得られ，また定義 (8.37) を変形すると漸化式

$$(k+1)P_{k+1}(x) = (2k+1)xP_k(x) - kP_{k-1}(x) \quad (k=1,2,\ldots) \tag{8.38}$$

が導かれる．ここで $k=1$ とすると $2P_2(x) = 3xP_1(x) - P_0(x) = 3x^2 - 1$ となり，$P_2(x) = \frac{3x^2-1}{2}$ が得られる．同様にして $k=2,3,\ldots$ に対する高次の $P_k(x)$ が求められる．図 8.8 は，区間 $[-1,1]$ における $P_1(x)$〜$P_4(x)$ のグラフである．

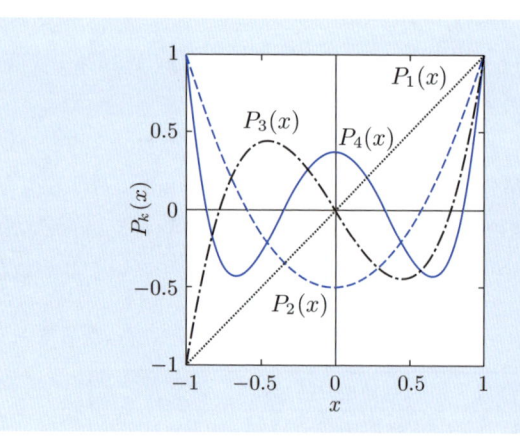

図 8.8 ルジャンドル多項式 $P_1(x), P_2(x), P_3(x), P_4(x)$

ルジャンドル多項式には次に示す有用な性質がある．まず，$P_i(x)$, $P_j(x)$ に対して

$$\int_{-1}^{1} P_i(x) P_j(x) dx = \begin{cases} \dfrac{2}{2i+1} & (i = j) \\ 0 & (i \neq j) \end{cases} \tag{8.39}$$

が成り立つ．この性質は**直交性**とよばれる．ルジャンドル多項式の性質を厳密に議論するにはより進んだ知識が必要であるため，ここではその "雰囲気だけ" を示そう．実は，任意の n 次多項式 $Q_n(x)$ は，0 次〜n 次までのルジャンドル多項式を用いて

$$Q_n(x) = \sum_{i=0}^{n} \alpha_i P_i(x) \tag{8.40}$$

と必ず書ける (展開できる)．α_i は展開係数で，直交性 (8.39) を用いて次のように計算できる．すなわち，式 (8.40) の両辺に $P_j(x)$ を掛けて $[-1, 1]$ まで積分すると，

$$\int_{-1}^{1} P_j Q_n \, dx = \underbrace{\int_{-1}^{1} \alpha_1 P_j P_1 \, dx}_{0} + \cdots + \underbrace{\int_{-1}^{1} \alpha_j P_j P_j \, dx}_{\frac{2}{2j+1} \alpha_j} + \cdots + \underbrace{\int_{-1}^{1} \alpha_n P_j P_n \, dx}_{0}$$

となり ($P_j(x)$ の (x) は略)，直交性 (8.39) から $P_j P_j$ を含む項以外は消えるため，

$$\alpha_j = \frac{2j+1}{2} \int_{-1}^{1} P_j Q_n \, dx \tag{8.41}$$

と求められる．式 (8.40), (8.41) を拡張すると任意の関数をルジャンドル多項式で展開できる．これを**ルジャンドル展開**とよぶ．

ルジャンドル多項式を用いると数々の恩恵があり，その一例が 8.5.3 項で述べるガウス・ルジャンドル積分則である．

8 章 の 問 題

□ **1** ニュートン・コーツ則における重みの対称性 $w_k = w_{n-k}$ を，以下の手順に従って証明せよ．

　(1) 式 (8.4) において，$x = a + sh$ ($h = (b-a)/n$, s は実数) とおき，x による積分を s の積分に変換すると，

$$w_k = h \int_0^n \frac{s(s-1)\cdots(s-(k-1))(s-(k+1))\cdots(s-n)}{k(k-1)\cdots 1 \cdot (-1) \cdots (k-n)} ds$$

と書けることを示せ．

　(2) 上式の w_k，および $k \leftarrow n-k$ と置き換えた w_{n-k} が等しいことを示せ．
　【ヒント】$s = n-t$ と変数変換する．

□ **2** 区間 $[a,b]$ を n 等分割した複合中点則 $M_n(f)$ および複合台形則 $T_n(f)$ と $2n$ 等分割した複合台形則 $T_{2n}(f)$ との間に次の関係が成り立つことを示せ．

$$T_{2n}(f) = \frac{T_n(f) + M_n(f)}{2}$$

□ **3** $f(x) = \frac{1}{(1+x)^2}$ として $I(f) = \int_0^2 f(x)\,dx = 2/3$ を数値積分し， 例2 のように誤差が減少する様子を確かめたい．

　(1) 複合中点則 $M_n(f)$ を用い，$M_1(f), M_2(f), M_4(f)$ を求めよ．厳密値と比較し，式 (8.16) が示すように誤差の減少の割合が $1/4$ であるかを確かめよ．

　(2) 複合シンプソン則 $S_n(f)$ を用い，$S_1(f), S_2(f), S_4(f)$ を求めよ．厳密値と比較し，式 (8.17) が示すように誤差の減少の割合が $1/16$ であるかを確かめよ．

□ **4** $f(x) = \sqrt{x}$ として $I(f) = \int_0^1 f(x)\,dx$ を複合中点則 $M_n(f)$ で数値積分する．$M_1(f), M_2(f), M_4(f)$ を求めよ．厳密値 $I(f) = 2/3$ と結果を比較し，誤差の減少の割合が $1/4$ であるか確かめよ．もし異なるならその理由を考察せよ．
　【ヒント】$f(x) = \sqrt{x}$ は 1 階微分が $x = 0$ で存在しないことに着目せよ．

□ **5** ロンバーグ積分 $T_n^{(m)}(f)$ で，特に $m = 1$ の場合の $T_n^{(1)}(f)$ を考える．このとき，

$$T_{2n}^{(1)}(f) = \frac{T_n(f) - 4T_{2n}(f)}{1-4}$$

が複合シンプソン則 $S_{2n}(f)$ と一致することを示せ．

□ **6** $\int_0^2 e^x\,dx$ を 2 点ガウス則で数値積分せよ． 例1 で示したシンプソン則の結果と比較し，どちらがよい精度であるか．

第9章

常微分方程式の数値解法

　微分方程式を解くためには，(i) 与えられた微分方程式を変形して不定積分に帰着させ，(ii) その不定積分を求める，というステップが必要である．しかしながら，こうして解けるのは実は限られた形の微分方程式だけである．これまで何度か述べたように，不定積分が求められない関数は多々あり，この場合には (ii) でつまづいてしまう．解析的に解けない微分方程式は，数値的にアプローチせざるを得ないのである．

　本章と次章では，"微分方程式" を計算機に数値的に解かせる方法について述べよう．本章では，まず**常微分方程式**の解法を扱う．常微分方程式とは，要するに読者諸君が高校時代から慣れ親しんでいる $f(x)$ のような1変数の関数についての微分方程式である．ちなみに，次章では "偏微分方程式" を扱うが，本章で導入する数値解法は次章の基礎でもあるので，考え方を十分に理解されたい．

(吉田)

9.1 はじめに — 簡単な例を通して

9.1.1 1階の微分方程式を例として

微分方程式とは何かという形式的な説明は次節に回し，まず次のような簡単な微分方程式を考えよう．

$$\frac{dy}{dx} = y' = x + y \tag{9.1}$$

これは，"x の関数 y があって，それを x で微分したら $x+y$ になるような関数 y を求めなさい[1])" という方程式である．式 (9.1) は解析的に解くことができ，その解は C を任意の実数として

$$y = C e^x - x - 1 \tag{9.2}$$

となる．式 (9.2) を求めるにはちょっとしたテクニックが必要で，この場合は $u = x + y$ とおく．このとき，$\frac{du}{dx} = 1 + \frac{dy}{dx}$ で，式 (9.1) は

$$\frac{du}{dx} = u + 1 \tag{9.3}$$

のような u についての微分方程式に変形される．これなら簡単で，

$$\int \frac{du}{u+1} = \int dx \quad \rightarrow \quad \log|u+1| = x + c \quad \rightarrow \quad u = C e^x - 1 \tag{9.4}$$

となり ($C = \pm e^c$)，$u = x + y$ と置き換えると確かに式 (9.2) が得られる．

この過程では，(i) $u = x + y$ による変形，および (ii) 式 (9.4) の不定積分，の 2 つがキーポイントであるが，残念なことに (i) のような変形で簡単化でき，また (ii) の不定積分が求めらるような微分方程式は，実際にはラッキーといわざるを得ない．すなわち，種々の工学的問題に現れる実際の微分方程式は，解析的に解け**ない**ものが多いのである．解析的に解けないのなら計算機に数値的に解かせよう — これが本章の主題である．

微分方程式を解く操作は，"実数を変数とする関数" を定めることに相当し，実際，式 (9.3)–(9.4) の過程では結果的にあらゆる実数値 x に対して関数値 y が決定されている — すなわち，x の無限個の点について関数値 y が定められている．残念ながら，このような芸当は計算機にはできない．計算機は無限個の点など扱えないからである．

---

[1]) 本章では，関数を必要に応じて y と書いたり，$y(x)$ と書いたりする．特に，独立変数 x が明らかで，混乱するおそれがない場合には (x) を省略することが多い．

9.1.2 離散化の考え方

「電卓を使って式 (9.2) ($C = 1$ とする) のグラフを方眼紙に書きなさい」といわれたら，読者諸君はどうするだろう？ 普通は，図 9.1(a) のように，

(1) 関数値を適当な間隔 Δx に従う**分点**上で計算・プロットし，
(2) 分点間を雲型定規などを使って滑らかに，あるいは直線で結ぶ，

だろう．図 9.1(b) は，分点 (●) 間隔を $\Delta x = 0.5$ とし，分点間を直線で結んだグラフ (点線)，および計算機で厳密に作成したグラフ (実線) である．

点線のグラフを実線に近づけるには分点間隔 Δx を小さくすればよいが，$\Delta x = 0.5$ でもある程度正しいグラフが得られている．これは，対象の関数は分点間で十分滑らかで，図 9.1(c) のような**不穏な挙動はしない**ためである．すなわち，直線で近似できるほど分点間隔を小さく選べば，連続に変化する関数

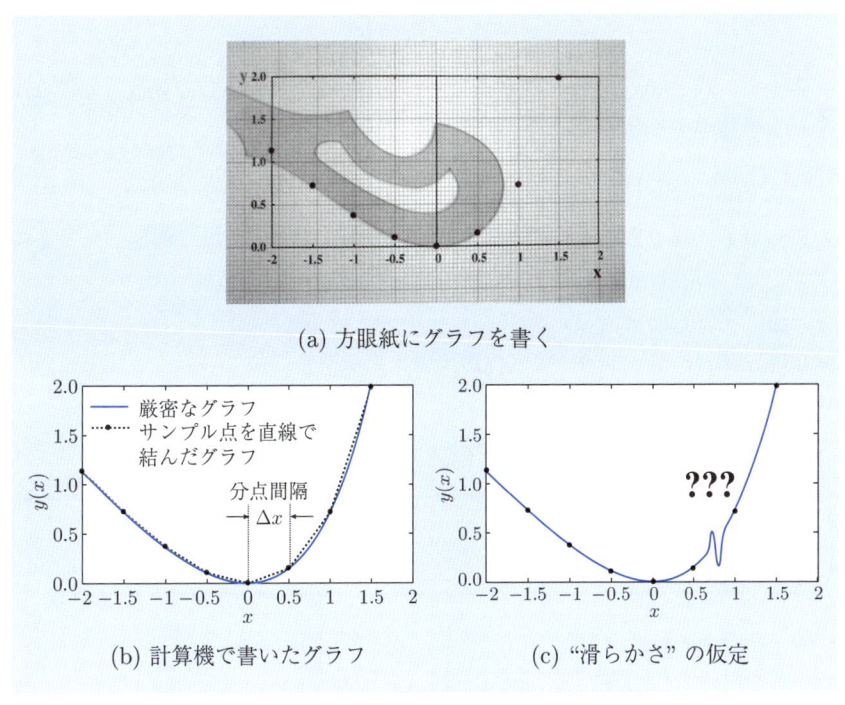

(a) 方眼紙にグラフを書く

(b) 計算機で書いたグラフ   (c) "滑らかさ" の仮定

図 9.1　式 (9.1) の関数 $y = e^x - x - 1$ のグラフ

を適当な分点上の値で近似表現できることになる[2]．この操作は**離散化**とよばれ，計算機上で連続に変化する関数を扱う際の常套手段である．

■**9.1.3 微分についてちょっと復習**

関数 $y(x)$ に対して

$$\lim_{\Delta x \to 0} \overbrace{\frac{y(x+\Delta x) - y(x)}{\Delta x}}^{\Delta y} \quad (= y'(x)) \tag{9.5}$$

が**存在する**[3]とき，$\frac{dy}{dx}$ とか $y'(x)$ と書いて，$y(x)$ の微分 (厳密には微係数) といった．$y'(x)$ は点 x における $y(x)$ の接線の傾きを表している．

以降で扱う関数は，指定区間で必要な階数の微分が必ず存在すると仮定しよう．いま，$\Delta y = y(x+\Delta x) - y(x)$ とおき，

$$\frac{\Delta y}{\Delta x} = y'(x) + \varepsilon$$

と書くと，式 (9.5) は $\Delta x \to 0$ で $\varepsilon \to 0$ となることを表している．分母 Δx を払って整理すると，

$$\Delta y = y'(x)\Delta x \ + \ \varepsilon \Delta x \quad (\text{ただし，} \Delta x \to 0 \text{ のとき } \varepsilon \to 0) \tag{9.6}$$

が得られる．図 9.2 に示すように，式 (9.6) は x から Δx だけ増加したときの関数 $y(x)$ の増分 Δy を表し，
- Δy は $y'(x)\Delta x$ と $\varepsilon \Delta x$ の和
- $y'(x)\Delta x$ は，Δx について直線的に変化する増分
- $\varepsilon \Delta x$ は，それ以外の増分

である．式 (9.6) において注意すべきは，

> $\Delta x \to 0$ とすると，$\varepsilon \Delta x$ は $y'(x)\Delta x$ よりも速くゼロに近づく

---

[2] "計算機で厳密に作成した" と述べた図 9.1(b) の実線も，実際は分点間隔を十分小さく選んで作成した折れ線グラフに過ぎない．もちろん．

[3] "**存在する**" という表現は数学の方言のようなもので，実際には，「Δx が 0 に右から近づいても左から近づいても，極限値が有限の一意な値に定まる」とき，その極限値が「存在する」という．

9.1 はじめに —— 簡単な例を通して

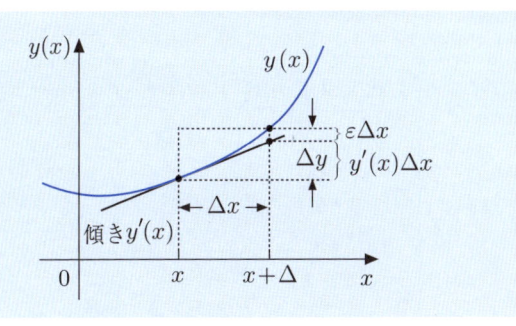

図 9.2 式 (9.6) の図的な説明

ことである．従って，図 9.2 からもわかるように，$y'(x)\Delta x$ に比べて $\varepsilon\Delta x$ が無視できるほど小さくなるように Δx を選べば，増分 Δy は十分な精度で

$$\Delta y \simeq y'(x)\Delta x \tag{9.7}$$

と表すことができる．つまり，増分 Δy を**直線で近似できる**ことになる．

■ 9.1.4 微分方程式の数値解法の基礎

微分方程式の数値解法は，以上に述べた"離散化"および"増分の近似"の考え方に基づいている．例として，式 (9.1) の微分方程式を次の (初期) 条件の下に数値的に解いてみよう．

$$y' = y + x \qquad \text{ただし条件：} y(0) = 0$$

解析解は図 9.1 に示す $y = e^x - x - 1$ である．ここでは，分点間隔を Δx，i 番目の分点を $x_i = i \cdot \Delta x$ $(i = 0, 1, 2, \ldots)$ とし，各分点上で解 $y(x)$ の**数値解** (近似値) を求めることを目的とする．分点 x_i 上で，$y(x)$ の数値解 (近似値) を Y_i，微分 $y'(x)$ の近似値を Y_i' と表そう (表 9.1 参照)．

表 9.1 分点，および分点上での $y(x), y'(x)$ の近似値の表記法

分点番号 i	0	1	2	3	$\cdots$	i	$\cdots$
x 座標	0	Δx	$2\Delta x$	$3\Delta x$	$\cdots$	$i\Delta x$	$\cdots$
分点の記号	x_0	x_1	x_2	x_3	$\cdots$	x_i	$\cdots$
$y(x)$ の数値解 (近似値)	Y_0	Y_1	Y_2	Y_3	$\cdots$	Y_i	$\cdots$
$y'(x)$ の近似値	Y_0'	Y_1'	Y_2'	Y_3'	$\cdots$	Y_i'	$\cdots$

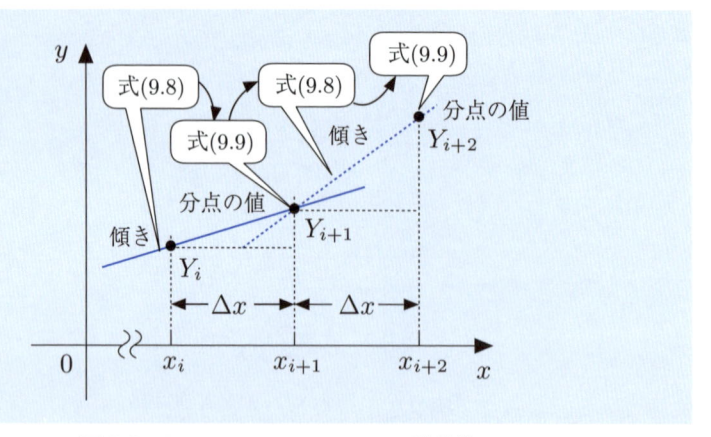

図 9.3 $Y_i \to Y_{i+1} \to Y_{i+2}$ の計算法

表 9.1 の約束に従うと，式 (9.1) は，

$$Y_i' = Y_i + x_i \qquad (9.8)$$

と書ける．いま，分点 x_i 上で Y_i の値は<u>すでに求められている</u>と仮定すると，x_i における"接線の傾き" Y_i' は式 (9.8) で計算できる．また，Δx は十分小さく式 (9.7) の近似が成り立つ場合，x_i から x_{i+1} へ Δx だけ進むと増分 Δy は $\Delta y = Y_i' \Delta x$ で与えられるため，Y_{i+1} は，

$$Y_{i+1} = Y_i + Y_i' \Delta x \qquad (9.9)$$

となる．以上から，"**式 (9.8) を用いて傾きを求めた後，式 (9.9) を用いて隣の分点上での Y_{i+1} を求める**" という計算を繰り返せば，Y_i は $Y_0 \to Y_1 \to Y_2 \to \cdots$ と順に求められる (図 9.3)．なお，x_0 における Y_0 には，与えられた (初期) 条件を用いればよい．

$\Delta x = 0.2$ として，(初期) 条件から Y_i を順に計算してみよう．

$$x_0 = 0.00 \text{ で } Y_0 = 0.00 \xrightarrow{\text{式 (9.8)}} Y_0' = x_0 + Y_0 = 0.00$$
$$\xrightarrow{\text{式 (9.9)}} Y_1 = Y_0 + Y_0' \cdot \Delta x = 0.00$$

9.1 はじめに — 簡単な例を通して

$$x_1 = 0.20 \text{ で } Y_1 = 0.00 \xrightarrow{\text{式 (9.8)}} Y_1' = x_1 + Y_1 = 0.20$$

$$\xrightarrow{\text{式 (9.9)}} Y_2 = Y_1 + Y_1' \cdot \Delta x = 0.04$$

$$x_2 = 0.40 \text{ で } Y_2 = 0.04 \xrightarrow{\text{式 (9.8)}} Y_2' = x_2 + Y_2 = 0.44$$

$$\xrightarrow{\text{式 (9.9)}} Y_3 = Y_2 + Y_2' \cdot \Delta x = 0.128$$

となり,得られる結果を図 9.4 の折れ線 ●—● に示す (点線 ……… は解析解).

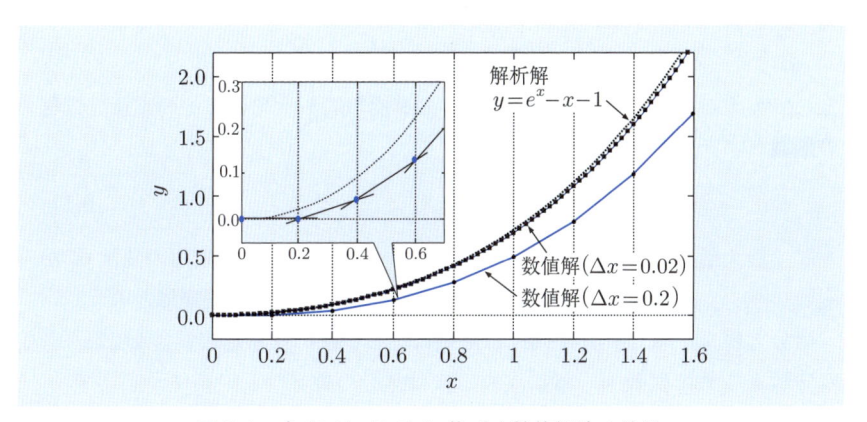

図 9.4 式 (9.8), (9.9) に基づく数値解法の結果

図 9.4 における解析解と $\Delta x = 0.2$ の数値解は傾向は近いものの,誤差は大きい.これは,Δx が十分に小さいとはいえない状況で式 (9.7) の直線近似を用いた "祟り" である.同図の折れ線 ■—■ は $\Delta x = 0.02$ として同じ計算をした結果で,$\Delta x = 0.2$ の場合に比べ誤差は低減しているが,x の増加と共に誤差が蓄積 (増大) する問題は避けられない.$\Delta x = 0.02$ で不満足であればさらに小さくすればよいが,要する計算量は増大する.

■9.1.5 以上を通して

実は,常微分方程式の数値解法に必要な基礎は,以上でほぼ説明したことになる.以降では,
- さらに効率のよい解法
- 高階微分を含む微分方程式の数値解法

の 2 点を中心に議論を進めよう.

9.2 微分方程式とは

一般に，未知の関数の微分 (導関数) を含む方程式を微分方程式という．$y(x)$ のような "ただ 1 つの独立変数を持つ関数 (1 変数関数)" を対象とする場合を**常微分方程式**，"多変数関数" を対象とする場合を**偏微分方程式**とよぶ．本章では常微分方程式を扱い，偏微分方程式については次章で取り上げる．

対象の未知関数を y，その独立変数を x としたとき，常微分方程式は $x, y, y', y'', \ldots, y^{(n)}$ の間の関係式 (方程式)

$$F(x, y, y', \ldots, y^{(n)}) = 0 \tag{9.10}$$

として与えられる．また，含まれる y の導関数の最大階数をその常微分方程式の**階数**という．特に式 (9.10) が

$$y^{(n)} = G(x, y, y', \ldots, y^{(n-1)}) \tag{9.11}$$

として**最大階数の導関数** $y^{(n)}$ について解かれており，かつ左辺の関数 G が各変数 $x, y, y', \ldots, y^{(n-1)}$ の **1 価関数**のとき，式 (9.11) を**正規形**という．

微分方程式を満たす関数 (解) は**階数に等しい数の任意定数**を含んでおり，任意定数を定めて関数を一意に決めるには，その数に等しい条件が必要である．この条件が独立変数 x の**ある 1 点**について与えられている場合を**初期条件**とよび，常微分方程式を初期条件の下に解く問題を**初期値問題**という．例えば，

$$y'' + y = 0 \quad \text{ただし } y(0) = 1 \text{ かつ } y'(0) = 0$$

は初期値問題である．これに対し，x の相異なる点 (境界点) に対して条件が与えられている場合を**境界値問題**という．

本章では正規形の常微分方程式に対する初期値問題を中心に扱い，境界値問題については次章の準備として少しだけ触れることとする．

9.3 1階の初期値問題に対する数値解法

本節では，正規形常微分方程式の初期値問題を数値的に解く代表的な手法—**オイラー (Euler) 法**と**ルンゲ・クッタ (Runge-Kutta) 法** — を紹介しよう．両者は 1 階の常微分方程式に対する数値解法であるが，これから順を追って説明するように，ちょっとした工夫で**任意の階数 (高階) の常微分方程式に適用できる**．従って，本節の手法をマスターすれば，(正規形の初期値問題であれば) 階数によらず数値的に解けるようになる．

■9.3.1 オイラー法

実は，オイラー法は，9.1 節で説明した数値解法**そのもの**である．ここでは 9.1 節とは違った観点からオイラー法を導出してみよう．

次のような 1 階正規形の常微分方程式と初期条件 (初期値)

$$\frac{dy}{dx} = y' = f(x,y) \quad (a \leq x \leq b) \tag{9.12}$$

$$初期条件 : y(a) = A \tag{9.13}$$

を対象とする．区間 $a \leq x \leq b$ は数値解を求める範囲を表している．

いま，式 (9.12), (9.13) を満たす解 $y(x)$ が<u>得られたと仮定</u>し，区間 $a \leq x \leq b$ の中の任意の点 x のまわりで**テイラー展開**すると，

$$y(x + \Delta x) = y(x) + \Delta x\, y'(x) + \frac{(\Delta x)^2}{2!} y''(x) + \cdots + \frac{(\Delta x)^n}{n!} y^{(n)}(x) + \cdots \tag{9.14}$$

と書ける．式 (9.14) における Δx を**分点間隔** (9.1 節) と考え，i 番目の分点 x_i $(i = 0, 1, 2, \ldots)$ を

$$x_i = a + i \cdot \Delta x \tag{9.15}$$

とする．分点 x_i における $y(x_i)$ の数値解を，9.1 節のように Y_i と表そう (図 9.5)．このとき，式 (9.14) において，

(1) Δx を小さくすると，右辺の第 3 項から先 (第 3 項，第 4 項，$\cdots$) は，第 1, 2 項に比べ無視できるほど小さくなる — そこで，Δx を十分小さく選び，右辺の第 3 項以降を無視しよう．

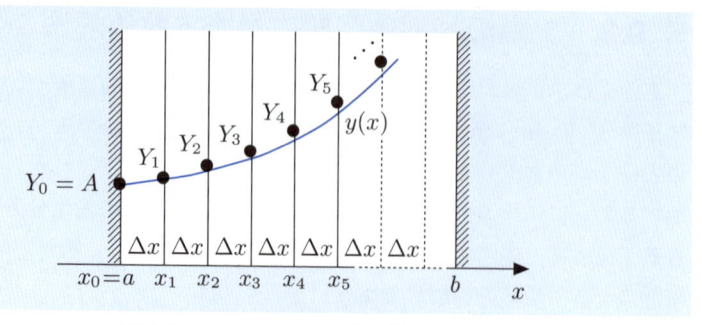

図 9.5 分点 x_i と解の近似値 Y_i

(2) 右辺第 2 項に現れる $y'(x)$ は，式 (9.12) から $f(x, y)$ に等しい．
(3) $x = x_i$ を代入すると，右辺第 1 項の $y(x_i)$ は Y_i で，左辺は Y_{i+1} で置き換えることができる．

(1)–(3) から，式 (9.14) は Y_i, Y_{i+1} によって

$$Y_{i+1} = Y_i + \Delta x \, f(x_i, Y_i) \tag{9.16}$$

と書ける．これは 1 つ前の分点 (x_i, Y_i) から Y_{i+1} を計算する式として利用できる．ただし，初期条件から $x_0 = a$ で $Y_0 = A$ である．

オイラー法のアルゴリズム

(1) $i = 0, x_0 = a, Y_0 = A$ と初期化，Δx を与える
(2) $Y_{i+1} = Y_i + \Delta x f(x_i, Y_i), x_{i+1} = x_i + \Delta x$ を計算
(3) $x_{i+1} \geq b$ なら終了．それ以外は $i \leftarrow i + 1$ として (2) へ

なお，Δx は，区間 $a \leq x \leq b$ を N 等分するように与えてもよい．

9.3.2 ルンゲ・クッタ法
9.3.2.1 ルンゲ・クッタ法の概要

式 (9.14) の右辺第 1, 2 項だけでなく**第 3 項も含めて** Y_{i+1} を計算すれば，さらに高精度の数値解法が得られるのでは？　次に述べる**ルンゲ・クッタ法**は，このような考え方に基づく手法で，第 3 項だけでなく第 4 項，第 5 項，$\cdots$ のように項数を増やせば，さらに精度が向上するだろう．そこで，

9.3 1階の初期値問題に対する数値解法

$$y(x + \Delta x) = \tag{9.17}$$

$$\underbrace{\underbrace{\underbrace{y(x) + \Delta x\, y'(x)}_{\text{オイラー法}} + \frac{(\Delta x)^2}{2!}y''(x)}_{\text{2次のルンゲ・クッタ法}} + \frac{(\Delta x)^3}{3!}y'''(x)}_{\text{3次のルンゲ・クッタ法 .....}} + \frac{(\Delta x)^4}{4!}y^{(4)}(x) + \cdots$$

のように, $y(x)$ の m 階微分までを考慮して Y_{i+1} を計算する手法を m **次のルンゲ・クッタ法**という (オイラー法は 1 次のルンゲ・クッタ法と考えてもよい).

9.3.2.2 2次のルンゲ・クッタ法

対象となる初期値問題を式 (9.12), (9.13) のペアとする. 式 (9.17) において, 右辺第 3 項の $y''(x)$ は式 (9.12) の両辺を x で微分することにより計算できるが, 式 (9.12) の右辺 $f(x, y)$ の第 2 変数 y は実際には x の関数 であるため,

$$y''(x) = \frac{df(x, y)}{dx} = \frac{\partial f(x, y)}{\partial x} + \frac{\partial f(x, y)}{\partial y}\frac{dy(x)}{dx} \tag{9.18}$$

のように微分しなければならないことに注意されたい[4]. 式 (9.17) に式 (9.18) および $y'(x) = f(x, y)$ を代入し, 第 4 項以降を無視すると,

$$y(x + \Delta x) \simeq y(x) + \Delta x\, f(x, y) + \frac{(\Delta x)^2}{2}\left(\frac{\partial f(x, y)}{\partial x} + \frac{\partial f(x, y)}{\partial y}\frac{dy(x)}{dx}\right)$$

となる. さらに, p.176 の (3) のように置き換えることにより,

$$Y_{i+1} = Y_i + \Delta x\, f(x_i, Y_i) \tag{9.19}$$
$$+ \frac{(\Delta x)^2}{2}\left(\left.\frac{\partial f(x, y)}{\partial x}\right|_{(x_i, Y_i)} + \left.\frac{\partial f(x, y)}{\partial y}\right|_{(x_i, Y_i)} \cdot f(x_i, Y_i)\right)$$

が得られる[5] (最終項の変形には $\frac{dy(x)}{dx} = f(x, y)$ を用いた).

式 (9.19) において, 右辺第 3 項は $f(x, y)$ を x, y で偏微分すれば計算できるため, 式 (9.19) によって, ともかくも分点 (x_i, Y_i) から Y_{i+1} が計算できる.

---

[4] 全微分 $df = \frac{\partial f(x, y)}{\partial x}dx + \frac{\partial f(x, y)}{\partial y}dy$ を知っていれば, 両辺を dx で割ると考えてもよい. 偏微分については付録 B 参照.

[5] 以下, 記号 $\left.\frac{\partial f(x, Y)}{\partial x}\right|_{(x_i, Y_i)}$ は, $f(x, y)$ を x で偏微分した後に, $(x, y) = (x_i, Y_i)$ を代入した値を表すと約束する. y についても同様である

しかし，これがルンゲ・クッタ法では**ない**．ルンゲ・クッタ法では，さらにひと工夫加えることにより，式 (9.19) よりも効率のよい計算式が導かれる．

ルンゲ・クッタ法では，Y_{i+1} を計算する際に，分点 (x_i, Y_i) だけではなく，(x_i, Y_i) から**ちょっと離れた点** $(x_i + \alpha\,\Delta x, Y_i + \beta\,\Delta x)$ も利用し，

$$Y_{i+1} = Y_i + \Delta x(\lambda_1 k_1 + \lambda_2 k_2) \tag{9.20}$$

$$k_1 = f(x_i, Y_i) \tag{9.21}$$

$$k_2 = f(x_i + \alpha\,\Delta x, Y_i + \beta\,\Delta x) \tag{9.22}$$

によって Y_{i+1} を求める．λ_1 と λ_2 は各々 k_1, k_2 に対する重みで，以下のように $\lambda_1, \lambda_2, \alpha, \beta$ を定めると，式 (9.19) と同じ精度を持たせることができる．

まず，式 (9.22) の右辺を $x = x_i$, $y = Y_i$ のまわりでテイラー展開し，Δx の 2 次以上の項を無視すると，

$$k_2 \simeq f(x_i, Y_i) + \alpha\,\Delta x \left.\frac{\partial f(x,y)}{\partial x}\right|_{(x_i, Y_i)} + \beta\,\Delta x \left.\frac{\partial f(x,y)}{\partial y}\right|_{(x_i, Y_i)} \tag{9.23}$$

と書け，さらに式 (9.20) に式 (9.21), (9.23) を代入して整理すると，

$$Y_{i+1} = Y_i + \Delta x \left(\lambda_1 + \lambda_2\right) f(x_i, Y_i)$$
$$+ (\Delta x)^2 \left(\alpha\lambda_2 \left.\frac{\partial f(x,y)}{\partial x}\right|_{(x_i, Y_i)} + \beta\lambda_2 \left.\frac{\partial f(x,y)}{\partial y}\right|_{(x_i, Y_i)} \right) \tag{9.24}$$

となる．これが先に計算した式 (9.19) と一致するように，係数 $\lambda_1, \lambda_2, \alpha, \beta$ を定めよう．式 (9.24) と (9.19) の係数を比較すると，

$$\lambda_1 + \lambda_2 = 1, \quad \alpha\lambda_2 = \frac{1}{2}, \quad \beta\lambda_2 = \frac{1}{2}f(x_i, Y_i) \tag{9.25}$$

が同時に満たされなければならない．式 (9.25) の条件は 3 つあるのに対し，定めるべき変数は $\lambda_1, \lambda_2, \alpha, \beta$ の 4 つであるから，このうちの 1 つを自由に定めることができる．例えば，$\lambda_2 = \frac{1}{2}$ と選ぶと，$\lambda_1 = \frac{1}{2}$, $\alpha = 1$, $\beta = f(x_i, Y_i)$ となる．これを式 (9.20)–(9.22) に代入して整理すると，

$$Y_{i+1} = Y_i + \frac{\Delta x}{2}(k_1 + k_2) \tag{9.26}$$

$$\begin{cases} k_1 = f(x_i, Y_i) \\ k_2 = f\left(x_i + \Delta x, Y_i + \Delta x\, f(x_i, Y_i)\right) \\ = f\left(x_i + \Delta x, Y_i + \Delta x\, k_1\right) \end{cases}$$

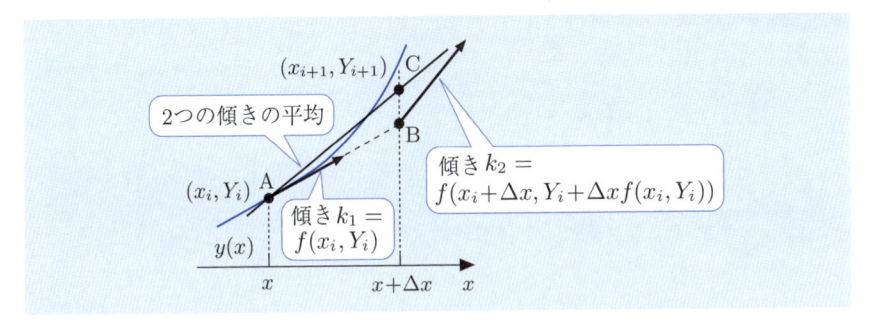

9.3　1階の初期値問題に対する数値解法

図 9.6　2次のルンゲ・クッタ法の図による説明

が得られる．これが**2次のルンゲ・クッタ法**である[6]．

式 (9.26) において，k_2 の第2変数 $Y_i + \Delta x\, f(x_i, Y_i)$ は"オイラー法で求めた次の分点の値"に相当するため，図 9.6 を参照すると，式 (9.26) は，

- A点での傾き $k_1 = f(x_i, Y_i)$
- B点での傾き $k_2 = f(x_i + \Delta x, Y_i + \Delta x\, f(x_i, Y_i))$

の**2つの傾きの平均** $\frac{k_1 + k_2}{2}$ を用いて次の分点Cでの値 Y_{i+1} を求めることになる．A点だけでなくB点の傾きも利用し平均をとることで，増分 Δy がより正確に予測され，オイラー法に比べ誤差が低減されるのである．

なお，Y_{i+1} を計算する際，式 (9.26) では $f(x, y)$ の計算は全部で2回，一方の式 (9.19) では $f(x, y)$ およびその偏微分の計算を計3回行う必要がある．ルンゲ・クッタ法は式 (9.19) よりも効率がよいと述べたのはこのためで，次数が上がると，この傾向はさらに顕著となる．

9.3.2.3　3次，4次のルンゲ・クッタ法と計算アルゴリズム

さらに実用的な数値解法としては，3次あるいは4次のルンゲ・クッタ法が知られている．高次のルンゲ・クッタ法は，2次の場合とまったく同じ考え方に基づいて導出できるが，計算が複雑になるため，ここでは結果のみを示そう．

---

[6] 式 (9.26) の k_2 の右辺において，$f(x_i, Y_i)$ を k_1 で置き換えているのは，次に示す3次，4次のルンゲ・クッタ法と同じ形に書き表すためである．なお，この公式はホイン (Heun) 法ともよばれている．式 (9.25) の変数の選び方には自由度があるため，実際には無数の結果が導かれる．その代表的なものに，式 (9.26) と章末問題3で扱う**改良オイラー法**がある．

$$Y_{i+1} = Y_i + \frac{\Delta x}{6}(k_1 + 4k_2 + k_3) \tag{9.27}$$

$$\begin{cases} k_1 = f(x_i, Y_i) \\ k_2 = f\left(x_i + \dfrac{\Delta x}{2}, Y_i + \dfrac{\Delta x}{2}k_1\right) \\ k_3 = f\left(x_i + \Delta x, Y_i - \Delta x\, k_1 + 2\Delta x\, k_2\right) \end{cases}$$

$$Y_{i+1} = Y_i + \frac{\Delta x}{6}(k_1 + 2k_2 + 2k_3 + k_4) \tag{9.28}$$

$$\begin{cases} k_1 = f(x_i, Y_i) \\ k_2 = f\left(x_i + \dfrac{\Delta x}{2}, Y_i + \dfrac{\Delta x}{2}k_1\right) \\ k_3 = f\left(x_i + \dfrac{\Delta x}{2}, Y_i + \dfrac{\Delta x}{2}k_2\right) \\ k_4 = f\left(x_i + \Delta x, Y_i + \Delta x\, k_3\right) \end{cases}$$

式 (9.27) が 3 次，式 (9.28) が 4 次の公式で，各々は式 (9.17) における 3 階，4 階微分までを考慮した数値解法である．式 (9.26)–(9.28) に共通して，分点 (x_i, Y_i) と Δx から Y_{i+1} が計算可能である点に注意されたい．

― ルンゲ・クッタ法のアルゴリズム ―

(1) $i = 0$, $x_0 = a$, $Y_0 = A$ と初期化
(2) 式 (9.26), (9.27), (9.28) のうちの適当な解法公式を利用して Y_{i+1} および $x_{i+1} = x_i + \Delta x$ を計算
(3) $x_{i+1} \geq b$ なら終了．それ以外は $i \leftarrow i+1$ として (2) へ

■9.3.3 オイラー法，ルンゲ・クッタ法の適用例

例 1 図 9.7 は，式 (9.1) の常微分方程式 $y' = x + y$ を初期条件 "$x=0$ のとき $y=0$" の下で，オイラー法，2 次および 4 次のルンゲ・クッタ法で数値的に解いた結果である．ここでは分点間隔を $\Delta x = 0.4$ とした．図 9.4 とも比較し，4 次のルンゲ・クッタ法がいかに有効な手法であるかを観賞されたい． □

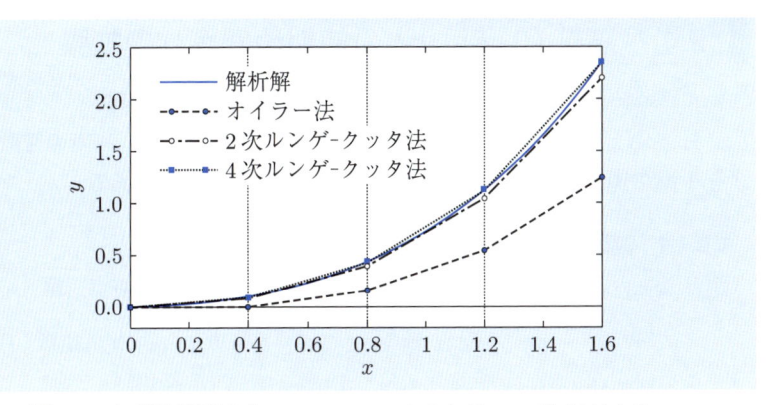

図 9.7 初期値問題 "$y' = x + y$, $x = 0$ のとき $y = 0$" に対する数値解 ($\Delta x = 0.4$) の比較

■ 9.3.4 オイラー法,ルンゲ・クッタ法による誤差について

分点 i における数値解 Y_i と真の解 $y(x_i)$ の間に生じる誤差 $|Y_i - y(x_i)|$ について考えよう.9.3.2.1 項で述べたように,1 次のオイラー法や m 次のルンゲ・クッタ法では,式 (9.17) において $(\Delta x)^{m+1}$ の項以降を無視したため,Y_i から Y_{i+1} を計算する際は $(\Delta x)^{m+1}$ に比例した誤差が生じる.しかしながら,$Y_0 \to Y_1 \to Y_2 \to \cdots$ と計算する過程で Y_i に計算誤差が蓄積するため,実際には式 (9.17) における $(\Delta x)^m$ の項にも誤差が残る.厳密に計算すると[2],[4],m 次のルンゲ・クッタ法における誤差 $|Y_i - y(x_i)|$ は,

$$|Y_i - y(x_i)| \leq C(\Delta x)^m \tag{9.29}$$

のように評価される (C は適当な定数とする).式 (9.29) は,"m 次のルンゲ・クッタ法では,分点間隔 Δx を半分にすると,生じる誤差はおおよそ $(1/2)^m$ に減少する" ことを述べている.

9.4 高階 (2階以上) の初期値問題への拡張

オイラー法やルンゲ・クッタ法は，1階の常微分方程式に対する解法であるが，ちょっとした工夫により実は任意の階数に適用できる．**高階の常微分方程式を1階の連立常微分方程式として表す**ことがポイントである．

■9.4.1 高階の常微分方程式を連立1階に変換する

例として，次のような3階の常微分方程式についての初期値問題

$$y''' - py'' - qy' - ry - sx = 0 \quad (a \leq x \leq b, p, q, r\, s \text{ は定数}) \quad (9.30)$$

初期条件：$y''(a) = A, y'(a) = B, y(a) = C$

を考えよう．いま，新たな変数 (関数) y_0, y_1, y_2 を導入して $y = y_0, y' = y_1, y'' = y_2$ と置き換えると，式 (9.30) は

$$\begin{cases} y_0' = y_1 \\ y_1' = y_2 \\ y_2' = p\, y_2 + q\, y_1 + r\, y_0 + s\, x \end{cases} \quad \text{初期条件：} \begin{cases} y_0(a) = C \\ y_1(a) = B \\ y_2(a) = A \end{cases} \quad (9.31)$$

のように $y_0 \sim y_2$ に関する3つの常微分方程式と初期条件の**群**に変換できる．式 (9.31) には1階微分しか含まれていない点に注意されたい．

一般に，n 個の未知関数 $y_0 \sim y_{n-1}$ に対する常微分方程式と初期条件の群

$$\begin{cases} y_0' = f_0(x, y_0, y_1, \ldots, y_{n-1}) \\ y_1' = f_1(x, y_0, y_1, \ldots, y_{n-1}) \\ \quad \vdots \\ y_{n-1}' = f_{n-1}(x, y_0, y_1, \ldots, y_{n-1}) \end{cases} \quad \text{初期条件：} \begin{cases} y_0(a) = A_0 \\ y_1(a) = A_1 \\ \quad \vdots \\ y_{n-1}(a) = A_{n-1} \end{cases} \quad (9.32)$$

を (正規形の) **連立1階の初期値問題**とよぶ．

この例のように，一般に n 階の常微分方程式 (初期値問題) は，n 個の未知関数を含む連立1階に変換できる．具体的なアルゴリズムは次のとおり．

9.4 高階 (2階以上) の初期値問題への拡張

> **n 階の初期値問題を連立 1 階に変換するアルゴリズム**
>
> (1) $y = y_0$ とおく (これだけ覚えておけばあとは機械的)
> (2) $y'_0 = y_1, y'_1 = y_2, \ldots, y'_{n-2} = y_{n-1}$ のように y_k を微分して y_{k+1} とおく ($k = 0, 1, \ldots, n-2$)
> (3) 式 (9.11) の高階常微分方程式と初期条件を $y_0 \sim y_{n-1}$ で表す

ここで, 手順 (2) において $y_k = y^{(k)}$ となるため, 手順 (3) で式 (9.11) やその初期値を $y_0 \sim y_{n-1}$ で表すことができる (例は 9.4.3 節参照).

■9.4.2 連立 1 階の初期値問題に対する数値解法

以上により, 高階の初期値問題を解くためには, 連立 1 階の解法があれば十分である. まず, オイラー法を連立の場合に拡張してみる. その後, 未知関数を**ベクトル表記**することにより, 単独 1 階に対する解法を連立の場合に拡張する一般的な方法を示そう. これを用いると, ルンゲ・クッタ法のような複雑な手法も連立の場合に機械的に拡張できる.

9.4.2.1 オイラー法の拡張

式 (9.32) に示す連立 1 階の初期値問題を区間 $a \leq x \leq b$ で解く方法を考えよう. ここでも, 分点を $x_i = a + i \cdot \Delta x$ ($i = 0, 1, \ldots$) として, x_i 上での未知関数 $y_0 \sim y_{n-1}$ の数値解を各々 $Y_{0,i} \sim Y_{n-1,i}$ とする (図 9.8 参照, なお, $Y_{k,i}$ における**最初の添字 k は関数番号 ($k = 0, 1, \ldots, n-1$)** を, **2 番目の添字 i は分点番号 ($i = 0, 1, \ldots$)** を表すことに注意).

いま, 分点 x_i における数値解 $Y_{0,i} \sim Y_{n-1,i}$ がすでに計算されていると仮定し, これらを式 (9.32) の右辺に代入すると, 未知関数 $y_0 \sim y_{n-1}$ の微分 $y'_0 \sim y'_{n-1}$ の近似値が得られる. 従って, 次の分点 x_{i+1} における近似解は,

$$\begin{cases} Y_{0,i+1} = Y_{0,i} + \Delta x \, f_0(x_i, Y_{0,i}, Y_{1,i}, \ldots, Y_{n-1,i}) \\ Y_{1,i+1} = Y_{1,i} + \Delta x \, f_1(x_i, Y_{0,i}, Y_{1,i}, \ldots, Y_{n-1,i}) \\ \quad \vdots \\ Y_{n-1,i+1} = Y_{n-1,i} + \Delta x \, f_{n-1}(x_i, Y_{0,i}, Y_{1,i}, \ldots, Y_{n-1,i}) \end{cases} \quad (9.33)$$

で計算できる. 初期点には式 (9.32) に従って, $Y_{k,0} = A_k$ ($k = 0, 1, \ldots, n-1$)

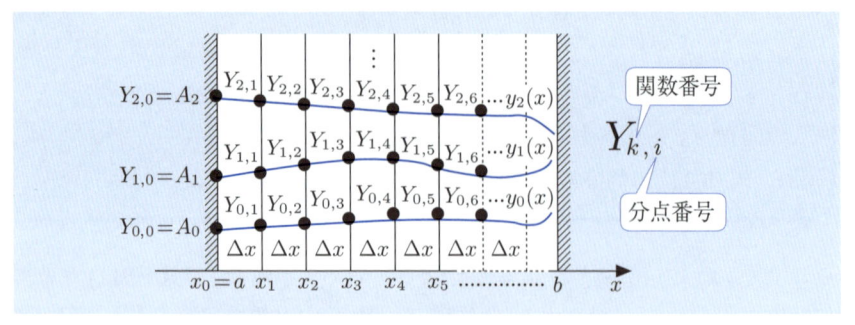

図 9.8 分点 x_i と近似値 $Y_{0,i} \sim Y_{n-1,i}$

を用いればよい．式 (9.33) が**連立の場合のオイラー法**に相当する．

9.4.2.2 もっとシステマティックな拡張法 —— ベクトル表記の導入

ベクトルと行列を用いると連立1次方程式を $Ax = b$ のように1変数の場合 ($ax = b$) と同じ形に表現できた．ここでは，式 (9.32) の連立常微分方程式を**ベクトルを用いて表現**しよう．これにより，オイラー法を含む種々の数値解法が，非常に"すっきり"と表現できる．

まず，対象となる n 個の未知関数 $y_0 \sim y_{n-1}$ を並べて縦ベクトル

$$\boldsymbol{y}(x) = \begin{bmatrix} y_0(x) \ y_1(x) \ \cdots \ y_{n-1}(x) \end{bmatrix}^T \tag{9.34}$$

を定義する[7]．式 (9.34) は x の関数になっており，x を与えるとベクトルの各成分が定まり，従ってベクトル $\boldsymbol{y}(x)$ 自体が定まる[8]．$\boldsymbol{y}(x)$ を用いると，式 (9.32) における各 f_i の変数 $y_0 \sim y_{n-1}$ をまとめて $f_i(x, \boldsymbol{y}(x))$ と簡潔に表すことができる．さらに，$f_i(x, \boldsymbol{y}(x))$ および初期値 A_i を並べて，**縦ベクトル**

$$\boldsymbol{f}(x, \boldsymbol{y}(x)) = \begin{bmatrix} f_0(x, \boldsymbol{y}(x)) \ f_1(x, \boldsymbol{y}(x)) \ \cdots \ f_{n-1}(x, \boldsymbol{y}(x)) \end{bmatrix}^T \tag{9.35}$$

$$\boldsymbol{A} = \begin{bmatrix} A_0 \ A_1 \ \cdots \ A_{n-1} \end{bmatrix}^T \tag{9.36}$$

---

[7] 式 (9.34) は**縦ベクトル**と定義したにもかかわらず，わざわざ行列の転置記号 $\cdot^T$ を用いて**横ベクトル**のように表示している．これは，単に**紙面のムダを省くため**である．すなわち，**縦ベクトル**の成分表示には"その次元に相当する行数"が必要で，ムダである．そこで，1つのベクトルだけを成分表示する際は，式 (9.34) のように**横ベクトルの転置**と表し，紙面のムダを省いているのである．何てことはない．

[8] 変数 x によって定まるベクトルのため，**ベクトル値関数**とよぶのが適当である．

9.4 高階 (2階以上) の初期値問題への拡張

を作る．これで準備は終わり．式 (9.34)–(9.36) を用いると，式 (9.32) は，

$$\boldsymbol{y}'(x) = \boldsymbol{f}(x, \boldsymbol{y}(x)) \quad 初期条件：\boldsymbol{y}(a) = \boldsymbol{A} \qquad (9.37)$$

と表される (この各成分が式 (9.32) の各式を表している)．すなわち，単独 1 階の初期値問題 (9.12), (9.13) において，**各関数をベクトルとして太くする**と，式 (9.37) のように連立の場合を表すようになる．

この考え方を用いると，オイラー法やルンゲ・クッタ法における各関数を**ベクトルとして太く**すれば，**連立の場合の数値解法が直ちに**得られる．まず，分点 x_i における未知関数の近似解 $Y_{k,i}$ ($k = 0, 1, \ldots, n-1$) を並べて縦ベクトル

$$\boldsymbol{Y}_i = \begin{bmatrix} Y_{0,i} & Y_{1,i} & \cdots & Y_{n-1,i} \end{bmatrix}^T$$

と表す．これにより，例えば連立の場合のオイラー法は式 (9.16) を**太くして**

$$\boldsymbol{Y}_{i+1} = \boldsymbol{Y}_i + \Delta x \boldsymbol{f}(x, \boldsymbol{Y}_i) \qquad (9.38)$$

として得られる (この各成分が式 (9.33) に相当することを確認されたい)．同様にして式 (9.28) の 4 次のルンゲ・クッタ法は，

$$\boldsymbol{Y}_{i+1} = \boldsymbol{Y}_i + \frac{\Delta x}{6}(\boldsymbol{k}_1 + 2\boldsymbol{k}_2 + 2\boldsymbol{k}_3 + \boldsymbol{k}_4) \qquad (9.39)$$

$$\begin{cases} \boldsymbol{k}_1 = \boldsymbol{f}(x_i, \boldsymbol{Y}_i) \\ \boldsymbol{k}_2 = \boldsymbol{f}\left(x_i + \dfrac{\Delta x}{2}, \boldsymbol{Y}_i + \dfrac{\Delta x}{2}\boldsymbol{k}_1\right) \\ \boldsymbol{k}_3 = \boldsymbol{f}\left(x_i + \dfrac{\Delta x}{2}, \boldsymbol{Y}_i + \dfrac{\Delta x}{2}\boldsymbol{k}_2\right) \\ \boldsymbol{k}_4 = \boldsymbol{f}\left(x_i + \Delta x, \boldsymbol{Y}_i + \Delta x \boldsymbol{k}_3\right) \end{cases}$$

と表される．実際には，式 (9.38) や (9.39) における両辺の各成分を**順に**計算することにより，数値解 $Y_{k,i}$ が求められる．

連立 1 階の初期値問題に対する数値解法のアルゴリズム

(1) $i = 0, x_0 = a, \boldsymbol{Y}_0 = \boldsymbol{A} = \begin{bmatrix} A_0 & \cdots & A_{n-1} \end{bmatrix}^T$ と初期化，Δx を与える
(2) 式 (9.38), (9.39) などを利用し $\boldsymbol{Y}_{i+1}, x_{i+1} = x_i + \Delta x$ を計算
(3) $x_{i+1} \geq b$ なら終了．それ以外は $i \leftarrow i+1$ として (2) へ

■9.4.3 高階の初期値問題の例

これまでは，x を独立変数とする関数 $y(x)$ を対象としてきたが，独立変数が時間 t となったり，関数自体を x と表す方が適当な場合など，扱う問題に応じて変数を適切に設定する必要が生じる．以下では，物理的な振動を扱うため，特に独立変数は時間 t となる．混乱しないように注意されたい．

例2 振り子の振動

図9.9(a) に示すように，長さ $l = 9.8$ [m] の振り子 (空気抵抗は無視) を $t = 0$ [s] で $\pi/3$ [rad] だけ傾け，静かに手を離した場合の振動を考えよう．時刻 t における振り子の傾き角度 $\theta(t)$ [rad] は，2階の常微分方程式と初期値

$$\frac{d^2\theta(t)}{dt^2} = -\sin\theta(t) \tag{9.40}$$

初期値：$\theta(0) = \dfrac{\pi}{3}$ および $\left.\dfrac{d\theta(t)}{dt}\right|_{t=0} = 0$

を満たす．式 (9.40) は初等関数の範囲では解析的に解けないことが知られている[9]ため，数値的に解いてみよう．

式 (9.40) を θ_0, θ_1 を用いて連立1階に変換すると，

$$\begin{cases} \theta'_0 = \theta_1 \\ \theta'_1 = -\sin\theta_0 \end{cases} \quad \text{初期条件：} \begin{cases} \theta_0(0) = \dfrac{\pi}{3} \\ \theta_1(0) = 0 \end{cases} \tag{9.41}$$

となる．図9.9(b) の実線は $\Delta t = 0.05, 0 \leq t \leq 20$ で4次のルンゲ・クッタ法を用いて解いた数値解 $\theta = \theta_0$，点線は脚注9) に述べた近似 $\sin\theta \simeq \theta$ に基づく近似解 $\theta(t) = \frac{\pi}{3}\cos t$ である．この例のように，振れ幅が $\pi/3$ と大きい場合は近似解では不十分で，このような場合には数値解法が威力を発揮する．

なお，連立のルンゲ・クッタ法で数値解を得る操作は思いのほか複雑なため，式 (9.41) を例に，2次のルンゲ・クッタ法による実際の計算過程を説明しよう．まず，式 (9.41) をベクトル形式に表現すると

$$\boldsymbol{\theta}'(t) = \boldsymbol{f}(t, \boldsymbol{\theta}(t)), \ \text{ただし，} \boldsymbol{\theta}(t) = \begin{bmatrix} \theta_0(t) \\ \theta_1(t) \end{bmatrix}, \ \boldsymbol{f}(t, \boldsymbol{\theta}(t)) = \begin{bmatrix} \theta_1(t) \\ -\sin\theta_0(t) \end{bmatrix}$$

と書け，また2次のルンゲ・クッタ法 (9.26) を連立の場合に拡張すると，

---

[9] θ は十分小さいとして近似 $\sin\theta \simeq \theta$ を用いれば，三角関数を用いて近似的な解析解が得られる．なお，楕円関数を用いると解析的に解くことはできる．

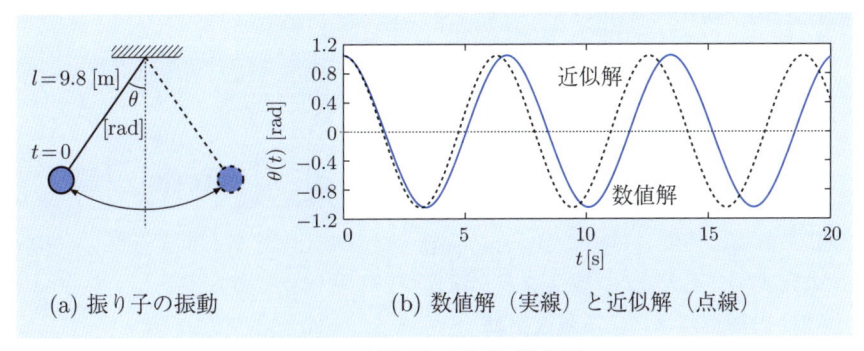

9.4 高階 (2 階以上) の初期値問題への拡張　　　**187**

(a) 振り子の振動　　(b) 数値解（実線）と近似解（点線）

図 9.9　振り子の振動と数値解

$$\Theta_{i+1} = \Theta_i + \frac{\Delta t}{2}(k_1 + k_2)$$

$$\begin{cases} k_1 = f(t_i, \Theta_i) \\ k_2 = f(t_i + \Delta t, \Theta_i + \Delta t\, k_1) \end{cases}$$

となる. ただし,

$$\Theta_i = \begin{bmatrix} \Theta_{0,i} \\ \Theta_{1,i} \end{bmatrix}, \quad f(x_i, \Theta_i) = \begin{bmatrix} \Theta_{1,i} \\ -\sin\Theta_{0,i} \end{bmatrix}$$

$$\Theta_0 = \begin{bmatrix} \dfrac{\pi}{3} \\ 0 \end{bmatrix}$$

である. 計算は $k_1 \to \Theta_i + \Delta t\, k_1 \to k_2 \to \Theta_{i+1}$ の順に進めればよい. $\Delta t = 0.05, i = 0$ として $i = 1$ における数値解を求めると,

$$k_1 = f(t_0, \Theta_0) = \begin{bmatrix} \Theta_{1,0} \\ -\sin\Theta_{0,0} \end{bmatrix} = \begin{bmatrix} 0 \\ -\sin\dfrac{\pi}{3} \end{bmatrix} = \begin{bmatrix} 0 \\ -\dfrac{\sqrt{3}}{2} \end{bmatrix}$$

$$\Theta_0 + \Delta t\, k_1 = \begin{bmatrix} \dfrac{\pi}{3} \\ 0 \end{bmatrix} + 0.05 \cdot \begin{bmatrix} 0 \\ -\dfrac{\sqrt{3}}{2} \end{bmatrix} = \begin{bmatrix} \dfrac{\pi}{3} \\ -0.05 \cdot \dfrac{\sqrt{3}}{2} \end{bmatrix}$$

$$k_2 = f(t_0, \Theta_0 + \Delta t\, k_1) = \begin{bmatrix} -0.05 \cdot \dfrac{\sqrt{3}}{2} \\ -\sin\dfrac{\pi}{3} \end{bmatrix} = \begin{bmatrix} -0.05 \cdot \dfrac{\sqrt{3}}{2} \\ -\dfrac{\sqrt{3}}{2} \end{bmatrix}$$

$$\boldsymbol{\Theta}_1 = \boldsymbol{\Theta}_0 + \frac{\Delta t}{2}(\boldsymbol{k}_1 + \boldsymbol{k}_2) = \begin{bmatrix} \frac{\pi}{3} \\ 0 \end{bmatrix}$$

$$+ \frac{0.05}{2} \left(\begin{bmatrix} 0 \\ -\frac{\sqrt{3}}{2} \end{bmatrix} + \begin{bmatrix} -0.05 \cdot \frac{\sqrt{3}}{2} \\ -\frac{\sqrt{3}}{2} \end{bmatrix} \right) = \begin{bmatrix} 1.046115 \\ -0.043301 \end{bmatrix}$$

が得られる．実際には，この一連の操作を計算機上でプログラミングし，実行すればよい．4次のルンゲ・クッタ法についても同様である． □

例3 **非線形バネによる減衰振動**

一般に，バネは伸び x が小さい範囲では力 (復元力) $F(x)$ は x に比例するが，x が大きくなると，バネの材質によって復元力が強く (**硬いバネ**, 図 9.10(a)) なったり，逆に弱く (**軟らかいバネ**, 図 9.10(b)) なったりする．このような "**非線形バネ**" は，x^3 の項を導入することにより，

$$F(x) = Kx + K'x^3 \tag{9.42}$$

とモデル化できる．K, K' は定数で，$K' > 0$ は図 9.10(a) の硬いバネ，$K' = 0$ は線形なバネ，$K' < 0$ は同 (b) の軟らかいバネに相当する．

図 9.10(c) のように，この非線形バネに質量 m の重りを付けて自然長で静止させ，重りを右側から速さ v で叩く．重りと床面の間には重りの速度に比例した抵抗 (比例定数：R) があるとする．このとき，時刻 t におけるバネの位置 $x(t)$ は，2階の初期値問題

$$m\frac{d^2 x(t)}{dt^2} = -R\frac{dx(t)}{dt} - \left(Kx(t) + K'x^3(t)\right) \tag{9.43}$$

$$\text{初期値：} x(0) = 0 \text{ および } \left.\frac{dx(t)}{dt}\right|_{t=0} = -v$$

として記述される．簡単のため，$m = 1, R = 0.2, K = 1, K' = \pm 1/3, v = 1.4$ としよう．式 (9.43) は，次の連立1階の形に変換できる．

$$\begin{cases} x'_0 = x_1 \\ x'_1 = -0.2 x_1 - \left(x_0 \pm \frac{1}{3}x_0^3\right) \end{cases} \text{初期条件：} \begin{cases} x_0(0) = 0 \\ x_1(0) = -1.4 \end{cases} \tag{9.44}$$

図 9.10(d) は，4次のルンゲ・クッタ法 ($\Delta t = 0.05, 0 \leq t \leq 40$) で解いた結果で，実線は $K' = +1/3$ の硬い場合，点線は $K' = -1/3$ の軟らかい場合の数値解である． □

9.4 高階 (2 階以上) の初期値問題への拡張

(a) 硬いバネ
$F(x) = Kx + K'x^3$, $K' > 0$

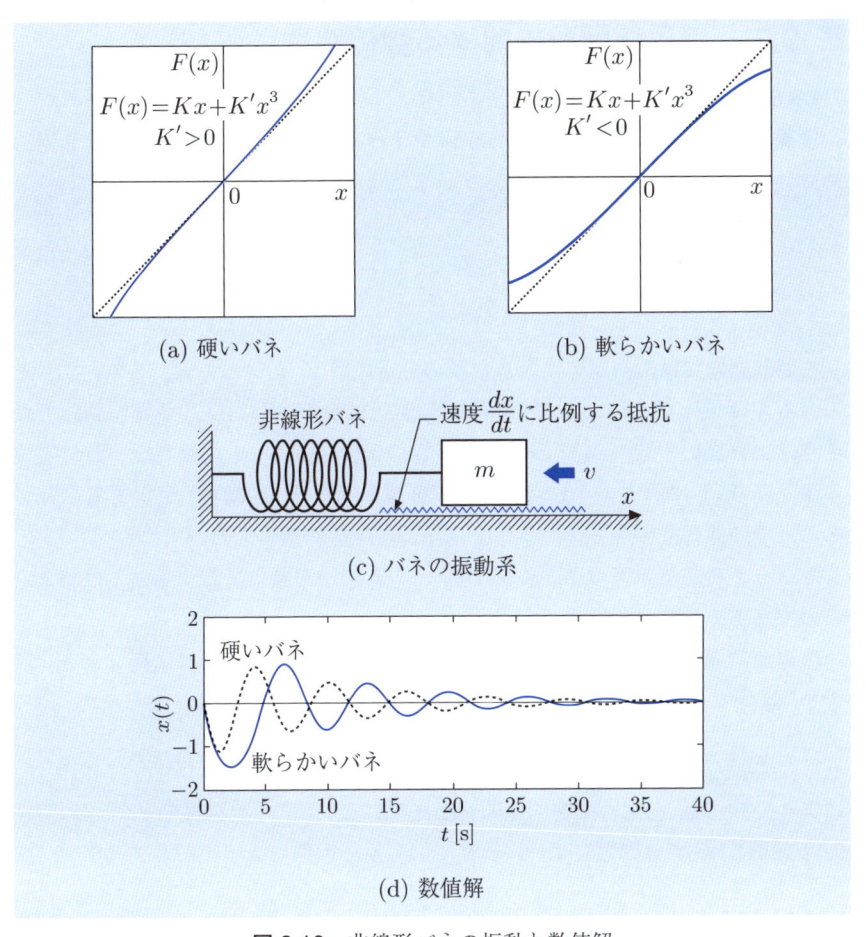

(b) 軟らかいバネ
$F(x) = Kx + K'x^3$, $K' < 0$

(c) バネの振動系
非線形バネ — 速度 $\dfrac{dx}{dt}$ に比例する抵抗

(d) 数値解

図 9.10　非線形バネの振動と数値解

9.5 境界値問題に対する数値解法

■ 9.5.1 境界値問題とは

境界条件は，**境界点**で未知関数が満たすべき条件を与える．例えば，2 階の常微分方程式の境界値問題は，次のような問題である．

$$y'' = f(x, y, y') \quad (a \leq x \leq b) \tag{9.45}$$

$$\text{境界条件}: y(a) = A \text{ かつ } y(b) = B \tag{9.46}$$

初期値問題では，初期条件から右隣の分点の解 Y_1 が計算され，その右隣，そのまた右隣 $\cdots$ のようにして数値解 Y_i が順に計算されたが，境界値問題では**そうはいかない**．式 (9.45) の解は，左端の条件 $y(a) = A$ だけでは一意に定まらず，図 9.11 に示すように**点 (a, A) を通る関数群 (曲線群)** が定まるのみである．その曲線群の中で "たまたま" $y(b) = B$ を満たすものが求めるべき解で，したがって初期値問題のように $Y_1, Y_2, \ldots$ と左から順に計算することはできないのである．

境界値問題を数値的に解く際も離散化を行うが，この場合は区間 $a \leq x \leq b$ を N **等分**するように分点を選ぶ．すなわち，分割数 N (整数) を与えて

$$x_i = a + i \cdot \Delta x \quad (\text{ただし，} \Delta x = \frac{b - a}{N}, i = 0, 1, 2, \ldots, N) \tag{9.47}$$

によって分点 x_i を定め，初期値問題と同様に x_i 上での数値解を Y_i で表す (図 9.11 参照)．境界値問題では Y_i を次に示す**差分近似**によって計算する．

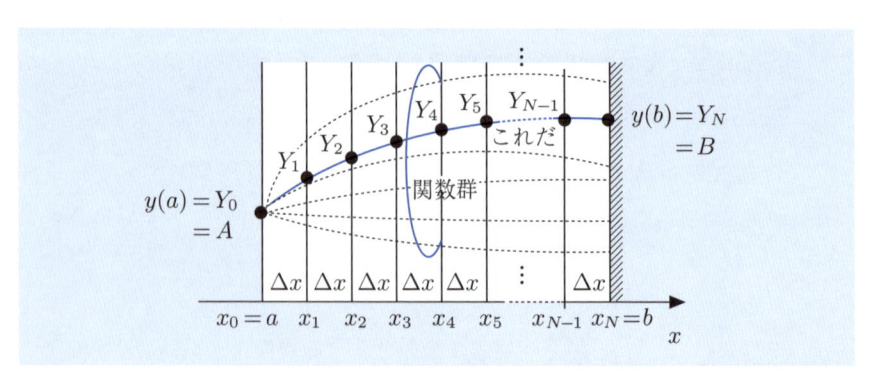

図 9.11 境界値問題の解と離散化

9.5.2 差分近似による境界値問題の解法
9.5.2.1 差分近似 —— 関数 $y(x)$ の微分を差分で近似する

関数 $y(x+\Delta x)$ および $y(x-\Delta x)$ は，各々を点 x において

$$y(x+\Delta x) = y(x) + \Delta x\, y'(x) + \frac{(\Delta x)^2}{2!} y''(x) + \frac{(\Delta x)^3}{3!} y'''(x) + \cdots \tag{9.48}$$

$$y(x-\Delta x) = y(x) - \Delta x\, y'(x) + \frac{(\Delta x)^2}{2!} y''(x) - \frac{(\Delta x)^3}{3!} y'''(x) + \cdots \tag{9.49}$$

とテイラー展開される．式 (9.48) から (9.49) を引き，両辺を $2\Delta x$ で割ると，

$$\frac{y(x+\Delta x) - y(x-\Delta x)}{2\Delta x} = y'(x) + \frac{(\Delta x)^2}{3!} y'''(x) + \cdots \tag{9.50}$$

となる．Δx を十分小さくとると右辺第 2 項以降は十分小さくなるため無視し，

$$\delta y(x) = \frac{y(x+\Delta x) - y(x-\Delta x)}{2\Delta x} \tag{9.51}$$

とおくと，式 (9.50), (9.51) から $y'(x) \approx \delta y(x)$，すなわち微分 $y'(x)$ は $\delta y(x)$ で近似できることになる．$\delta y(x)$ を **1 階の中心差分**とよぶ．図 9.12 からもわかるように，$\delta y(x)$ は微分 $y'(x)$ を**差分で近似している**[10]．

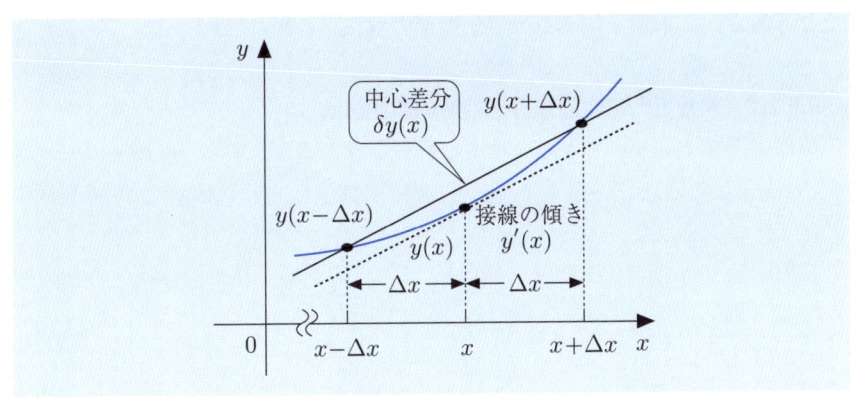

図 9.12　1 階の中心差分 $\delta y(x)$ が微分 $y'(x)$ の近似を与える理由

---
[10] 図 9.12 において，x を**中心**として左右 Δx だけ離れた点を用いて差分をとるため，中心差分とよぶのである．

次に，2 階微分 $y''(x)$ を差分近似しよう．これには，$y''(x)$ が残るように式 (9.48), (9.49) を"やりくり"すればよく，

$$\frac{y(x+\Delta x) - 2y(x) + y(x-\Delta x)}{(\Delta x)^2} = y''(x) + \frac{(\Delta x)^2}{12} y^{(4)}(x) + \cdots \quad (9.52)$$

となることを利用する．右辺第 2 項以降を無視して

$$\delta^2 y(x) = \frac{y(x+\Delta x) - 2y(x) + y(x-\Delta x)}{(\Delta x)^2} \quad (9.53)$$

とおくと $y''(x) \approx \delta^2 y(x)$ と近似でき，$\delta^2 y(x)$ を **2 階の中心差分** とよぶ．

以上の中心差分は，次のような形に表すと便利である．まず，分点 x_i 上での関数値を $y(x_i) = y_i$ と表すと，$y(x_i \pm \Delta x) = y_{i\pm 1}$ となる．このとき，

$$y'(x) \approx \delta y(x) = \frac{y_{i+1} - y_{i-1}}{2\Delta x} = \frac{1}{2\Delta x} \boxed{-1~|~0~|~1} y_i \quad (9.54)$$

$$y''(x) \approx \delta^2 y(x) = \frac{y_{i+1} - 2y_i + y_{i-1}}{(\Delta x)^2} = \frac{1}{(\Delta x)^2} \boxed{1~|-2~|~1} y_i \quad (9.55)$$

と書くと約束する．なお，参考として，中心差分以外に

$$y'(x) \approx \begin{cases} \dfrac{y(x+\Delta x) - y(x)}{\Delta x} & \text{(前進差分)} \\ \dfrac{y(x) - y(x-\Delta x)}{\Delta x} & \text{(後退差分)} \end{cases} \quad (9.56)$$

などもあるが，本章で述べる境界値問題の解法には用いない．

9.5.2.2 差分近似による境界値問題の数値解法

境界値問題 (9.45), (9.46) に対する解法を考えよう．まず，区間 $a \leq x \leq b$ を N 等分して分点 (9.47) をとり，x_i 上で関数値を y_i，数値解を Y_i と表すことはすでに約束した．

式 (9.45) の 1 階，2 階微分を分点 x_i における中心差分で置き換えると，

$$\frac{Y_{i+1} - 2Y_i + Y_{i-1}}{(\Delta x)^2} = f\left(x_i, Y_i, \frac{Y_{i+1} - Y_{i-1}}{2\Delta x}\right) \quad (1 \leq i \leq N-1) \quad (9.57)$$

となり，これは Y_i を中心として 3 つの数値解 Y_{i-1}, Y_i, Y_{i+1} の間の関係を表している．ここで，式 (9.47) から $x_0 = a, x_N = b$ で，境界条件 (9.46) によって $Y_0 = A, Y_N = B$ であることに注意されたい．

例えば，$N = 4$ 分割の場合には，式 (9.57) は $1 \leq i \leq 3$ の 3 つの関係式を表

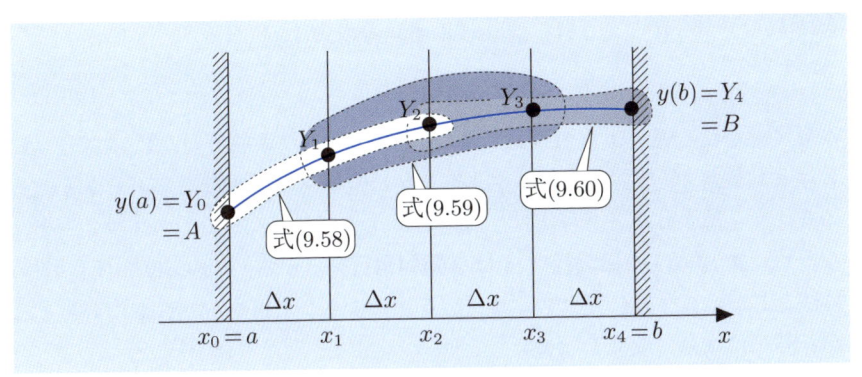

9.5 境界値問題に対する数値解法

図 9.13 差分近似による境界値問題の数値解法 — $N=4$ の場合

す. $Y_0 = A, Y_4 = B$ となることを用いて書き下すと，

$$(Y_2 - 2Y_1 + A)/(\Delta x)^2 = f(x_1, Y_1, (Y_2 - A)/2\Delta x) \quad (9.58)$$

$$(Y_3 - 2Y_2 + Y_1)/(\Delta x)^2 = f(x_2, Y_2, (Y_3 - Y_1)/2\Delta x) \quad (9.59)$$

$$(B - 2Y_3 + Y_2)/(\Delta x)^2 = f(x_3, Y_3, (B - Y_2)/2\Delta x) \quad (9.60)$$

となり，図 9.13 に示すように，各々は隣接する 3 分点上の数値解の関係を与える．一方，式 (9.58)–(9.60) において求めるべきは $Y_1 \sim Y_3$ の 3 つであるため，式 (9.58)–(9.60) を 3 変数の連立方程式として解くことにより，求めるべき数値解 $Y_1 \sim Y_3$ が得られる．一般の N の場合のアルゴリズムは，次のようになる．

常微分方程式の境界値問題を差分近似によって解くアルゴリズム

(1) 区間 $a \leq x \leq b$ の分割数 N を定め，境界条件から $Y_0 = A, Y_N = B$ とする．

(2) 方程式 (9.57) を $1 \leq i \leq N-1$ に対して求める．

(3) (2) で求めた $(N-1)$ 本の方程式を $(N-1)$ 元連立方程式として解き，数値解 $Y_1 \sim Y_{N-1}$ を求める．

式 (9.57) から導かれる $(N-1)$ 元の連立方程式は，一般には**非線形連立方程式**となり，4 章で述べた多変数のニュートン法などを用いて解く必要がある．しかしながら，関数 $f(x, y, y')$ が y および y' について線形 (1 次) である場

合[11]には，例4 のように，導かれる連立方程式は，

$$AY = b \tag{9.61}$$

の形に書かれる連立1次方程式となる．ここで A は係数行列，Y は各分点における数値解 Y_i を並べた解ベクトル，b は定数ベクトルである．しかも，式 (9.57) から導かれる各方程式は，前述のように Y_{i-1}, Y_i, Y_{i+1} の3つのみを含むため，式 (9.61) の係数行列 A は **3重対角行列** となる (式 (9.67) 参照)．その解法としては，一般にガウス・ザイデル法のような反復法 (5章) が用いられるが，詳細は次章で取り上げよう．

9.5.2.3　差分近似法による誤差について

2階の境界値問題 (9.45), (9.46) に対する差分近似解 Y_i と真の解 $y(x_i)$ との間の誤差 $|Y_i - y(x_i)|$ を考えよう．まず，$y'(x)$ および $y''(x)$ を差分近似すると，式 (9.50), (9.52) から，両方とも $(\Delta x)^2$ に比例した誤差を生じる．与えられた境界値問題が線形であると，この誤差は連立1次方程式 (9.61) に

$$AY = b + \epsilon \tag{9.62}$$

という形で現れる (ϵ は "$(\Delta x)^2$ に比例した誤差" を並べたベクトル)．したがって，式 (9.62) を解いて得られる数値解 Y_i にも，各々 "$(\Delta x)^2$ に比例した誤差" が含まれることになる．

以上より，差分近似解法による誤差 $|Y_i - y(x_i)|$ は，C を定数として

$$|Y_i - y(x_i)| \leq C(\Delta x)^2 \tag{9.63}$$

と書ける (厳密な導出については文献[2] の9章を参照されたい)．

■9.5.3　常微分方程式の境界値問題の例

例4　**2階の線形常微分方程式の例**

2階の**線形**常微分方程式に関する境界値問題

$$y''(x) + xy'(x) - 5y(x) = -(20x^3 + 4x) \quad (0 \leq x \leq 1) \tag{9.64}$$

$$境界条件：y(0) = 0, \quad y(1) = 0 \tag{9.65}$$

---

[11] 実際の工学の諸分野では，このような**線形微分方程式**がよく現れる．

9.5 境界値問題に対する数値解法

を差分近似法で解いてみよう (解は解析的に求められ $y(x) = x - x^5$).

まず,式 (9.64) を差分近似して整理すると,

$$(1 + \frac{x_i}{2}\Delta x)Y_{i+1} - (2 + 5(\Delta x)^2)Y_i + (1 - \frac{x_i}{2}\Delta x)Y_{i-1}$$
$$= -(\Delta x)^2(20x_i^3 + 4x_i) \qquad (9.66)$$

となる.分割数 N を与えると式 (9.47) から Δx および分点 x_i の座標が定まり,これらを式 (9.66) に代入することで数値解 Y_i に関する連立 1 次方程式が導かれる.例えば,$N = 10$ の場合は 9 元の方程式

$$\begin{bmatrix} -2.05 & 1.005 & 0.000 & 0.000 & 0.000 & 0.000 & 0.000 & 0.000 & 0.000 \\ 0.990 & -2.05 & 1.010 & 0.000 & 0.000 & 0.000 & 0.000 & 0.000 & 0.000 \\ 0.000 & 0.985 & -2.05 & 1.015 & 0.000 & 0.000 & 0.000 & 0.000 & 0.000 \\ 0.000 & 0.000 & 0.980 & -2.05 & 1.020 & 0.000 & 0.000 & 0.000 & 0.000 \\ 0.000 & 0.000 & 0.000 & 0.975 & -2.05 & 1.025 & 0.000 & 0.000 & 0.000 \\ 0.000 & 0.000 & 0.000 & 0.000 & 0.970 & -2.05 & 1.030 & 0.000 & 0.000 \\ 0.000 & 0.000 & 0.000 & 0.000 & 0.000 & 0.965 & -2.05 & 1.035 & 0.000 \\ 0.000 & 0.000 & 0.000 & 0.000 & 0.000 & 0.000 & 0.960 & -2.05 & 1.040 \\ 0.000 & 0.000 & 0.000 & 0.000 & 0.000 & 0.000 & 0.000 & 0.955 & -2.05 \end{bmatrix} \begin{bmatrix} Y_1 \\ Y_2 \\ Y_3 \\ Y_4 \\ Y_5 \\ Y_6 \\ Y_7 \\ Y_8 \\ Y_9 \end{bmatrix} = \begin{bmatrix} -0.0042 \\ -0.0096 \\ -0.0174 \\ -0.0288 \\ -0.0450 \\ -0.0672 \\ -0.0966 \\ -0.1344 \\ -0.1818 \end{bmatrix}$$
$$(9.67)$$

が得られる.係数行列は 3 重対角である.表 9.2 は,$N = 10, 50, 200$ の場合について,いくつかの分点上での数値解を示している.N を大きくとると解析解 (真の解) との誤差が減少する様子がわかる. □

表 9.2 境界値問題 (9.64), (9.65) の数値解

x	$N = 10$	$N = 50$	$N = 200$	解析解
0.0	0.00000	0.00000	0.00000	0.00000
0.1	0.09866	0.09994	0.09999	0.09999
0.2	0.19707	0.19958	0.19967	0.19968
0.3	0.29377	0.29742	0.29756	0.29757
0.4	0.38495	0.38957	0.38975	0.38976
0.5	0.46319	0.46853	0.46874	0.46875
0.6	0.51631	0.52200	0.52223	0.52224
0.7	0.52615	0.53170	0.53192	0.53193
0.8	0.46741	0.47212	0.47231	0.47232
0.9	0.30643	0.30939	0.30950	0.30951
1.0	0.00000	0.00000	0.00000	0.00000

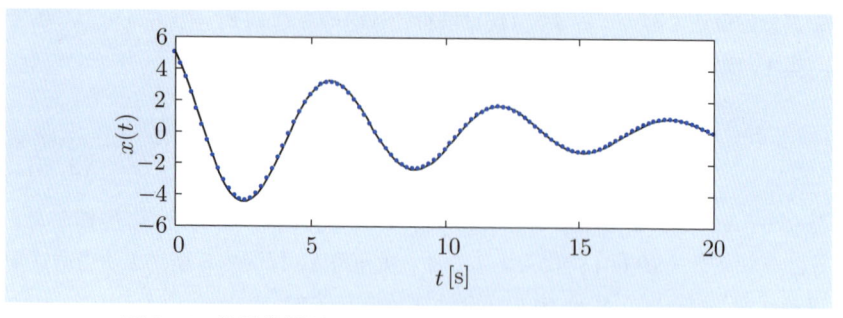

図 9.14 境界値問題 (9.68), (9.69) に対する数値解と解析解

|例 5| **線形バネの振動系に関する境界値問題**

|例 3| の "バネの振動系"(図 9.10(c)) において,バネは線形 ($K' = 0$) とし,境界条件:$x(0) = 5.0$ および $x(20) = 0.0$ を与えて解いてみよう.微分方程式 (9.42) における定数は,$m = 1$, $R = 0.2$, $K = 1$, $K' = 0$ とする.このときの境界値問題は

$$\frac{d^2 x(t)}{dt^2} + 0.2 \frac{dx(t)}{dt} + x(t) = 0 \quad (0 \leq t \leq 20) \qquad (9.68)$$

$$\text{境界条件:} x(0) = 5.0 \text{ および } x(20) = 0.0 \qquad (9.69)$$

で,式 (9.68) を差分近似して整理すると,

$$(1 + 0.1\Delta t)X_{i+1} + \left(-2 + (\Delta t)^2\right)X_i + (1 - 0.1\Delta t)X_{i-1} = 0 \qquad (9.70)$$

となる[12].図 9.14 の黒点は $N = 100$ とした場合の数値解,実線は解析解 $x(t) = e^{-0.1t} \cdot \left(5.00\cos(\sqrt{0.99}t) - 2.87\sin(\sqrt{0.99}t)\right)$ である. □

---

[12] ここから連立方程式を作ると,定数ベクトル b はゼロベクトルになるように思うかもしれないがそうではない.境界点で Y_0 と Y_N は定数で,それを b に含めなければならない.

9.6 数値微分について

9.5.2.1 項で述べた微分の差分近似は，関数 $f(x)$ に対する**数値微分**法と考えることもできる．すなわち，$f(x)$ の微係数 $\frac{df(x)}{dx}$ は，差分近似によって近似値を求めることもできる．しかし，

- 積分とは異なり，$f(x)$ の微分 $\frac{df(x)}{dx}$ は必ず解析的に求められる
- 以降に示すように，差分近似の誤差は十分に低減できない

という理由により，**微係数の計算に数値微分を用いることはお勧めできない**．ただし，微分方程式の数値解法では未知関数 $f(x)$ の微分を直接計算することはできないため，差分近似を用いざるを得ないのである．本節では，数値微分法における誤差の挙動について調べよう．

まず，式 (9.50) おいて，Δx は十分小さいとして第 3 項以降を無視し，左辺を中心差分 $\delta y(x)$ で置き換えると，

$$\delta y(x) = \frac{y(x+\Delta x) - y(x-\Delta x)}{2\Delta x} \approx y'(x) + \frac{(\Delta x)^2}{3!} y'''(x) \qquad (9.71)$$

と書け，中心差分による誤差はほぼ $\frac{(\Delta x)^2}{6} y'''(x)$ で与えられることがわかる．式 (9.71) あるいは図 9.12 から，$\Delta x \to 0$ とすると中心差分による誤差はゼロに近づき，近似の精度がよくなるように見えるが，果してそうだろうか？

図 9.15 における実線は，$y(x) = \cos x$ の $x = \frac{\pi}{4}$ における微係数 $\left.\frac{d\cos x}{dx}\right|_{x=\pi/4}$ を中心差分近似し，倍精度で計算した場合の誤差である (横軸は Δx)．Δx を 0 に近づけると誤差は減少するが，$\Delta x = 10^{-5}$ あたりから増加に反転している．すなわち，$\Delta x \to 0$ で誤差はゼロにならない．なぜこのような傾向が現れる理由を以下で考察しよう．

中心差分の計算に必要となる $y(x+\Delta x)$ と $y(x-\Delta x)$ は，実際には 2 章で述べた**丸め誤差**を考慮すると，

$$y(x+\Delta x)(1+\delta_1), \quad y(x-\Delta x)(1+\delta_2) \quad (|\delta_1|, |\delta_2| \leq u)$$

と表される．ここで u は 2.2 項で述べた**丸めの単位**で，δ_1, δ_2 は丸め誤差である．これらを式 (9.71) に代入し，誤差の絶対値を計算すると，

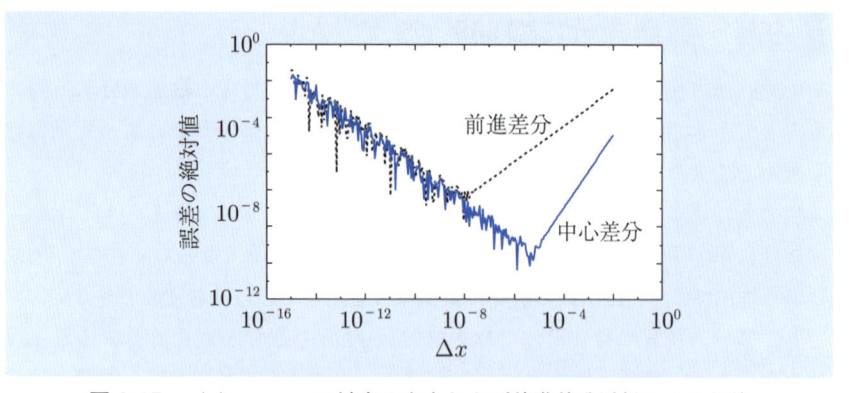

図 9.15 $y(x) = \cos x$ に対する中心および前進差分近似による誤差

$$\left| \frac{y(x+\Delta x)(1+\delta_1) - y(x-\Delta x)(1+\delta_2)}{2\Delta x} - y'(x) \right|$$
$$\leq \left| \frac{(y(x+\Delta x) - y(x-\Delta x))u}{2\Delta x} \right| + \left| \frac{y(x+\Delta x) - y(x-\Delta x)}{2\Delta x} - y'(x) \right|$$
$$\lesssim \frac{(|y(x+\Delta x)| + |y(x-\Delta x)|)u}{2\Delta x} + \frac{(\Delta x)^2}{6}|y'''(x)|$$
$$\approx \frac{|y(x)|u}{\Delta x} + \frac{(\Delta x)^2}{6}|y'''(x)|$$

となる (最後の変形では $y(x+\Delta x) \approx y(x-\Delta x) \approx y(x)$ とした).

ここで, $\frac{|y(x)|u}{\Delta x} + \frac{(\Delta x)^2}{6}|y'''(x)|$ は, $\Delta x = \sqrt[3]{3u\left|\frac{y(x)}{y'''(x)}\right|}$ で最小値 $\frac{1}{2}\sqrt[3]{9(|y(x)|u)^2|y'''(x)|}$ をとる (実際に Δx について微分すれば確認できる). 図 9.15 における $y(x) = \cos x$ の例では, $|y(x)|$ と $|y'''(x)|$ は共に 1 程度の大きさであり, 表 2.1 に示すように倍精度実数計算では $u = 1.11 \times 10^{-16}$ であるから, $\Delta x = 7 \times 10^{-6}$ あたりで最小誤差 2×10^{-11} をとる. 以上が, 図 9.15 の傾向を説明する. なお, 図 9.15 において, 各データの最小値の左側でギザギザが生じているのは, ランダムに発生する丸め誤差の影響による.

なお, 式 (9.56) に示す前進差分についても同様の扱いが可能である. 図 9.15 の破線は, 中心差分の場合と同様に, $x = \frac{\pi}{4}$ における $y(x) = \cos x$ の微係数を前進差分近似したときの誤差である. 中心差分と同様の解析を行うことにより, このときは $\Delta x = 2 \times 10^{-8}$ あたりで最小誤差 2×10^{-8} をとるという結果が得られ, 図 9.15 の傾向をよく説明している.

9 章 の 問 題

☐ **1** 1階の常微分方程式の初期値問題

$$\frac{dy(x)}{dx} = y \quad (x \geq 0) \qquad 初期条件：y(0) = 1 \qquad (9.72)$$

を数値的に解きたい．
(1) 分点間隔 $\Delta x = 0.1$ とし，オイラー法により数値解 Y_1, Y_2, Y_3, Y_4 を求めよ．
(2) 式 (9.72) の解析解を求め，(1) で得られた数値解と比較せよ．
(3) オイラー法をプログラムし，式 (9.72) を計算機上で解け．

☐ **2** 初期値問題 (9.72) において，分点間隔を $\Delta x = 0.1$ として，
(1) 2次のルンゲ・クッタ法 (9.26) を用いて，Y_1 を求めよ．
(2) 4次のルンゲ・クッタ法 (9.28) を用いて，Y_1 を求めよ．
(3) 両手法をプログラムし，式 (9.72) を計算機上で解け．

☐ **3** 9.3.2.2項では，2次のルンゲ・クッタ法を導く際に，式 (9.25) に対して $\lambda_1 = 1/2$ と選んだ．ここでは，$\lambda_1 = 1$ とした解法公式を導き，式 (9.26) と同様の形式に表せ (この結果は**改良オイラー法**として知られている)．

☐ **4** 例2 における式 (9.40)，および 例3 における式 (9.43) を，連立1階の常微分方程式に変換し，それぞれ式 (9.41)，式 (9.44) に一致することを確認せよ．

☐ **5** 連立1階の常微分方程式 (9.41) に対して，(1) オイラー法，(2) 4次のルンゲ・クッタ法をそれぞれ適用し，初期条件から Y_1 を求めよ ($\Delta x = 0.05$ とする)．

☐ **6** 連立常微分方程式に対する4次のルンゲ・クッタ法をプログラムし，式 (9.41)，式 (9.44) の問題を計算機上で解いてみよ．

☐ **7** 次の境界値問題を差分近似により解きたい．

$$y'' - y = -x \quad (0 \leq x \leq 1) \qquad 境界条件：y(0) = y(1) = 0 \qquad (9.73)$$

$N = 2, N = 4$ ととり，実際に数値解を求めよ．また，解析解 $y = x - \frac{e}{e^2-1}(e^x - e^{-x})$ と比較せよ．

☐ **8** 差分近似法をプログラムし，境界値問題 (9.73) を計算機上で解け (連立1次方程式を解くルーチンが必要となる)．また，分割数 N を変化させ，影響を調べよ．

第10章

偏微分方程式の数値解法

　偏微分方程式とは，$z(x,y)$ のような多変数関数に関する微分方程式をいう．1変数関数とは異なり，"$z(x,y)$ を微分する"と言っても，"x と y のどちらの変数について微分するのか"を指定する必要があり，そのため**偏微分**という考え方が必要となる．付録Bに示すように，偏微分は記号 ∂ を用いて表すため，偏微分方程式は例えば

$$\frac{\partial^2 z(x,y)}{\partial x^2} + \frac{\partial^2 z(x,y)}{\partial y^2} = 0$$

のような"形"に書かれる．

　力学，流体，振動波動，電磁気学，量子力学などの多くの理工学分野では，空間座標 (x,y,z) および時間 t に依存する物理現象を扱うため，その原理を記述する基礎方程式は (多変数関数に関する) 偏微分方程式として与えられる．例えば，力学におけるラグランジュの方程式，電磁気学におけるマクスウエルの方程式，量子力学におけるシュレーディンガーの方程式などが代表例で，実際，分野分野で実にさまざまな形の偏微分方程式が現れるが，基本的にその階数は高々2階である．

　偏微分方程式の数値解法では，9.5.2.2項で説明した**差分近似**が基本となる．そこで本章では，**ラプラスの方程式**とよばれる最も基本的な偏微分方程式を例に取り，差分近似による数値解法の基礎を説明しよう． (吉田)

10.1　はじめに — 偏微分方程式とは

まず，偏微分方程式[1]について簡単に整理しておこう．本章では，簡単のため 2 つの変数 x, y から成る関数 $f(x, y)$ を対象とするが，基本的に以降の内容は 3 変数以上の場合にも，そのまま拡張・適用できる．

■ 10.1.1　偏微分方程式とは

一般に，2 変数関数 $f(x, y)$ に関する偏微分方程式は，

$$F\left(x, y, f, \frac{\partial f}{\partial x}, \frac{\partial f}{\partial y}, \frac{\partial^2 f}{\partial x^2}, \frac{\partial^2 f}{\partial x \partial y}, \frac{\partial^2 f}{\partial y^2}, \cdots \right) = 0 \tag{10.1}$$

のように，独立変数 x と y，関数 f およびその (高階) 偏導関数についての方程式 (関係式) として定義される．偏微分方程式の解 (関数) を一意に定めるためには，常微分方程式の場合と同様に**条件**が必要で，境界条件が与えられる場合や初期条件と境界条件が同時に与えられる場合などがある[2]．

■ 10.1.2　2 階線形偏微分方程式

偏微分方程式の一般形 (10.1) の中で，最も基本的かつ重要なものに

$$\begin{aligned} &A\frac{\partial^2 f}{\partial x^2} + 2B\frac{\partial^2 f}{\partial x \partial y} + C\frac{\partial^2 f}{\partial y^2} \\ &= G\left(x, y, f, \frac{\partial f}{\partial x}, \frac{\partial f}{\partial y}\right) \end{aligned} \tag{10.2}$$

の形に書ける **2 階の線形偏微分方程式**がある[3]．代表的な 2 階線形偏微分方程式として，次の 3 つが知られている[4]．

---

[1] 偏微分については付録 B 参照．
[2] ここでは偏微分方程式の数学的理論ではなく，数値解法の解説を目的としているため，"対象となる偏微分方程式は，解を一意に定めるために必要十分な (境界あるいは初期) 条件が与えられている" ことを仮定する．初期条件や境界条件の詳細については，偏微分方程式の成書[15] などを参照されたい．
[3] **線形偏微分方程式**とは，"関数 f あるいはその偏微分同士の積 (例えば $\frac{\partial f}{\partial x} \cdot \frac{\partial f}{\partial y}$ のような積) を**含まない**項だけから成る微分方程式をいう．
[4] 波動方程式と拡散方程式については，独立変数を x と y から t と x に置き換えている．

10.1 はじめに — 偏微分方程式とは

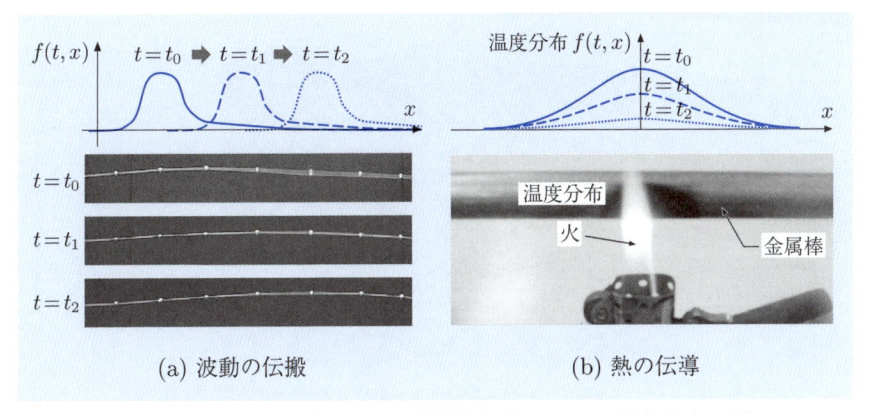

(a) 波動の伝搬

(b) 熱の伝導

図 10.1 波動方程式 (10.3)，拡散方程式 (10.4) に従う現象の例

$$\frac{\partial^2 f}{\partial t^2} - c^2 \frac{\partial^2 f}{\partial x^2} = 0 \quad (\text{波動方程式}) \tag{10.3}$$

$$\frac{\partial f}{\partial t} - \kappa \frac{\partial^2 f}{\partial x^2} = 0 \quad (\text{拡散方程式}) \tag{10.4}$$

$$\frac{\partial^2 f}{\partial x^2} + \frac{\partial^2 f}{\partial y^2} = 0 \quad (\text{ラプラス (Laplace) の方程式}) \tag{10.5}$$

波動方程式 (10.3) は，図 10.1(a) のように，波が時間 t と共に x 軸方向に伝搬する現象を記述する方程式で，媒質中を伝わる音波，弾性波，電磁波などの波動現象の基礎を与える方程式である．**拡散方程式** (10.4) は，例えば "水中に垂らしたインクが濃度差によってジワーッと広がっていく" というような**拡散現象**を記述する基礎方程式である．**熱の伝導**は実は拡散現象で，図 10.1(b) に示すように，細い金属棒を熱した後，時刻 $t = t_0$ から冷ました場合の各点，各時刻の温度分布 $f(x,t)$ は，拡散方程式を満たすことが知られている．

一方，図 10.2(a) に示すような，"適当なループ状の針金" に張った**石鹸膜**はラプラスの方程式 (10.5) を満たす．また，**電磁気学**によると，2 つの導体を同心円状に配置した電気ケーブル[5] (図 10.2(b)) の内部のように，ある空間内の (静) **電位分布**などもラプラスの方程式を満たす．

---

[5] **同軸ケーブル**とよばれ，衛星アンテナとチューナを結ぶ場合などに用いられる．

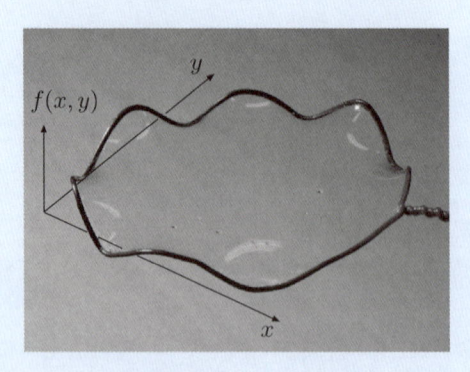

(a) 針金に張った石鹸膜

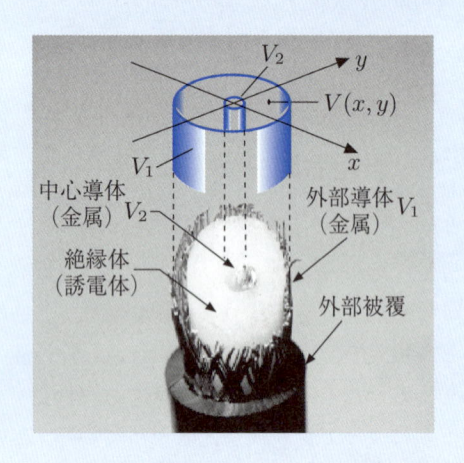

(b) 電気（同軸）ケーブル内の電位分布

図 10.2　ラプラスの方程式 (10.5) で記述される現象の例

10.2　偏微分方程式の数値解法の概要

　式 (10.3)–(10.5) のような偏微分方程式では，一般に 2 つの独立変数のうちの少なくとも一方は "空間座標" に対応し，その変数に対しては境界条件が与えられることが多い．微分方程式が境界条件を伴う場合は，9.5.1 項で述べたように，分点上の近似解を左から右へ順に計算することは**できず**，したがって 9.5.1 項で説明した**差分近似法**を用いる必要がある．ここでは，差分近似法を偏微分の場合に拡張した後，それに基づく数値解法の概要を説明しよう．

■ 10.2.1　偏微分の差分近似

いま，2 変数関数 $f(x,y)$ を考え，2 つの独立変数 x, y を，

$$\begin{cases} x_i = x_0 + i \cdot \Delta x & (i = 1, 2, \ldots) \\ y_j = y_0 + j \cdot \Delta y & (j = 1, 2, \ldots) \end{cases} \quad (10.6)$$

のように離散化し，分点 (x_i, y_j) を定める（図 10.3）．ここで，$\Delta x, \Delta y$ は，それぞれ x, y 方向の分点間隔を表す．さらに，分点上での関数値 $f(x_i, y_j)$ を簡単のため，$f_{i,j}$ と表すと約束しよう．

　偏微分 $\frac{\partial f(x,y)}{\partial x}$ は y を固定して x で微分すればよいことを思い出せば，$\frac{\partial f(x,y)}{\partial x}$ は，9.5.2.1 項で述べた "**差分近似とその表記法 (9.54), (9.55)**" を利用することにより，

$$\frac{\partial f(x,y)}{\partial x} \approx \delta_x f = \frac{f_{i+1,j} - f_{i-1,j}}{2\Delta x} = \frac{1}{2\Delta x} \boxed{-1 \mid 0 \mid 1} f_{i,j} \quad (10.7)$$

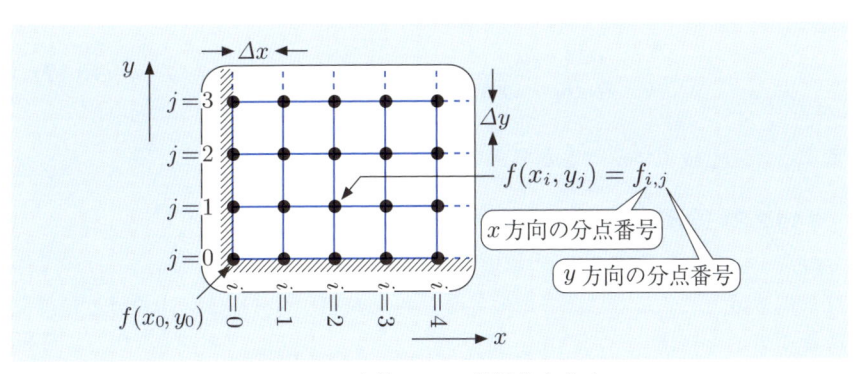

図 10.3　変数 x, y の離散化と分点

のように差分近似できる．同様にして $\frac{\partial f(x,y)}{\partial y}$ は，

$$\frac{\partial f(x,y)}{\partial y} \approx \delta_y f = \frac{f_{i,j+1} - f_{i,j-1}}{2\Delta y} = \frac{1}{2\Delta y}\begin{array}{|c|}\hline 1 \\ \hline 0 \\ \hline -1 \\ \hline\end{array} f_{i,j} \quad (10.8)$$

と書ける．ここでは y 方向の微分のため，式 (10.7) を 90 度回転していることに注意されたい．2 階偏微分については，式 (9.53), (9.55) を用いると，

$$\frac{\partial^2 f(x,y)}{\partial x^2} \approx \delta_x^2 f = \frac{f_{i+1,j} - 2f_{i,j} + f_{i-1,j}}{(\Delta x)^2} = \frac{1}{(\Delta x)^2}\begin{array}{|c|c|c|}\hline 1 & -2 & 1 \\ \hline\end{array} f_{i,j} \quad (10.9)$$

$$\frac{\partial^2 f(x,y)}{\partial y^2} \approx \delta_y^2 f = \frac{f_{i,j+1} - 2f_{i,j} + f_{i,j-1}}{(\Delta y)^2} = \frac{1}{(\Delta y)^2}\begin{array}{|c|}\hline 1 \\ \hline -2 \\ \hline 1 \\ \hline\end{array} f_{i,j} \quad (10.10)$$

と近似できる．

このような考え方を応用すると，他の偏微分に対する差分近似も同様に求めることができる．例えば，

$$\frac{\partial^2 f(x,y)}{\partial x \partial y} = \frac{\partial}{\partial y}\frac{\partial f(x,y)}{\partial x} \approx \frac{\partial}{\partial y}\left(\frac{f(x_{i+1},y_j) - f(x_{i-1},y_j)}{2\Delta x}\right)$$

$$= \frac{1}{2\Delta x}\left(\frac{\partial f(x_{i+1},y_j)}{\partial y} - \frac{\partial f(x_{i-1},y_j)}{\partial y}\right)$$

$$\approx \frac{f_{i+1,j+1} - f_{i+1,j-1} - f_{i-1,j+1} + f_{i-1,j-1}}{4\Delta x \Delta y} \quad (10.11)$$

と計算されるため，

$$\frac{\partial^2 z}{\partial x \partial y} \approx \frac{1}{4\Delta x \Delta y}\begin{array}{|c|c|c|}\hline -1 & 0 & 1 \\ \hline 0 & 0 & 0 \\ \hline 1 & 0 & -1 \\ \hline\end{array} f_{i,j} \quad (10.12)$$

のように差分近似することができる．

■10.2.2　差分近似に基づく偏微分方程式の解法

分点 (x_i, y_j) 上で $f(x,y)$ の数値解 (近似値) を $F_{i,j}$ と表し，式 (10.2) の 2 階線形偏微分方程式における各偏微分を，各々式 (10.7)–(10.12) の差分近似で置き換えることにより，式 (10.2) は，

10.2 偏微分方程式の数値解法の概要

$$A\frac{F_{i+1,j} - 2F_{i,j} + F_{i-1,j}}{(\Delta x)^2} + C\frac{F_{i,j+1} - 2F_{i,j} + F_{i,j-1}}{(\Delta y)^2}$$

$$2B\frac{F_{i+1,j+1} - F_{i+1,j-1} - F_{i-1,j+1} + F_{i-1,j-1}}{4\Delta x \Delta y} +$$

$$= G\left(x_i, y_i, F_{i,j}, \frac{F_{i+1,j} - F_{i-1,j}}{2\Delta x}, \frac{F_{i,j+1} - F_{i,j-1}}{2\Delta y}\right) \quad (10.13)$$

と書ける.これは,分点 (x_i, y_j) を中心とした計 9 点[6]における数値解 $F_{i,j}$ の間の**関係式**である.いま,図 10.3 に示す離散化によって分点は全部で K 個得られたとすると,式 (10.2) の偏微分方程式を数値的に解くことは,K 個すべての分点上で数値解 $F_{i,j}$ を求めることを意味する.すなわち,**求めるべきは K 個の値 $F_{i,j}$** である一方,式 (10.13) は分点 (x_i, y_j) ごとに一本得られるため,結局,式 (10.13) の**関係式は合計で K 本得られる**.

対象となる偏微分方程式は**線形**で,したがってそれを離散化した式 (10.13) は $F_{i,j}$ に関して**線形**であることに注意されたい.そこで,全部で K 本ある式 (10.13) を未知変数 $F_{i,j}$ について整理することにより,連立 1 次方程式

$$A\boldsymbol{F} = \boldsymbol{b}$$

が得られる.ここで,A は $K \times K$ の係数行列,$\boldsymbol{b}$ は $K \times 1$ の定数ベクトル,$\boldsymbol{F}$ は K 個の未知変数 $F_{i,j}$ を適当な順序で並べた解ベクトル

$$\boldsymbol{F} = \begin{bmatrix} F_{i,j} \text{ を } K \text{ 個並べた縦ベクトル} \end{bmatrix}$$

である.これを未知変数 $\boldsymbol{F}$ について解けば,各分点上で $F_{i,j}$ の値が定まり,したがって対象となる偏微分方程式は数値的に解けたことになる.

なお,常微分方程式の境界値問題では,図 9.13 の例に示すように,境界条件が与えられている分点 $x_0 = a$ と $x_4 = b$ は未知変数から除外し,残る分点 $x_1 \sim x_3$ について連立方程式を構成した.偏微分方程式の場合にも,境界条件については同様の扱いをすればよく,10.3.1 項で詳しく見てみよう[7].

---

[6] (x_i, y_j), $(x_{i\pm 1}, y_j)$, $(x_i, y_{j\pm 1})$, $(x_{i\pm 1}, y_{j\pm 1})$ (復号は任意) の合計 9 点.

[7] 初期条件が与えられている場合は,初期条件が関係する分点上で式 (10.13) の代わりに,当該初期条件から導かれる関係式を用いる.詳しくは文献[17] などを参照されたい.

10.3　差分近似法の実際

本節では，ラプラスの方程式 (10.5) を例に，差分近似法を詳述しよう．

■10.3.1　ラプラスの方程式に関するディリクレ問題とその差分近似解法

ラプラスの方程式は，図 10.4(a) や式 (10.15) に示すように，境界条件として**領域の境界線上での関数値**が与えられることが多い．

$$\frac{\partial^2 f(x,y)}{\partial x^2} + \frac{\partial^2 f(x,y)}{\partial y^2} = 0 \quad ((x,y) \in 領域\ D) \tag{10.14}$$

$$境界条件 : f(x,y) = f_c(x,y) \quad ((x,y) \in 境界線\ C) \tag{10.15}$$

このような境界値問題を**ディリクレ（Direchlet）問題**という[8]．要するに，"領域 D 内で偏微分方程式 (10.14) を満たす解 $f(x,y)$ のうち，境界線 C 上で $f(x,y) = f_c(x,y)$ を満たすものを求めよ" という問題である．

(a) 領域 D と境界線 C　　　(b) 正方領域 D

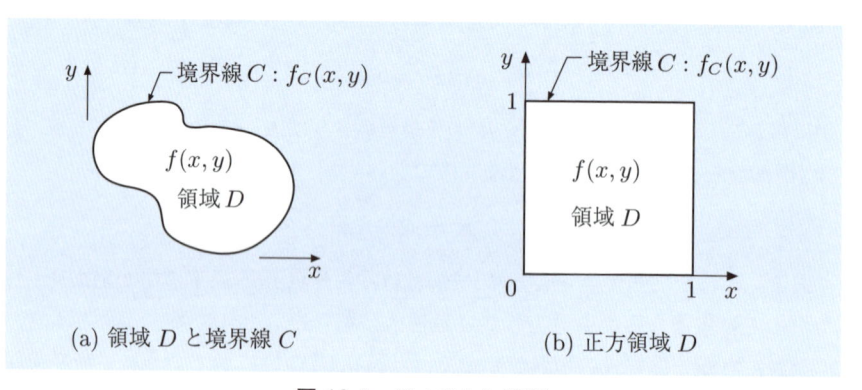

図 10.4　ディリクレ問題

以降では簡単のため，式 (10.14), (10.15) における領域 D および境界 C として，図 10.4(b) に示す**一辺の長さ 1 の正方形**をとる．差分近似解法の手順は，(i) 偏微分方程式の差分近似，(ii) 対象領域の離散化，(iii) 連立方程式の作成，(iv) 連立方程式の求解，の 4 つである．

---

[8] ディリクレ問題は，境界条件が連続であれば，一意的な解を持つことが示されている．

(i) 偏微分方程式の差分近似

式 (10.14) の左辺は，式 (10.9), (10.10) を用いると，

$$\frac{\partial^2 f(x,y)}{\partial x^2} + \frac{\partial^2 f(x,y)}{\partial y^2} \approx \frac{1}{(\Delta x)^2} \boxed{\begin{array}{|c|c|c|}\hline 1 & -2 & 1 \\\hline\end{array}} f_{i,j} + \frac{1}{(\Delta y)^2} \boxed{\begin{array}{|c|}\hline 1 \\\hline -2 \\\hline 1 \\\hline\end{array}} f_{i,j}$$

(10.16)

と差分近似できるが，$\Delta x = \Delta y = \Delta$ と選ぶと右辺は 1 つにまとめられ，

$$\frac{\partial^2 f(x,y)}{\partial x^2} + \frac{\partial^2 f(x,y)}{\partial y^2} \approx \frac{1}{\Delta^2} \boxed{\begin{array}{|c|c|c|}\hline 0 & 1 & 0 \\\hline 1 & -4 & 1 \\\hline 0 & 1 & 0 \\\hline\end{array}} f_{i,j} \quad (10.17)$$

となる．したがって，対象の偏微分方程式 (10.14) は，点 (x_i, y_j) において，

$$\frac{1}{\Delta^2}(F_{i-1,j} + F_{i+1,j} + F_{i,j-1} + F_{i,j+1} - 4F_{i,j}) = 0 \quad (10.18)$$

と差分近似される．ただし，関数値 $f_{i,j}$ を数値解 $F_{i,j}$ で置き換えた．

(ii) 対象領域の離散化

図 10.3 と図 10.4(b) を参照し，ここでは式 (10.6) において $(x_0, y_0) = (0, 0)$, $\Delta x = \Delta y = \Delta = 1/4$ として分点をとり，領域 D と境界線 C 上を離散化しよう．得られる分点は，図 10.5 に示す ● と ○ である．

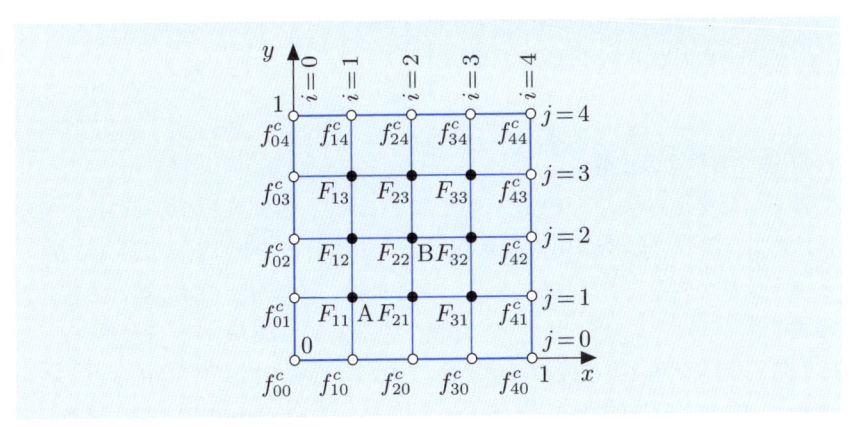

図 10.5 正方領域 D(図 10.4(b)) の離散化

(iii) 連立方程式の作成

図 10.5 の各分点が,

- 境界線 C 上に位置する場合 (○印の分点)
  ⇒ 関数値は境界条件 $f_c(x_i, y_j)$ によって与えられる (これを f_{ij}^c と表す).
- 領域 D 内に位置する場合 (● 印の分点)
  ⇒ 求めるべき未知変数 $F_{i,j}$

で,したがって連立方程式の未知変数は $F_{1,1}$ から $F_{3,3}$ の 9 つとなる.図 10.5 の点 A $(i = j = 1)$, B $(i = j = 2)$ に対して式 (10.18) を適用すると,

$$A 点 : f_{0,1}^c + F_{2,1} + f_{1,0}^c + F_{1,2} - 4F_{1,1} = 0$$

$$B 点 : F_{1,2} + F_{3,2} + F_{2,1} + F_{2,3} - 4F_{2,2} = 0$$

が得られる.図 10.5 の残る 7 つの点 ● について同様の方程式を求めた後,変数を左辺に残し定数 $f_{i,j}^c$ を右辺に移項して整理すると,連立 1 次方程式

$$\begin{bmatrix} 4 & -1 & 0 & -1 & 0 & 0 & 0 & 0 & 0 \\ -1 & 4 & -1 & 0 & -1 & 0 & 0 & 0 & 0 \\ 0 & -1 & 4 & 0 & 0 & -1 & 0 & 0 & 0 \\ -1 & 0 & 0 & 4 & -1 & 0 & -1 & 0 & 0 \\ 0 & -1 & 0 & -1 & 4 & -1 & 0 & -1 & 0 \\ 0 & 0 & -1 & 0 & -1 & 4 & 0 & 0 & -1 \\ 0 & 0 & 0 & -1 & 0 & 0 & 4 & -1 & 0 \\ 0 & 0 & 0 & 0 & -1 & 0 & -1 & 4 & -1 \\ 0 & 0 & 0 & 0 & 0 & -1 & 0 & -1 & 4 \end{bmatrix} \begin{bmatrix} F_{1,1} \\ F_{2,1} \\ F_{3,1} \\ F_{1,2} \\ F_{2,2} \\ F_{3,2} \\ F_{1,3} \\ F_{2,3} \\ F_{3,3} \end{bmatrix} = \begin{bmatrix} f_{0,1}^c + f_{1,0}^c \\ f_{2,0}^c \\ f_{3,0}^c + f_{4,1}^c \\ f_{0,2}^c \\ 0 \\ f_{4,2}^c \\ f_{0,3}^c + f_{1,4} \\ f_{2,4}^c \\ f_{3,4}^c + f_{4,3} \end{bmatrix} \quad (10.19)$$

が得られる (各自確認されたい).

(iv) 連立方程式の求解

得られた連立方程式 (10.19) を解くことにより,各分点上での解の近似値が得られる.なお,式 (10.19) の係数行列には,"各行の非ゼロ要素は最大で 5 つ"という性質がある.すなわち,ディリクレ問題の数値解法では,現れる連立方程式のサイズは非常に大きいものの,その係数行列は**疎** (ゼロ要素が多い) となる.このような連立方程式の解法には,ガウス-ザイデル法や SOR 法などの**反復法** (5 章) が用いられることが多い.ただし,式 (10.19) のように,係数行列が規則性のある**帯行列**の場合には,LU 分解 (3 章) が有利である.

10.3 差分近似法の実際

ディリクレ問題に対する数値解法の手順

(1) 与えられた領域 D と境界線 C 上に適当な分点を設定する．
(2) 差分近似 (10.16) や (10.17) を用いて，領域 D 上の各分点に関する関係式を求める．
(3) 得られた関係式を連立方程式として解く．

■ 10.3.2 ディリクレ問題の実際の例

例 1 石鹸膜の問題

図 10.3(a) の石鹸膜のように，ある定まった境界線 (枠) に張った薄い膜は，ラプラスの方程式を満たす．したがって，"与えられた境界線に対して膜の形状を求める問題" は，ディリクレ問題 (10.14), (10.15) となる．ここでは，図 10.4(b) に示す正方形の境界線 C 上で境界条件

$$f_c(x,y) = \begin{cases} x(1-x) & (y=0,\ y=1,\ \text{ただし}\ 0 \leq x \leq 1) \\ y(1-y) & (x=0,\ x=1,\ \text{ただし}\ 0 \leq y \leq 1) \end{cases} \quad (10.20)$$

を与え，この "枠"((図 10.6(a)) に張った石鹸膜の形状 $f(x,y)$ を求めよう．

図 10.6(b)–(d) は，それぞれ一辺を 4，10 および 40 分割した場合の数値解である (4 分割 (b) の分点は図 10.5 に相当し，この場合のみ境界線上の値を ○ で，数値解を ● で表している)．表 10.1 は，各分割数に対する未知変数の総数および計算時間 (4 分割の場合を 1 とした相対計算時間．なお，連立 1 次方程式の解法にはガウス・ザイデル法を用いた) である．暇な人は，針金で図 10.6(a) のような形状を作って石鹸膜を張り，同 (d) の形状になることを確認されたい．□

表 10.1 　例 1 の差分近似解法における諸元

一辺の分割数	変数の総数	相対計算時間	結果のグラフ
4	9	1	図 10.6(b)
10	81	4×10^1	図 10.6(c)
40	1521	7×10^3	図 10.6(d)
100	9801	4×10^5	

(a) 境界条件 (10.20)

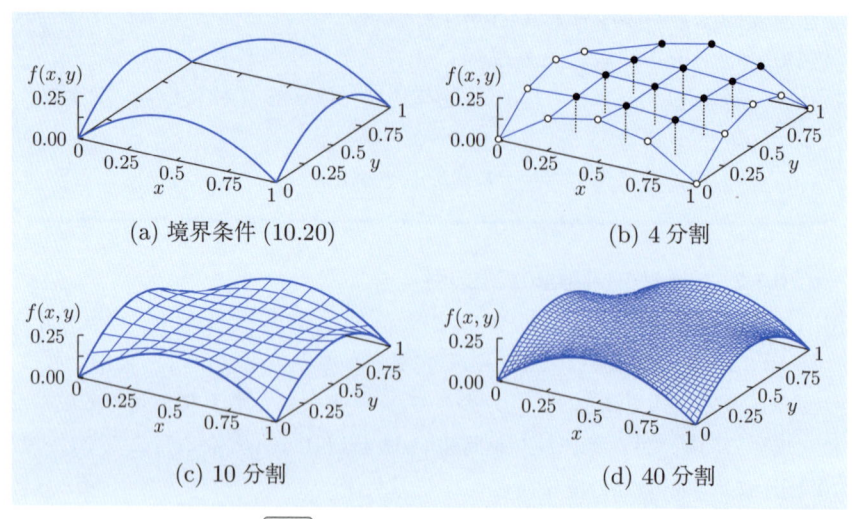

(b) 4 分割

(c) 10 分割

(d) 40 分割

図 10.6　例 1 の問題を差分近似によって解いた結果

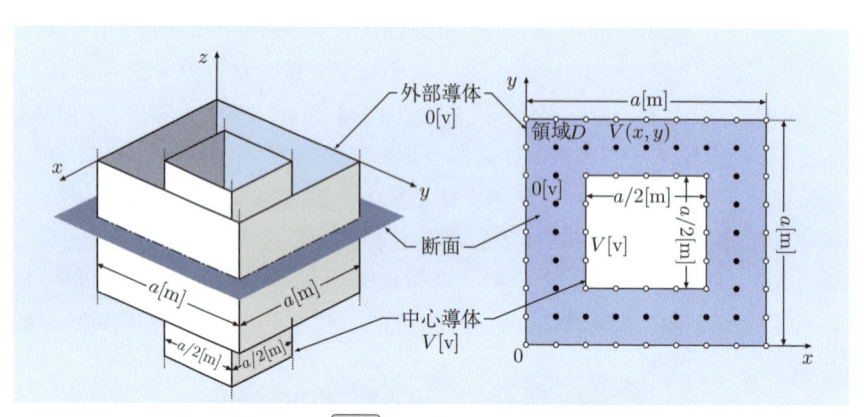

図 10.7　例 2 で対象とする方形同軸管

例 2　方形同軸管内の電位分布

空間内に電界 (電場) が存在すると，各点に電位が生じる．静電磁気学によれば，点 (x, y, z) の電位 $V(x, y, z)$ は，ラプラスの方程式を満たす．いま，金属 (導体) 製で断面が正方形の長い管，大小 2 本を図 10.7 のように配置した "**同軸管**" を考える．内外の導体 (それぞれ外部導体，中心導体という) の一辺を各々 $a\,[\mathrm{m}]$，$a/2\,[\mathrm{m}]$ とし，この間に一定電位差 $V\,[\mathrm{V}]$ を与える (外部導体の電位は 0

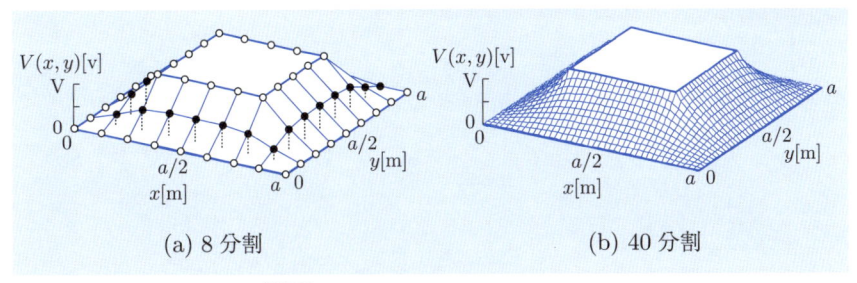

図 10.8 例2 の問題を差分近似によって解いた結果

(a) 8 分割　(b) 40 分割

[V] に保つ).このとき,導体間の領域 D 内の各点には電位 $V(x,y,z)$ が生じるが,同軸管は z 軸方向に長いため電位は z 座標に依存せず,$V(x,y)$ と書ける.$V(x,y)$ は x–y 平面 (断面) 上で

$$\frac{\partial^2 V(x,y)}{\partial x^2} + \frac{\partial^2 V(x,y)}{\partial y^2} = 0 \tag{10.21}$$

を満たし,図 10.7 の右図から各導体上で境界条件

$$V_c(x,y) = \begin{cases} 0 & (\text{外部導体上}) \\ V & (\text{中心導体上}) \end{cases} \tag{10.22}$$

を満たす.これより $V(x,y)$ が計算できる.

式 (10.21), (10.22) のように,関数や変数が電位 [V] や位置 [m] などの**次元**を持つ場合には,数値計算を行う前に**無次元化**するとよい.すなわち,

$$x' = x/a, \quad y' = y/a, \quad V'(x',y') = \frac{V(x/a, y/a)}{V} \tag{10.23}$$

と置き換えると,新たな変数 x', y' は $0 \leq x', y' \leq 1$ のように無次元化される ($V'(x',y')$ についても同様).この $V'(x',y')$ を差分近似法によって求めた後,式 (10.23) から逆に $V(x,y)$ を求めればよい.

図 10.8(a), (b) は,それぞれ一辺を 8 および 40 分割した場合の数値解である (図 10.7 の右図の ○ と ● は 8 分割の分点配置である). □

10.3.3 条件 $\Delta x = \Delta y$ の下では分点がとれない場合には

前項の 2 つの例では,$\Delta x = \Delta y = \Delta$ として Δ を調整することにより,図 10.5 や図 10.7 に示すように,与えられた領域 D と境界線 C 上に分点を規則的に配置できた.しかしながら,例えば,図 10.2(b) に示す実際の同軸ケーブル (円形) の場合や,図 10.4(a) のような一般的な領域を対象とする場合には,

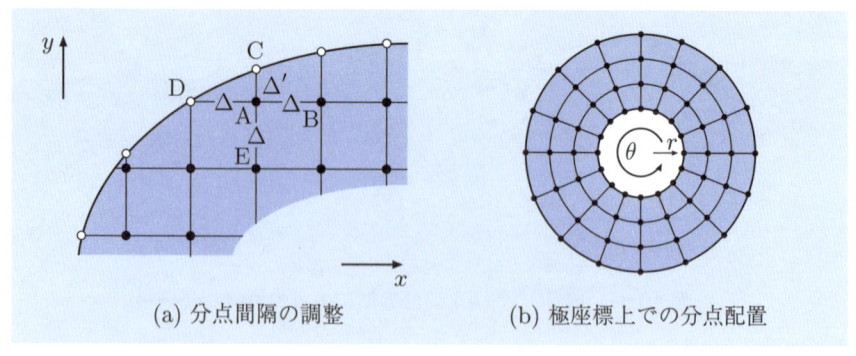

(a) 分点間隔の調整　　(b) 極座標上での分点配置

図 10.9　一般形状の領域や円形領域への分点の配置方法

$\Delta x = \Delta y = $ 一定 という条件では，領域 D や境界線 C 上に分点を配置することはできない．

このような場合には，図 10.9(a) に示すように，境界線 C 付近で分点間隔を調整し，分点を C 上に乗せるなどの処理が必要になる (章末問題 3, 4 参照)．また，特に領域 D が円形である場合には，分点を極座標 r–θ 上にとり，ラプラスの方程式を極座標表示して解く方法が用いられる (詳細は文献[16] など参照)．

■ 10.3.4　差分近似法による誤差について ── ラプラスの方程式の場合

本章の差分近似解法は，常微分方程式に対する同解法 (9.5.2 節) を多変数 (偏微分) の場合に拡張したものに相当するため，数値解 $F_{i,j}$ と真の解 $f(x_i, y_j)$ の間の誤差 $|F_{i,j} - f(x_i, y_j)|$ は，9.5.2.3 項の結果を同様に拡張することで評価できる．すなわち，式 (10.16), (9.52), (9.63) から，誤差は

$$|F_{i,j} - f(x_i, y_j)| \leq C_x (\Delta x)^2 + C_y (\Delta y)^2 \qquad (10.24)$$

と評価される (C_x, C_y は定数)．したがって，$\Delta x, \Delta y$ を半分にすると，誤差はおおよそ 1/4 になることが結論される．

また，式 (10.24) において $\Delta x, \Delta y \to 0$ とすると，数値解 $F_{i,j}$ は理論上は真の解に**収束する**．ただし，9.6 節で述べたように，差分近似法では "数値演算誤差の影響により，分点間隔 Δx がある値を下回ると，数値微分の誤差は逆に増大に転じる"．したがって，実際の計算機上では，数値解 $F_{i,j}$ は真の解に収束するわけでは**ない**．しかしながら，実用的な範囲で Δx と Δy を小さく選べば，数値解の誤差は**安定して低減**できることに注意されたい．

10.4 他の偏微分方程式では ── 補足

　他の形の偏微分方程式，例えば 10.1.2 項の波動方程式 (10.3) や拡散方程式 (10.4) なども，ラプラスの方程式の場合と同様に，x–t 両変数を離散化し，得られる分点上で数値的に解くことができる．ただし，これらの方程式では，位置に相当する変数 x については境界条件が，また時間変数 t に対しては初期条件が与えられるため，x 方向については 10.2 節の"差分近似法"を，また t 方向については 9.3 節で述べたオイラー法のような"初期値問題の解法"を適用する必要がある．

　ところで，ラプラスの方程式に対するディリクレ問題においては，分点間隔は $\Delta x = \Delta y$ と選んだが，実際には $\Delta x \neq \Delta y$ としてもよく，さらに 10.3.4 項で述べたように，$\Delta x, \Delta y$ が小さいほど数値解の誤差は低減できる．しかしながら，拡散方程式 (10.4) の場合は，t 方向と x 方向の分点間隔 (各々 $\Delta t, \Delta x$ とする) の選び方には制約があり，Δt に対して Δx を小さく設定し過ぎると，逆に数値誤差が極端に増大する**不安定現象**が生じる．幸いにして，このような不安定現象の問題は十分に解析・検討されており，分点間隔の選び方に関する制約の範囲内で解法を適用することにより，安心して安定に数値解を得ることができる．

　波動方程式や拡散方程式を含む他の偏微分方程式の数値解法については，文献[4] などの教科書や，計算機上で偏微分方程式を解くための専門書[17] などを参照されたい．

10 章 の 問 題

☐ **1** 例1 の石鹸膜の問題において，一辺の分割数を 4 とする．
　(1) 図 10.5 における 9 点の ● が満たす連立方程式を書き下せ．
　(2) 計算機を利用し，実際に数値解を求めよ．

☐ **2** 問題 1 では，**境界条件の対称性**から，図 10.5 の分点上の解は $F_{3,2} = F_{2,3} = F_{1,2} = F_{2,1}$ などの対称性を持つ．このとき，
　(1) 9 個の未知数から対称性を除くと，独立な未知数は何個残るか．
　(2) 独立な未知数について連立方程式を作成し，解いてみよ．

☐ **3** 分点間隔が異なる中心差分近似について考えよう (図 10.10)．
　(1) 9 章の式 (9.48)–(9.52) を参考にして，図 10.10 の y_i に対する 1 階および 2 階の中心差分を求めよ．
　(2) (1) の結果を用いて，図 10.9(a) における A〜E について，ラプラスの方程式に対する差分近似を導け (A 点の値を $F_{i,j}$ とする)．

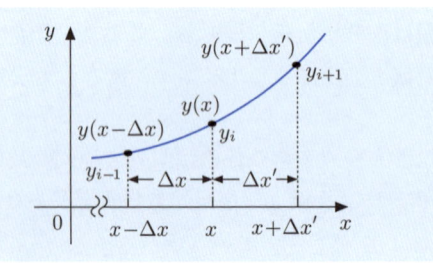

図 10.10 分点間隔が異なる中心差分

☐ **4** 半径 1 の円周を境界線 C，その内部を D とする．C 上の境界条件

$$f_c(x,y) = \cos 4\theta \quad (\theta = \tan^{-1}(y/x)) \tag{10.25}$$

に対するラプラスの方程式を数値的に解きたい．
　(1) 図 10.11 のように，$\Delta x = \Delta y = \Delta = 0.5$ として分点をとった場合 (C 上の分点は不等間隔となる) について，連立方程式を書き下せ (問題 3 の結果を利用せよ)．
　(2) (1) を解いて数値解を求めよ．

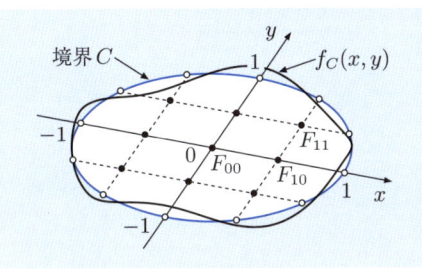

図 10.11　円領域のディリクレ問題

☐ **5** ラプラスの方程式を差分近似して得られる連立方程式 (10.19) をガウス・ザイデル法を用いて解く方法を考えよう．
　(1)　ガウス・ザイデル法が適用可能なように，式 (10.19) を変形せよ．
　(2)　ガウス・ザイデル法は，"$F_{i,j}$ の値を，その上下左右 4 点の平均値で置き換える" 処理の繰り返しに相当することを説明せよ．

☐ **6** 東京ドームの "屋根" は，ガラス繊維の膜でできており，球場内部の大気圧をわずかに上げることで支えている．膜は均一で重力の影響を無視すると，点 (x,y) における屋根の高さ $h(x,y)$ は，偏微分方程式

$$\frac{\partial^2 h(x,y)}{\partial x^2} + \frac{\partial^2 h(x,y)}{\partial y^2} = Kp(x,y) \qquad (10.26)$$

を満たす．ここで，K は定数，$p(x,y)$ は (x,y) で大気圧が膜を押す圧力である．式 (10.26) の形の偏微分方程式を**ポアッソンの方程式**という．簡単のためドームの形状は正方形とし，ドーム外周 C 上で境界条件

$$h_c(x,y) = 0 \quad ((x,y) \in \text{ドーム外周}\, C) \qquad (10.27)$$

を与える．また，式 (10.26) において，右辺 $Kp(x,y)$ は (x,y) によらず一定値 P とする．このとき，式 (10.26), (10.27) に対するディリクレ問題を数値的に解くプログラムを作成し，東京ドームの屋根の形状を計算せよ (ドームのサイズや一定値 P は適当に仮定せよ)．

付　　録

A　疑似コード

　ここでは，3章，6章で用いる「疑似コード」について説明しよう．ただし，Forループや分岐Ifは，改めて解説する必要はないだろう．以下では，配列とその一部の表記法を中心に詳述する．

　まず前提として，$n \times n$ 行列 A は，サイズが $n \times n$ の実数型の2次元配列 A に格納されているものとしよう．このとき，行列 A の第 ij 成分を a_{ij} で表すとすると，a_{ij} は配列 A の i 行目の j 番目に格納する．この配列の要素を A(i,j) と表現する．また，n 次元ベクトルはサイズが n の実数型1次元配列に格納し，例えばベクトル $\boldsymbol{x}$ の第 i 成分は x(i) と表現する．

　これらの配列には，行列・ベクトルの演算がそのまま適用できるものとする．例えば，行列 A にベクトル $\boldsymbol{x}$ を掛け，その結果をベクトル $\boldsymbol{y}$ に代入するためのコードは

$$\text{y} \leftarrow \text{A x}$$

となる．配列の一部分を表現するには次のように行う．例えば，図 A.1 のように A の第 $i \sim k$ 行の第 $j \sim m$ 列部分は A$(i:k, j:m)$ と表現する．この A$(i:k, j:m)$ はサイズが $(k-i+1) \times (m-j+1)$ の小行列であり，取り出した部分についても同様に行列・ベクトル演算を行えるものとする．また，行もしくは列が1つだけの場合は，その番号のみを書くものとする．例えば，A の第 j 列ベクトルは A$(1:n, j)$，第 k 行

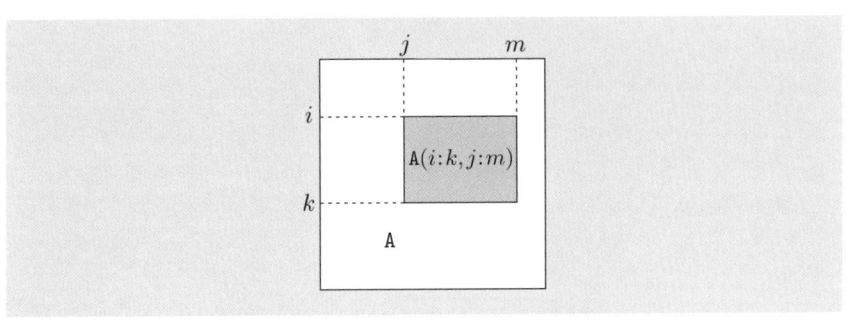

図 A.1　配列の一部分を表現する方法．

ベクトルは $\mathtt{A}(k,1:n)$ と書く[1].

例として，3.3.2 項の LU 分解のコード

```
For k = 1 : n − 1
    A(k + 1 : n, k) ← A(k + 1 : n, k)/A(k, k)
    A(k + 1 : n, k + 1 : n) ←
        A(k + 1 : n, k + 1 : n) − A(k + 1 : n, k)A(k, k + 1 : n)
end
```

を解説しよう．コード中，$\mathtt{A}$ の後ろの括弧の中に
- コロンがない場合は単なる「要素」(スカラー)
- カンマの前にコロンがあるときは「縦 (列) ベクトル」
- カンマの後にコロンがあるときは「横 (行) ベクトル」
- カンマの前後両方にコロンがあるときは「行列」

を表し，これら縦，横ベクトルと行列の加減乗算は，数学での「行列・ベクトル演算」のルールに従うことに注意しよう．

For ループ内の 1 行目は，サイズが $n-k$ の縦ベクトル $\mathtt{A}(k+1:n,k)$ の各要素を，スカラ $\mathtt{A}(k,k)$ で割り，その結果を元の位置に格納する処理を表す．2 行目右辺第 2 項はサイズ $n-k$ の縦ベクトル $\mathtt{A}(k+1:n,k)$ とサイズ $n-k$ の横ベクトル $\mathtt{A}(k,k+1:n)$ の積だから，結果は $(n-k)\times(n-k)$ の行列になる．このことに注意すれば，2 行目は，$(n-k)\times(n-k)$ 行列 $\mathtt{A}(k+1:n,k+1:n)$ からの各要素 $(n-k)\times(n-k)$ 行列 $\mathtt{A}(k+1:n,k)\mathtt{A}(k,k+1:n)$ の各要素を引き，その結果を元の位置に格納する処理を表す．

---

[1] ただし，行ベクトルは横ベクトルとなることに注意．

B 多変数関数の偏微分と接平面

■ B.1 偏微分について

2変数関数 $z = f(x, y)$ を3次元座標 x–y–z 上に"プロット"すると，図 B.1(b) や図 B.2(a) のような"曲面"が構成される[2]．本節では，多変数関数 $f(x, y)$ の**偏微分**について簡単に復習しておこう．

1変数関数を微分すると，その点での**接線の傾き**が得られる (図 B.1(a))．一方，多変数関数＝曲面上では，図 B.1(b) に示すように，与えられた接点上で"接線はあらゆる方向に引ける"ため，接線の傾きを議論するには，その**方向**を指定しなければならない．このとき，最も素直な方向 — x 軸および y 軸に沿った方向 — をとった場合を**偏微分**とよぶ．

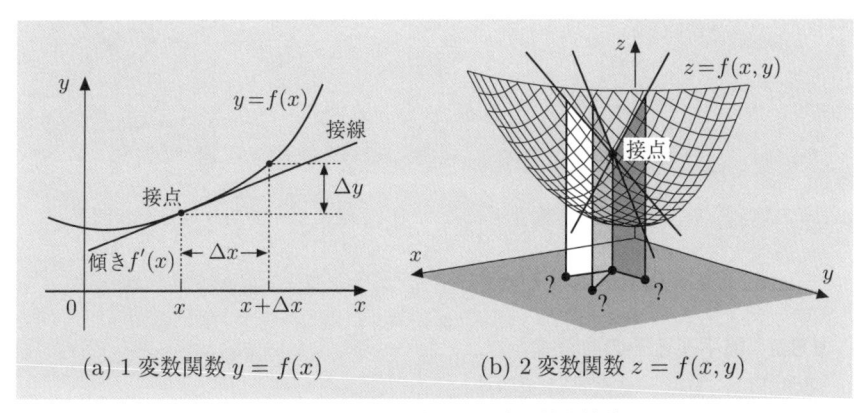

図 B.1 1変数関数，2変数関数と接線

図 B.2(b) に示すように，(a) の曲面 $z = f(x, y)$ を点 (x_0, y_0) で x 軸，y 軸に沿って"切り出し"てみる．x 軸に沿った断面が (c) で，y 軸方向から眺めると，断面は x–z 座標軸上で一本の**曲線**を表す．x **についての偏微分** $\frac{\partial f}{\partial x}$ は，点 (x_0, y_0) でこの曲線に引いた接線の傾きを表す．あるいは，"曲面 $z = f(x, y)$ 上の点 (x_0, y_0) において x 軸方向に接線を引いたときの傾き"が $\frac{\partial f}{\partial x}$ に相当すると考えてもよい ($\frac{\partial f}{\partial y}$ は (d) を用いて同様に考えればよい)．また，$\frac{\partial f}{\partial x}, \frac{\partial f}{\partial y}$ を (x, y) についての関数と見た場合を，**偏導関数**とよび，さらに高階の偏導関数 $\frac{\partial^2 f}{\partial x^2}, \frac{\partial^2 f}{\partial y^2}, \frac{\partial^2 f}{\partial x \partial y}$ なども同様に考えることができる．

---

[2] ここでは関数 $f(x, y)$ は x, y について**連続で，滑らかに変化する**と仮定する．

(a) $f(x,y)$ と曲面　　(b) x 軸, y 軸について切り出す

(c) x 軸について切り出した断面と $\frac{\partial f}{\partial x}$　　(d) y 軸について切り出した断面と $\frac{\partial f}{\partial y}$

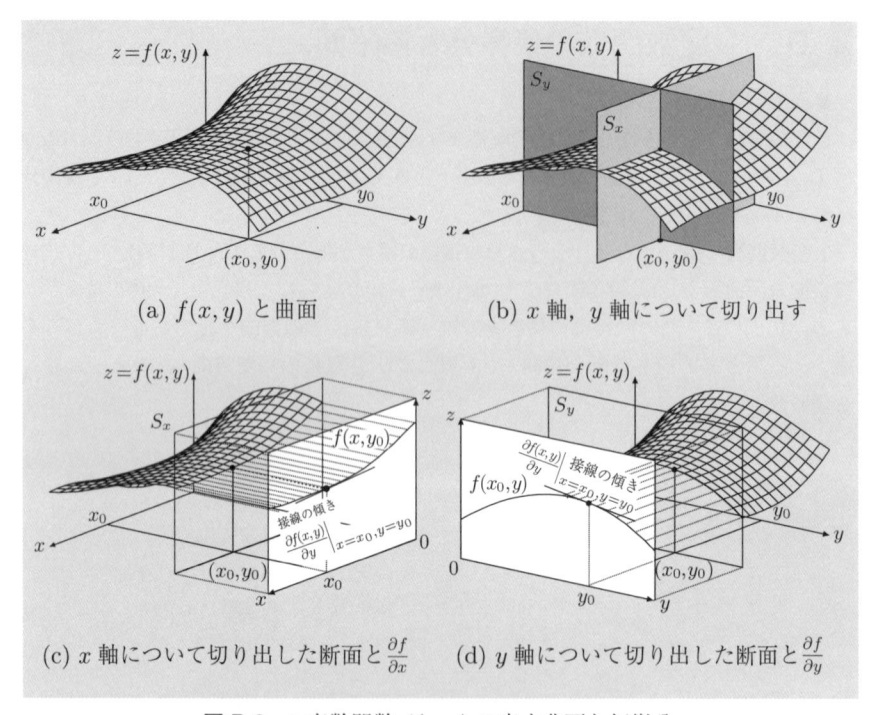

図 B.2　2 変数関数 $f(x,y)$ の表す曲面と偏微分

■ B.2　接平面とその方程式

図 B.3 は, 曲面 $z = f(x,y)$ 上の点

$$(x_0, y_0, z_0) = (x_0, y_0, f(x_0\, y_0))$$

で, $z = f(x,y)$ に接する**接平面** S を示している. S の方程式を求めよう.

一般に, 3 次元座標 x-y-z 上で, 点 (x_0, y_0, z_0) を通る**平面の方程式**は,

$$z = g(x,y) = a(x - x_0) + b(y - y_0) + z_0 \tag{B.1}$$

と書ける. この平面は, 定数 a, b を定めれば一意に決定される.

図 B.3 における 2 本の直線 l_x, l_y は各々, 点 (x_0, y_0, z_0) で曲面 $z = f(x,y)$ に対して x 軸方向, y 軸方向に引いた接線で,

$$\begin{cases} x \text{ 軸方向の接線 } l_x \text{ の傾き} & : \left.\dfrac{\partial f}{\partial x}\right|_{(x_0, y_0)} \\ y \text{ 軸方向の接線 } l_y \text{ の傾き} & : \left.\dfrac{\partial f}{\partial y}\right|_{(x_0, y_0)} \end{cases} \tag{B.2}$$

B 多変数関数の偏微分と接平面

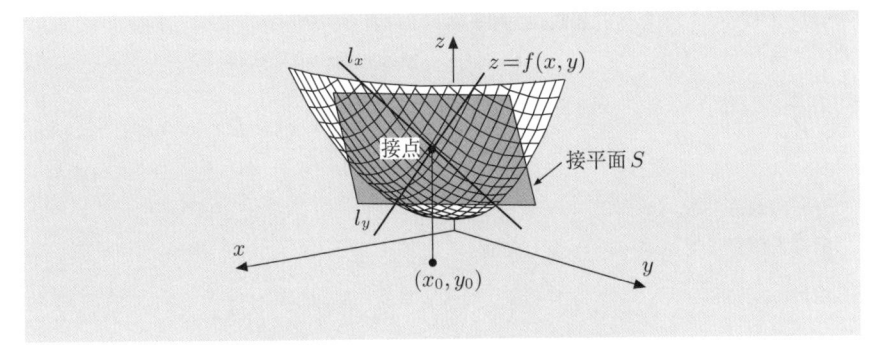

図 B.3 曲面 $z = f(x, y)$ と接平面 S

となることは前節で述べたとおりである[3]．接平面 S は点 (x_0, y_0, z_0) で曲面に接するのであるから，l_x, l_y は S 上になければならない．言い換えると，"**直線 l_x, l_y は接平面 S に接していなければならない**" のである．

平面 (B.1) に対して x 軸，y 軸方向に接線を引いた場合，前節の議論から，各々の傾きは $z = g(x, y)$ に対する偏微分で与えられ，式 (B.1) に対して実際に計算すると，

$$\begin{cases} x \text{ 軸方向の接線の傾き} \quad : \quad \left.\dfrac{\partial g}{\partial x}\right|_{(x_0, y_0)} = a \\ x \text{ 軸方向の接線の傾き} \quad : \quad \left.\dfrac{\partial g}{\partial y}\right|_{(x_0, y_0)} = b \end{cases} \quad (B.3)$$

となる．したがって，式 (B.3) と (B.2) が一致するとき，平面 (B.1) は点 (x_0, y_0, z_0) で曲面 $z = f(x, y)$ に接することになる．

こうして，$a = \left.\dfrac{\partial f(x, y)}{\partial x}\right|_{(x_0, y_0)}, b = \left.\dfrac{\partial f(x, y)}{\partial y}\right|_{(x_0, y_0)}$ となることがわかり，求める**接平面の方程式**は，次のように与えられる．

曲面 $z = f(x, y)$ に対して，点 $(x_0, y_0, z_0) = (x_0, y_0, f(x_0, y_0))$ で接する平面の方程式は，

$$z = \left.\dfrac{\partial f(x, y)}{\partial x}\right|_{(x_0, y_0)} \cdot (x - x_0) + \left.\dfrac{\partial f(x, y)}{\partial y}\right|_{(x_0, y_0)} \cdot (y - y_0) + z_0 \quad (B.4)$$

なお，以上の議論は，一般の n 変数関数 $f(x_1, x_2, \cdots, x_n)$ へ拡張できる．ただしこの場合には，"曲面" $z = f$ に接する "平面" は，もはや 3 次元空間における普通の "曲面" や

---

[3] $\left.\dfrac{\partial f}{\partial x}\right|_{(x_0, y_0)}$ は，$\dfrac{\partial f}{\partial x}$ に $(x, y) = (x_0, y_0)$ を代入することを表す．以下同様である．

"平面"ではなく，それぞれ**超曲面**，**超平面**とよばれる．結局，点 $(x_{1,0}, x_{2,0}, \cdots, x_{n,0})$ で，超曲面 $z = f(x_1, x_2, \cdots, x_n)$ に接する**接超曲面**の方程式は，

$$z = \sum_{i=1}^{n} \left. \frac{\partial f(x_1, x_2, \cdots, x_n)}{\partial x_i} \right|_{(x_{1,0}, x_{2,0}, \cdots, x_{n,0})} \cdot (x_i - x_{i,0}) + f(x_{1,0}, x_{2,0}, \cdots, x_{n,0}) \tag{B.5}$$

で与えられる．

簡単な例題を与えよう．いま，曲面

$$z = f(x, y)$$
$$= x^2 + y^2 + 1$$

に対し，$(x_0, y_0, z_0) = (3, 2, 14)$ で接する接平面の方程式を求めたい．

$$\begin{cases} \left. \dfrac{\partial f(x, y)}{\partial x} \right|_{(3,2)} = 6 \\ \left. \dfrac{\partial f(x, y)}{\partial y} \right|_{(3,2)} = 4 \end{cases}$$

であるから，接平面の方程式は式 (B.4) より，

$$z = 6(x - 3) + 4(y - 2) + 14$$

と求められる．

C 線形計算パッケージ

■C.1 直接解法のプログラム

LU分解やコレスキー分解を計算するプログラムは，それほど困難なく作成することができる．初歩的な数値計算プログラミングの練習という意味では手頃な問題でもあるので，各自，一度は実際にプログラムを作成し，実行してみることをお勧めする．

しかし，これらのプログラムを実際に自作することは，プログラミングの練習という以上の意味は少ない．なぜなら，プロの作成した数値計算専用のプログラム[4]とは，歴然とした速度差が存在するからである．

現在，もっとも広く使われている線形計算用のライブラリにLAPACK[5]がある．このLAPACKは，LU分解やコレスキー分解だけではなく，行列のQR分解や固有値問題，特異値分解なども含まれる，非常に優れたサブルーチン集である．ソースコードをネットで自由にダウンロードし，コンパイルして利用することができる．

LAPACKに含まれるピボット選択付LU分解ルーチン DGETRF と，文献[18]記載の関数 ludcmp で 2000 × 2000 行列をLU分解するのに要した計算時間の比較を表C.1に示す．ほぼ3倍の速度差があることがわかる．なお，この数値実験はAMD Athlon 64 Processor 3500+ 搭載の計算機で，FreeBSD 6.2-RESEASE(amd64)のgcc ver.3.4.6を用いて行った．また，コンパイラの最適化オプションは-O3とし，計算はすべて倍精度実数を用いた．

表C.1 ludcmp と DGETRF の計算時間の比較

ルーチン名	計算時間（秒）
ludcmp（文献[18]記載）	34.53
DGETRF (LAPACK)	11.26

さて，この速度差はどこから来るのであろうか．もっとも大きな要因は，DGETRF はブロック化LU分解法を用いているが，ludcmp はブロック化を用いていないことにある．ここでのブロック化法とは，本章で説明したように，行列の要素ごとに計算を行うのではなく，行列を小行列に分割し，その小行列をブロックと見なして，ブロック単位で演算を行う方法である．そして，ブロック同士の演算は，BLAS(Basic Linear

---

[4] このような専用のプログラムを集めたものを**ライブラリ**とよぶ．

[5] http://www.netlib.org/lapack/

Algebra Subprograms)⁶⁾を用いて行う．

BLAS は，その名の通り，行列・ベクトル演算を効率的に行うためのサブルーチン集であり，以下の 3 つのカテゴリに分けられるプログラム群から構成される．
- Level 1 ･･･ ベクトル×ベクトル演算
- Level 2 ･･･ 行列×ベクトル演算
- Level 3 ･･･ 行列×行列演算

本章で述べた演算はほぼすべて Level 1 と Level 2 を用いて計算できる．また，ブロック同士の演算には Level 3 を用いる．

このように，LAPACK は全面的に BLAS のルーチンを使って計算するように設計されている．すなわち，BLAS をさらに高速化すれば，結果的に LAPACK のルーチンも高速化できることになる．

この BLAS の機能を各計算機ごとに最適化するためのパッケージに ATLAS(Automatically Tuned Linear Algebra Software)⁷⁾がある．これを用いて，同じ計算機環境で 2000×2000 行列のピボット選択付 LU 分解を行った結果が表 C.2 である．ludcmp との速度差は 10 倍以上である⁸⁾．

表 C.2　ATLAS を用いたときの DGETRF の計算時間

ルーチン名	計算時間（秒）
DGETRF (LAPACK + ATLAS)	2.18

繰り返しになるが，LU 分解を計算するプログラムはそれほど難しくはない．しかし，プログラミングの練習としてではなく，実際に大規模な数値計算を行いたい場合はプロが作成した高品質なプログラムを組み込むべきであろう．本節で見たように，そのスピード差は歴然である．

なお，LAPACK は Fortran で書かれているが，これを C 言語に変換した CLAPACK⁹⁾も存在する．本節での数値計算も，この CLAPACK のソースをダウンロードし，独自にコンパイルしたものを用いて行った．

---

[6] http://www.netlib.org/blas/ ただし，LAPACK のソースファイル群にも同封されている．

[7] http://math-atlas.sourceforge.net/

[8] ここでは LAPACK の DGETRF を用いたが，ATLAS パッケージの中にも LU 分解ルーチンがある．これを用いるとさらに速い．

[9] http://www.netlib.org/clapack/

■C.2 固有値問題のプログラム

本節では固有値問題のためのプログラムの選び方について考察する．C.1節でも述べたように，線形計算のためのさまざまなライブラリが開発され公開されている．また，べき乗法や逆反復法を除く固有値問題のためのプログラムの作成は，概してLU分解やコレスキー分解に比べると複雑である．また，以下に述べるようにさまざまな方法が存在し，問題や行列の性質の違いによって使い分けられている．そのため，ユーザが自分のニーズに合せて固有値問題のプログラムを一から作成するのは現実的ではない．信頼性の高いパッケージを利用するべきであろう．本節では，どのような方法やパッケージを選べばよいかについての一つの指針を与えることを目標とする．

さて，6章で紹介したヤコビ法であるが，一般的な固有値問題にこの方法を用いる利点はほとんど無い．にもかかわらず，ヤコビ法を本書で紹介した目的は，ヤコビ法が固有値問題の解法としては比較的わかりやすいので，初学者である読者諸君にとって固有値問題の数値計算法とはどのようなものであるかという"雰囲気"を知ってもらうためである．ただし，6.5節でも述べたように，ヤコビ法は値の小さな固有値を高精度に計算できるという利点もあるため，まったく利用価値の無い方法ではないことも付言する．

では，ヤコビ法と一般的な固有値問題の解法との速度を比較してみよう．科学技術計算用サブルーチンパッケージNUMPAC[10]にはヤコビ法を含むさまざまな固有値問題用ルーチンがある．この中でヤコビ法のルーチン JACOBD と一般的な固有値問題の解法である HOQRVD の計算時間の比較を表C.3に示す．なお，計算はPentium 4

表C.3　ヤコビ法と一般的な固有値問題の解法との計算時間の比較

ルーチン	計算時間 (秒)
JACOBD	27.75
HOQRVD	2.71

(2.0GHz) 搭載の計算機を用い，[-1,1] 区間上の一様乱数を用いて生成した 500×500 の正定値対称行列のすべての固有値と固有ベクトルを求めるのに要した時間を測定した．OS は OpenBSD4.2(i386)，コンパイラは Gnu Fortran 3.3.5，倍精度実数を用いて，最適化オプション-O3 での結果である．見てわかるとおり，計算速度に大きな

---

[10] 名古屋大学の数値解析グループが中心となって開発したサブルーチンパッケージ．固有値問題などの線形計算以外にも，補間や数値積分，特殊関数など，さまざまなプログラムが利用可能である．http://netnumpac.fuis.fukui-u.ac.jp/

違いがある．

C.1 節で紹介した LAPACK には，さらにさまざまな固有値問題のプログラムが利用可能である．以下ではその中で代表的な 4 つの対称行列用固有値問題ルーチン

DSYEV, DSYEVD, DSYEVX, DSYEVR

の速度比較の一例を紹介する[11]．なお，DSYEV, DSYEVD はすべての固有値と，必要であればすべての固有ベクトルを求めることができる．また，DSYEVX, DSYEVR は指定された区間内にある固有値，もしくは必要な個数のみの固有値と，必要であればそれらに対応した固有ベクトルを求めることができる．使用法や計算方法の詳細は LAPACK 付属のマニュアルを参照されたい．

まず，行列のサイズを 100 次から 2000 次まで 100 刻みで変化させ，一様乱数から生成した対称行列のすべての固有値と固有ベクトルを計算するのに要した時間を図 C.1(a) に示す．ただし，図の縦軸は常用対数の尺度を用い，単位は秒である．また，行列はすべてのサイズで 10 個の異るものを用い，計算時間はその平均である．このとき，DSYEVR がすべてのサイズにおいて一番速かった．次に DSYEVD, DSYEVX と続き，もっとも遅かったのが DSYEV である．

同じ行列に対して，固有値のみを求めた場合の計算時間の比較を図 C.1(b) に示す．このときは，DSYEV, DSYEVD, DSYEVR がほぼ同程度で，DSYEVX が他のルーチンより

(a) すべての固有値と固有ベクトルを計算　　(b) 固有値のみを計算

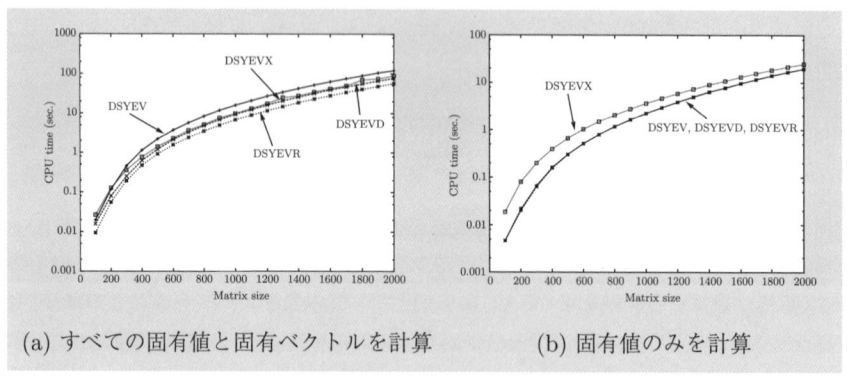

図 C.1 LAPACK ルーチンの性能比較 (すべての固有値と固有ベクトルを計算)

---

[11] 固有値問題は LU 分解と違い，収束判定を伴う反復計算が用いられるため，計算時間の一般的な比較は難しい．ここでは単に「一例」を示すだけであり，絶対的な評価ではないことを注意されたい．

は遅いという結果であった．

この二つの実験結果の 2000 次の部分だけを表 C.4 に書き出してみよう．固有ベク

表 C.4　2000 次のときの LAPACK ルーチンの比較

ルーチン名	DSYEV	DSYEVD	DSYEVR	DSYEVX
固有値のみ	19.50	19.50	19.49	24.74
固有値・固有ベクトル	121.39	76.93	56.64	89.11

トルの計算がいかに計算量を必要としているかがわかる．固有値のみが必要であるのならば，固有ベクトルは求めないべきではない．同様に，一部の固有値と固有ベクトルのみが必要であれば，その部分のみを計算するべきであろう．LAPACK ならば，DSYEVR, DSYEVX を使うと，必要個数のみ，例えば大きいものから 10 個など，もしくは，ある区間 $[a, b]$ に存在する固有値のみを求めることができる．さらに，必要であれば，求めた固有値に対応する固有ベクトルのみを計算することも可能である．このように，ルーチンの特性をよく理解した上で，適切なものを利用するべきである．

参考文献

[1] 二宮市三 編，二宮市三，吉田年雄，長谷川武光，秦野やす世，杉浦洋，櫻井鉄也，細田陽介 著，数値計算のわざ，共立出版，2006.
[2] 山本哲朗，数値解析入門，サイエンスライブラリ現代数学への入門14，サイエンス社，1976.
[3] 小澤一文，"Durand-Kerner 法の効率的な初期値の簡単な設定法"，日本応用数理学会論文誌，vol.3, no.4, pp.451–464, 1993.
[4] 洲之内治男 著，石渡恵美子 改訂，数値計算［新訂版］，サイエンス社，2002.
[5] 藤野清次，数値計算の基礎 ―数値解法を中心に―，サイエンス社，1998.
[6] 藤野清次，張紹良，反復法の数理，朝倉書店，1996.
[7] Richard Barrett, Tony F. Chan, Jone Donato, Michael Berry, James Demmel 著，長谷川里美，藤野清次，長谷川秀彦 訳，反復法 Templates，朝倉書店，1996.
[8] 牧之内三郎，鳥居達生，数値解析，オーム社，1975.
[9] 杉浦洋，数値計算の基礎と応用 ―数値解析学への入門―，サイエンス社，1997.
[10] 二宮市三 編，二宮市三，吉田年雄，長谷川武光，秦野やす世，杉浦洋，櫻井鉄也 著，数値計算のつぼ，共立出版，2004.
[11] 吉本富士市，スプライン関数とその応用，教育出版，1979.
[12] 金子尚武，松本道男，特殊関数，培風館，1984.
[13] 森正武，数値解析と複素関数論，筑摩書房，1975.
[14] 高木貞治，解析概論 改訂第 3 版，岩波書店，1983.
[15] 加藤義夫，偏微分方程式，サイエンスライブラリ現代数学への入門11，サイエンス社，1975.
[16] 赤坂隆著，数値計算，応用数学講座第 7 巻，コロナ社，1967.
[17] G.D. スミス著，藤川洋一郎訳，コンピュータによる偏微分方程式の解法 [新訂版]，Information & Computing–90，サイエンス社，1971.
[18] William H. Press, William T. Vetterling, Saul A. Teukolsky, Brian P. Flannery 著，丹慶勝市，佐藤俊郎，奥村晴彦，小林誠 訳，Numerical Recipes in C 日本語版，技術評論社，1993.

[19] C. Hastings, Jr. assisted by J. T. Hayward and J. P. Wong, Jr., Approximations for Digital Computers, Princeton University Press, 1955.
[20] http://history.siam.org/oralhistories/cody.htm
[21] http://www2.itc.nagoya-u.ac.jp/center/ja/numpac
[22] M. L. Overton, Numerical Computing with IEEE Floating Point Arithmetic, SIAM, 2001.
[23] N. J. Higham, Accuracy and Stability of Numerical Algorithms, SIAM, 1996.
[24] http://sunnyday.mit.edu/accidents/Ariane5accidentreport.html, 1996
[25] http://www.fas.org/spp/starwars/gao/im92026.htm, 1992.
[26] James W. Demmel, Applied Numerical Linear Algebra, SIAM, 1997.
[27] http://www.data.kishou.go.jp/stock/antarctic/indexant.htm, 2007.
[28] P. J. Davis, Interpolation and Approximation, Dover, 1975.
[29] C. de Boor, A Practical Guide to Splines, Revised Edition, Springer, 2001.
[30] P. J. Davis, P. Rabinowitz, Methods of Numerical Integration, Academic, 1984.
[31] C. W. Ueberhuber, Numerical Computation 2: Methods, Software, and Analysis, Springer, 1997.
[32] L. N. Trefethen, Is Gauss quadrature better than Clenshaw-Curtis?, SIAM Rev., vol.50, pp.67–87, 2008.
[33] P. Deuflhard, A. Hohmann, Numerical Analysis in Modern Scientific Computing: An Introduction, Second Edition, Springer, 2003.

本文中で参照した以上の文献の他に，さらに進んだ数値解析を自習する読者にとって参考となる成書は数多く存在する．以下はその一部である．

[a] 森正武，数値解析，共立出版，1973.
[b] 小国力 編，村田健郎，三好俊郎，ドンガラ，J.J.，長谷川秀彦 著，行列計算ソフトウェア — WS，スーパーコン，並列計算機 —，丸善，1991.
[c] W. Gautschi, Numerical Analysis: An Introduction, Birkhäuser, 1997.
[d] D. Kahaner, C. Moler, S. Nash, Numerical Methods and Software, Prentice Hall, 1989.
[e] S. Conte, C. de Boor, Elementary Numerical Analysis, An Algorithmic Approach, Third Edition, McGraw-Hill, 1981.

索引

あ行

悪条件方程式　53
アルゴリズム　5
アンダーフロー　18
上三角行列　30
上三角方程式　32
エルミート (Hermite) 補間　132
オイラー (Euler) 法　175
小澤の初期値　77
オーバーフロー　18
帯行列　210
重み　146

か行

解区間　56
階数　174
解析解　4
解析的なアプローチ　4
解と係数の関係　75
改良オイラー法　179, 199
ガウス・ザイデル (Gauss-Seidel) 法　88
ガウス・ルジャンドル (Gauss-Legendre) 則　161
拡散方程式　203
仮数　12
仮数部　13
完全スプライン　138
完全ピボット選択　40
規格化　98
逆行列　29
逆反復法　110
境界条件　190
境界値問題　174
境界点　190
狭義優対角　93
行列式　29
行列の分割　34
行列ノルム　51
切り捨て　21
区分的3次エルミート補間　136
組み立て除法　24
クレンショー・カーチス (Clenshaw-Curtis) 則　160
計算量　23
係数行列　28
桁落ち　19
けち表現　13
高階の常微分方程式　182
後退代入　33
合同変換　111
固定小数　12
固有値　98
固有ベクトル　98
コレスキー (Cholesky) 分解　46

さ行

最大値ノルム　51
最良近似式　9

索　引　**233**

差分近似　190, 205
差分商　126
三角行列　30
指数　12
指数部　13
自然スプライン　138
下三角行列　30
下三角方程式　31
シフトパラメータ　110
縮小写像　60
初期値問題　174
小行列　34
条件数　51
常微分方程式　174
情報落ち　19
初期条件　174
初等関数　3
シンプソン則　147
数値解　4
数値計算　1
数値積分　5, 144
数値的なアプローチ　4
数値微分　197
スケーリング　73
スプライン　137
正規化　98
正規化数　14
正規形　174
正定値対称行列　46
積分則　144
積分則の次数　153
接平面　68
ゼロ割り　17
線形偏微分方程式　202
前進代入　31
相対誤差　17
疎行列　82

た 行

対角化　101
対角行列　30
対称行列　46, 100
代数学の基本定理　75
代数方程式　75
多項式補間　121
単精度　13
チェビシェフ多項式　140, 158
チェビシェフ点　130
チェビシェフ (Chebyshev) 補間　130
置換行列　41
超曲面　74
直交行列　100
直交性　165
定常反復　86
テイラー展開　64, 152, 175
ディリクレ (Direchlet) 問題　208
転置　46
特性多項式　99
閉じた形の解　4
トレース　111

な 行

二分法　56
ニュートン (Newton) 法　62
ニュートン・コーツ (Newton-Cotes) 則　147
ニュートン補間公式　126
ノルム　51

は 行

倍精度　13, 16
パッケージ　7
波動方程式　203
反復行列　86

反復法　58, 210
非線形連立方程式　67, 193
ビット　12
ピボット選択　40
ピボット選択付LU分解　40
標本点　122
複合型積分則　150
複合シンプソン則　151
複合台形則　150
複合中点則　151
副正規数　14
不正演算　18
浮動小数　12, 13
不動点定理　61
フロベニウス(Frobenius)ノルム　111
分点　169
平均値の定理　61
べき乗法　102
ベクトル値関数　84, 184
ベクトルノルム　51
ベクトル表記　183
偏微分方程式　174
ポアッソンの方程式　217
補間　120
補間型積分則　145
補間誤差　120
補間多項式　122
ホーナー(Horner)法　23, 126

ま 行

マシンイプシロン　15
丸め誤差　17, 197
丸めの単位　16, 197
丸め方式　15, 25
丸める　15
無次元化　73, 213

や 行

ヤコビ(Jacobi)法(連立方程式)　87
ヤコビ法(固有値)　111
ユークリッドノルム　51

ら 行

ライブラリ　7, 225
ラグランジュ(Lagrange)補間公式　123
離散化　170
リプシッツ(Lipschitz)条件　60, 85
ルジャンドル(Legendre)多項式　164
ルジャンドル展開　165
ルンゲ・クッタ(Runge-Kutta)法　175
ルンゲの関数　129
例外演算　17
レーリー(Rayleigh)商　104
連立1次方程式　28
ロンバーグ(Romberg)積分　157

数字・欧字

1階の中心差分　191
2階の線形偏微分方程式　202
2階の中心差分　192
2次形式　46, 106
2次収束　64
2進数　12
3重対角行列　194
CRS (Compressed Row Strage) 形式　90
DK法　76
IEEE754標準　13
LU分解　34
NaN (not-a-number)　14
SOR法　89

著者略歴

長谷川　武光（はせがわ　たけみつ）
1972 年　名古屋大学大学院工学研究科応用物理学専攻
　　　　博士課程単位取得退学
現　在　福井大学名誉教授　工学博士

吉田　俊之（よしだ　としゆき）
1991 年　東京工業大学大学院工学研究科電子物理工学
　　　　専攻　博士課程修了
現　在　福井大学大学院工学研究科
　　　　情報・メディア工学専攻・教授　工学博士

細田　陽介（ほそだ　ようすけ）
1994 年　名古屋大学大学院工学研究科情報工学専攻
　　　　博士後期課程修了
現　在　福井大学大学院工学研究科
　　　　情報・メディア工学専攻・教授　博士(工学)

工学のための数学＝EKM-14

工学のための 数値計算

2008 年 7 月 25 日 ⓒ　　　　　　初 版 発 行
2018 年 3 月 10 日　　　　　　　初版第 5 刷発行

著者　長谷川武光　　　発行者　矢沢和俊
　　　吉田俊之　　　　印刷者　中澤　眞
　　　細田陽介　　　　製本者　米良孝司

【発行】　　　　　株式会社　数理工学社
〒151-0051　東京都渋谷区千駄ヶ谷 1 丁目 3 番 25 号
編集 ☎(03)5474-8661(代)　　サイエンスビル

【発売】　　　　　株式会社　サイエンス社
〒151-0051　東京都渋谷区千駄ヶ谷 1 丁目 3 番 25 号
営業 ☎(03)5474-8500(代)　　振替 00170-7-2387
FAX ☎(03)5474-8900

組版　ビーカム
印刷　シナノ　　　　製本　ブックアート
《検印省略》

本書の内容を無断で複写複製することは，著作者および出版者
の権利を侵害することがありますので，その場合にはあらかじ
め小社あて許諾をお求め下さい．

サイエンス社・数理工学社の
ホームページのご案内
http://www.saiensu.co.jp
ご意見・ご要望は
suuri@saiensu.co.jp まで

ISBN978-4-901683-58-6
PRINTED IN JAPAN

━━━ 工学のための数学 ━━━

工学のための 線形代数
村山光孝著　2色刷・A5・上製・本体2200円

工学のための データサイエンス入門
－フリーな統計環境Rを用いたデータ解析－
間瀬・神保・鎌倉・金藤共著
2色刷・A5・上製・本体2300円

工学のための 関数解析
山田　功著　2色刷・A5・上製・本体2550円

工学のための フーリエ解析
山下・田中・鷲沢共著　2色刷・A5・上製・本体1900円

工学のための 離散数学
黒澤　馨著　2色刷・A5・上製・本体1850円

工学のための 最適化手法入門
天谷賢治著　2色刷・A5・上製・本体1600円

工学のための 数値計算
長谷川・吉田・細田共著　2色刷・A5・上製・本体2500円

＊表示価格は全て税抜きです．

━━━ 発行・数理工学社／発売・サイエンス社 ━━━

工学基礎 数値解析とその応用
久保田光一著　2色刷・A5・上製・本体2250円

理工学のための 数値計算法 [第2版]
水島・柳瀬共著　2色刷・A5・上製・本体2050円

数値計算入門
河村哲也著　2色刷・A5・本体1600円
（サイエンス社発行）

数値計算入門 [C言語版]
河村哲也・桑名杏奈共著　2色刷・A5・本体1900円
（サイエンス社発行）

数値計算 [新訂版]
洲之内治男著　石渡恵美子改訂　A5・本体1600円
（サイエンス社発行）

数値計算の基礎と応用 [新訂版]
－数値解析学への入門－
杉浦　洋著　2色刷・A5・本体1850円
（サイエンス社発行）

数値計算講義
金子　晃著　2色刷・A5・本体2200円
（サイエンス社発行）

＊表示価格は全て税抜きです．

発行・数理工学社／発売・サイエンス社

数値計算の基礎
―数値解法を中心に―
藤野清次著　Ａ５・本体1700円

数値計算入門［Ｃ言語版］
河村・桑名共著　２色刷・Ａ５・本体1900円

ザ・数値計算リテラシ
戸川隼人著　２色刷・Ａ５・本体1480円

Fortran 95, C & Java による
新数値計算法
小国　力著　Ａ５・本体2200円

Ｃ言語による
数値計算入門
皆本晃弥著　２色刷・Ｂ５・本体2400円

数値シミュレーション入門
河村哲也著　２色刷・Ａ５・本体2000円

新装版　ＵＮＩＸワークステーションによる
科学技術計算ハンドブック
［基礎篇Ｃ言語版］
戸川隼人著　Ａ５・本体3800円

＊表示価格は全て税抜きです．

サイエンス社